U0314761

计算轧制工程学

贺毓辛 著

北京
冶金工业出版社
2015

内容简介

本书在分析研究现代钢铁工业冶铸轧一体化所带来的生产集约化、高速化、连续化基础上，根据其数据的爆炸性、无序性、实时性、唯一性等主要特征，采用计算数学的方法，把所研究的对象看成是一个离散、随机、模糊、不确定的动态系统处理，结果证明过去一般无法求解或常规方法未有涉及、但又对生产有较大影响的问题，都得到圆满的解决。同时书中通过对模拟技术的分析研究，提出了建立"虚拟未来实验室"的具体设想。本书属于继续工程教育教材，它是在本科教育的基础上，为继续从事轧制生产和技术工作的人员编写的。

本书可供从事金属材料及塑性加工成型方面的工程技术人员及研究人员阅读，也可供大专院校有关专业的师生和生产现场人员参考。

图书在版编目（CIP）数据

计算轧制工程学／贺毓辛著．—北京：冶金工业
出版社，2015.4
ISBN 978-7-5024-6853-8

Ⅰ.①计… Ⅱ.①贺… Ⅲ.①轧制 Ⅳ.①TG33

中国版本图书馆 CIP 数据核字（2015）第 057154 号

出 版 人 谭学余
地 址 北京市东城区嵩祝院北巷 39 号 邮编 100009 电话 (010)64027926
网 址 www.cnmip.com.cn 电子信箱 yjcbs@cnmip.com.cn
责任编辑 张登科 美术编辑 彭子赫 版式设计 孙跃红
责任校对 卿文春 责任印制 李玉山
ISBN 978-7-5024-6853-8
冶金工业出版社出版发行；各地新华书店经销；三河市双峰印刷装订有限公司印刷
2015 年 4 月第 1 版，2015 年 4 月第 1 次印刷
169mm×239mm；17.5 印张；337 千字；264 页
50.00 元

冶金工业出版社 投稿电话 (010)64027932 投稿信箱 tougao@cnmip.com.cn
冶金工业出版社营销中心 电话 (010)64044283 传真 (010)64027893
冶金书店 地址 北京市东四西大街 46 号(100010) 电话 (010)65289081(兼传真)
冶金工业出版社天猫旗舰店 yjgy.tmall.com
（本书如有印装质量问题，本社营销中心负责退换）

前　言

尽管金属轧制已有近 500 年的历史[1]，1728 年开始可以轧制型材，1786 年用蒸汽机代替水轮机作为动力，19 世纪可以轧制钢轨，出现连轧并采用电机等[2]，但真正的轧制技术大发展还是在第二次世界大战之后。我们把战后轧制生产的发展大致分为三个阶段，在这三个阶段里，轧制理论和技术都有相应的发展[3,4]。

第一阶段是第二次世界大战战后恢复及迅速发展生产的阶段，大约用了 20 多年的时间，这是一个百花齐放、百家争鸣的年代，其研究更多地局限于变形区内轧制的性质和行为，澄清了许多争论问题，使变形区理论日臻完善，为当时大规模建设轧机提供了科学依据。第二阶段是大型化、高速化、自动化阶段，也大约用了 20 多年的时间，1965 年第一套由计算机控制的轧机建成，1985 年板形控制也取得成功，实现了生产现代化。此时，要求了解轧制动态过程，英国钢铁协会（BISRA）率先进行了研究，而后动态变规格、全连轧的计算问题相继解决。为了提高计算精度，一些实验方法和算法（如云纹法、有限元等）得到很大发展。还形成了一些具有特色的分块理论。第三阶段是起源于 20 世纪末能源危机而激烈竞争的阶段，其结果是 CC - CR、CSP、ISP、TSP 等的实现，由此引出的一系列技术和理论问题，如物流控制、生产计划动态变更、性能预报等需要解决，从而促进了技术的进步和理论的发展。

在第一阶段，为建设轧机提供精确参数，研究工作集中在轧制参数（特别是轧制压力）计算和轧机受力分析上。在此期间，出现了数十个轧制压力公式，其目的是给出可信的轧制压力，以作为设计轧机的依据。在轧制学术界中，由单位压力削峰以提高计算精度引起了滑移与黏着的激烈争论。

　　为了设计可靠的、性能良好的轧机，轧机刚度、辊系受力分析及轧制稳定性等，也是这一阶段研讨的重要内容。其他如弹性压扁、最小可轧厚度等也都有不少公式发表。

　　在第二阶段，由于大量连轧机的建设及其自动化，对产品质量要求愈来愈高，解决轧机快速精确调整并量化的问题，提到日程上来，亦即需要研究轧制动态过程。轧制动态理论最主要的内容有以下三个方面：连轧轧制时的动态演变过程；出现偏差时的调整策略及具体调整的量值；连轧张力的作用。

　　对轧制动态过程，BISRA 率先进行了研究，而后诸多学者做了大量研究，动态变规格、全连轧的计算问题相继解决。BISRA 导出厚控方程并建立了初步的厚控系统模型，自动厚控系统是在理论指导下开发出来的，这也是轧制工程中首次体现理论的超前指导作用。虽然当时推导出不少张力公式，但它们都没有把张力的"自动调节作用"反映出来，而这种"自动调节作用"对连轧过程又是非常重要的。因此，我们建立了考虑"自动调节作用"的张力公式，这一公式不仅和现有公式一样，可以说明建立张力过程，而且还可以很好地说明张力的"自动调节作用"。

　　为了提高计算精度，要求了解轧制时的应力场、应变场、温度场等，一些实验方法（如视塑性法、光塑性法、云纹法等）和算法（如有限元法、上下界法、变分法、能量法等）此时也得到了很大发展，还形成了一些具有特色的分块理论，如板形理论、控轧理论等。

　　在第三阶段，生产集约化、高速化、连续化，即冶铸轧一体化为这一阶段的主要特征。它给轧制技术人员提出了许多新课题，例如，生产计划的编制，当每个机组单独运行时，其编制并不太复杂，然而一体化计划的编制，由于生产的随机性、作业的同期性、过程的离散性、信息的爆炸性，等等，再加上设备高速运转以及要求按合同组织生产的营销策略，就使问题的解决遇到很大的困难。现在采用的仍是经验的方法，需用大量的人力，且不一定是最优的。因此，生产计划编制以及动态变更的理论及实际运用就必然为大家所关注。由于用户对产品质量要求愈来愈高，产品性能的预报和控制也提到日程上来。

面对这一情况，科研组开始思索和探讨，首先要认清现在冶金生产、科技特点及其发展趋势。在信息化条件下，现在冶金生产系统已成为一个巨系统。这个巨系统又包括众多子系统，而每个子系统仍是一个巨系统，下面用热送热装生产计划编制问题可说明这一点。生产计划编制是一个排序问题，通常是以旬（10 天）为单位制定生产合同，安排生产。一个生产合同除合同编号、规格、钢号、订货量、用途等商业信息外，还要考虑指导生产的生产信息，如板坯尺寸、硬度、表面级别、出炉温度、粗轧温度、精轧温度、卷取温度、紧急程度等，以体现全线的生产工艺规程。这样一个生产合同包含 20 多项属性，而一旬合同可能多达百个以上，拆成炼钢炉次约为 360 炉，可能的组合为 360!，因而形成了"组合爆炸"，显然它是一个巨系统，这给生产计划编制带来很大困难。不仅如此，生产的不确定性（如某一机组的事故、待轧、待热等）需要瞬时的计划动态变更，因而提出更高的要求。

数据的爆炸性，无序性，实时性，唯一性为其主要特征。这类问题没有什么理论可循，而且，也没有什么公式或定律可以应用。同时也不能用基于相似理论的实验方法来解决，例如，某厂曾做过提高热装温度的试验，由于生产不确定性造成一个环节的滞后，不仅没有提高热装温度，反而造成了板坯下架，改为冷装。

经过科研组多年的努力，我们将出现的新课题逐一解决。为解决这类问题，我们采用了计算数学的方法[5]。

很早就有计算数学的著作问世[6]，它是数学的一个分支。它与纯数学不同，纯数学是以数学问题为研究对象的，而计算数学着重研究求解实际问题的计算方法以及与此有关的理论。尽管早期研究也离不开数学，例如，在求解塑性加工问题时与其他力学一样常要求解微分方程，众所周知，微分方程求解已有成熟的数学方法，如牛顿法等。但是由于日益复杂的生产系统和深奥的科技研究对象，它和早期用应用数学方法来求解已大不一样，计算数学越来越发挥着重要的作用，而且由于每个专业各具特色，所求解的问题不同，从而形成与专业密切结合的新兴学科，如计算物理学、计算材料学等。显然，由于其复杂性、特殊性，现在轧制科技更离不开计算数学，急需两者紧密结合，建立计算轧制工程学，这也是我们编写本书的目的。

　　本书是按"数学方法－相关问题"这一思路来编写的。但须指出，这里的"数学方法"是一个更广泛的概念，这是因为"数学方法－工程问题－计算机应用"三者是密不可分的，因而它也指计算机语言、计算技术，甚至一些商业软件。

　　本书对轧制力微分方程等这类常规问题，不准备予以介绍，显然我们应该把重点放在轧制大系统问题的求解上，把所研究的对象都看作是一个离散、随机、模糊、不确定的动态系统，其结果是过去一般无法求解或常规方法未有涉及但又对生产有较大影响的问题，都得到了完满的解答。

　　如上所述，按现今说法，冶金生产系统已具备大数据系统的特征。正如迈尔－舍恩伯格所说，我们进入了大数据时代[7]。

　　面对大数据系统，我们决不能仅停留在数据庞大、数据爆炸的简单认识上，而要看到随之带来的各种变革[8]，这些变革包括对问题的认识、问题的求解思路和求解方法等方面。

　　必须指出，冶铸轧一体化尚有其他一些问题需要探讨和解决，我们不可能将其全部罗列出来，如果本书能起到抛砖引玉的作用，也就达到目的了。

　　在最后章节，我们还对今后如何有效地开展研究以及发展趋势进行了探讨，在对模拟技术分析的基础上，提出了建立"虚拟未来实验室"的具体设想。

　　在读本书时，由于涉及不少数学问题，可能会遇到一些困难，并不要求大家一步一步地推导它，而是希望大家知道问题的症结和解题的思路及途径，为了求解需用什么方法就可以了，需要对某一问题深入了解时，再做进一步探讨。而且在科技发展的今天，既有众多科研合作伙伴，又有大量商用软件，不可能也没必要事事亲自动手去完成了。本书编写注重阐明问题的工艺实质、解题的思路、数学方法的基本概念，至于公式推导、计算步骤及程序则未给予过多的篇幅，因为现在成熟软件甚多，基于工艺实质能合理选择、运用就可以了。

　　本书属工程教育教材，它是在本科教育的基础上，为继续从事轧制生产和技术工作的人员编写的。

　　我们热切希望广大读者提出宝贵意见，让我们大家共同努力逐步建立起论据严密、体系完整、内容丰富且能满足广大读者及生产需求的计算轧制工程学。

北京科技大学　贺毓辛

2015 年 3 月

注：本前言的参考文献如下：

[1] Adams J R. AISI Year Book. 1924，115 ~ 147. 该文说，关于第一篇有关轧制钢材的文献为 E. Hesse 所写，该文献介绍了于 1530（或 1532）年建设在 Nurmberg 的轧机.

[2] Roberts W L. Hot rolling of steel [J]. Marcel Dekker. Inc.，1983.

[3] 贺毓辛. 现代轧制理论 [M]. 北京：冶金工业出版社，1988.

[4] 贺毓辛. 轧制工程学 [M]. 北京：化学工业出版社，2009.

[5] 石亦平，贺毓辛. 钢铁工业生产、技术、理论的进步 [C] //轧钢学会. 全国轧制理论会议文集. 1996.

[6] 复旦大学数学系. 计算数学 [M]. 上海：上海科学技术出版社，1960.

[7] 迈尔·舍恩伯格. 大数据时代 [M]. 杭州：浙江人民出版社，2013.

[8] 贺毓辛. 轧制科技发展展望 [J]. 中国冶金，2013，12.

目　录

0 绪 论

首先，我们对现有塑性加工理论和研究方法做一简要的介绍和概括。

0.1 塑性加工学的学科体系

我们按以下的思路构造塑性加工学科体系[1]，用场的观点代替质点力学的观点来描述应力、应变，使其更具有逻辑性和严密性。建立严密的基本定律——质量守恒、动量守恒、能量守恒定律。根据流变学以建立物质特殊规律的方法来更好地逼近真实材料性质，并且逐步进行互相渗透、扩展，把材料的微观性质与宏观加工变形结合起来。在此基础上求解塑性加工的工程问题（如轧制力能参数计算、工具设计、板形控制、工艺制度制定、产品性能控制等），把工程计算从单纯的算法中解脱出来，并阐明各种算法的有机内在联系，给出评价。

我们还特别注意共性与个性的关系，例如轧件的受力与变形是塑性力学的问题，轧机及工具的变形是弹性力学的问题，而润滑则是流体力学的问题，但从求解思路来看，它们是一样的，它们都是连续介质力学的边值问题。所谓边值问题就是在已给的载荷下，确定物体的应变、应力和位移，其方程应当在给定的初始及边界条件下满足，这些方程为：

（1）力学平衡方程。由动量守恒定律转化而来。

（2）几何方程。又称运动学方程，即变形与位移的关系方程。

（3）本构方程。又称物性方程。

（4）连续方程。由质量守恒定律转化而来。

应当指出，既然是连续介质的力学方程，那么无论是对液体、弹性体，还是对塑性体，都应当是适用的。下面做简单的讨论。

流体运动和其他物体运动一样，也要遵循基本定律，但要改写为适用于流体运动的形式。如运动方程写为适合牛顿黏性假设的流体运动方程，即纳维－斯托克斯方程，不考虑物体黏性，则为欧拉方程。不可压缩的流体做定常运动时，其能量方程即为柏努利方程。

通常，流体力学的基本方程包括三个运动方程和一个连续方程，如流体均匀不可压缩，则有四个方程和四个未知数，解此方程组，并使之适合一定的起始、边界条件，就成为流体力学的一般方程（可参见流体力学书籍[2]）。

在弹性力学中，其基本方程为：

（1）平衡方程。给出 6 个应力分量与 3 个体力分量之间的关系。

（2）几何方程。给出 6 个应变分量与 3 个位移分量之间的关系。但是，6 个应变分量并非独立无关，必须满足 6 个应变协调方程。应变协调方程仅是几何方程微分的结果，故按几何方程求出的应变分量自然满足应变协调方程。

（3）物理方程。给出 6 个应力分量与 6 个应变分量之间的关系。

以上 15 个方程式包含所研究的 15 个未知量，故原则上可求解[3]。实际上，这样的方程组求解是很困难的，只有一些特例可以求解。

求解塑性问题的基本方程也是连续方程、平衡方程、几何方程和物理方程，它有 16 个方程含有 16 个未知量，故原则可解[4]。此外，根据设定条件不同，还有提出由 18 个方程及 18 个未知量求解者，以及以 10 个方程及 10 个未知量求解者，这里不再赘述。

这样，我们不仅可以掌握和处理塑性加工问题，对有关的设备、润滑等问题，甚至对铸造问题，也可触类旁通了，这对一位工程师或研究者来说，是至关重要的。

0.2　理论算法的综合与分析

塑性加工问题的理论算法已有很多，这里不做一一介绍，而是以塑性加工基本定律为依据，进行综合与分析。

塑性加工常用算法基本上可分为以动量守恒定律为基础的方法和以能量守恒定律为基础的方法。

0.2.1　以动量守恒定律为基础的方法

0.2.1.1　工程近似法（截面法）

这种方法以平截面为主平面的假设，列平衡方程，然后简化屈服条件、假设边界条件求解，T. 卡尔曼方程[5]、E. 奥若万方程、M. D. 斯通方程均属这种方法，在金属塑性加工中起着相当重要的作用。这种方法仅以动量守恒定律的力平衡方程为基础，没有考虑能量，不可能求出速度场，得到的仅为轧制力及其分布，仅在假设中考虑质量和能量守恒定律。据此，在薄件轧制的情况下，可能得到接近真实的解。

0.2.1.2　滑移线法

滑移线法根据最大剪应力学说，滑移线为两族正交的曲线，其上每一点的切线方向与最大剪应力重合，在平面变形、理想刚塑性体条件下，如能画出滑移线场，就可能确定各点的应力状态及金属流动趋势。对此研究最多的是 W. 约翰逊，他还曾经为他的这部仅讨论滑移线的专著是称塑性工程学好还是称工程塑性学好而犹豫不决[6]。

滑移线法能处理平面问题及轴对称问题，但求解时最大困难是必须先构造变形物体的滑移线场。

王桂兰[7]还建立了平面应力特征线法。

0.2.2 以能量守恒定律为基础的方法

0.2.2.1 初等能量法

这种方法根据试验直观观察到的现象，以外力功等于变形能列出方程来求加工时的载荷。这种方法虽以能量为基础，但对速度场（或位移场）由于采用假设，并不一定满足能量守恒定律。在计算中运用了体积不变条件，满足质量守恒定律，没有涉及动量守恒定律，本构方程多用简化形式，这就使得其解难以接近真实解，只对一些简单变形均匀的问题适用。但它是一种简便的方法，故多有应用。我们用能量法建立了既能满足薄件轧制也能满足厚件轧制的压力公式，应用甚为方便[8]。

0.2.2.2 上界法

该方法利用能量方程，设一运动许可速度场来确定功率。严格地说，该方法与初等能量法无大差异，因为在初等能量法中，速度场也必然是虚拟的。该方法计算简便，概念清晰，故工程上广泛应用。B. 阿维采[9]在这方面做了大量工作。但是，由于该方法设定的速度场比较简单，难以表达出精确的速度场，导致计算结果比较粗糙。

近年来以上界法为基础，又发展了上界单元法。它把物体的变形区分成许多区域，每个区域构成较简单的速度场，从而可求解较复杂变形条件下的金属流动。

0.2.2.3 变分法

该方法是设定一个许可速度场，对所求问题建立能量泛函，通过变分求最小值而得解。

变分法求解也有许多方法，例如，王凤德用配置法计算求解了三维的轧制变形场[10]。配置法也称点代入法，是将泛函的解近似解析化，然后通过点代入使之离散化的方法，得到的为近似解析解。

0.2.2.4 有限元法

有限元法把变形体假想分成有限个用节点连接的单元，以节点上的位移（或速度）为未知量，利用变分原理及相应方程建立起单元矩阵，并依节点的相应次序合成总体刚度矩阵以求解。

有限元法求解时运用了能量方程，采用变分原理，可以证明，所求的解满足动量守恒定律和能量守恒定律，其解接近真实解。此外，还有较少受工件形状影响的优点，它既能计算整个过程中质点的流动规律、应力应变分布、残余应力分布,又可考虑变形热等一些非机械能,在计算机普及的今天,有限元法自然得到了广泛应用。

0.3 轧制生产理论简析

轧制生产是在轧机上将金属轧制成所需产品的方法,它涉及设备及工艺两个方面。工艺要求在优化制度下生产出产品尺寸和性能均合格的产品,设备要求不仅能满足一定产量,而且要保证能生产出所要求性能的产品,而产品性能又涉及尺寸、形状和性能诸方面,都必须予以保证,故需对轧制工艺和轧制设备予以研讨。

在设备方面,不仅为所生产产品配备专门的轧机(板、管、型),而且对其强度、刚度以及振动诸方面有一定要求,同时还需配备各种辅助设备。在工艺方面,要求在最经济条件下生产出尺寸、形状和性能合格的产品。正因如此,不仅建立了轧制设备学和轧制工艺学,而且还有涉及板、管、型方面的专著,并创建了许多分块理论,如孔型设计、轧制板形、控轧控冷、工艺润滑等方面的专著。

由此可以看出,轧制的宏观力学描述与微观材料学考察互补,其中任何一个解释都是部分恰当的,又都是不完全的,而且是互斥的。必须认识到学科的这种多元互补性,正如光学中的波动说与粒子说一样,轧制的连续体力学与材料学是互补的,从而追求实现高层次的综合。在这样基础上建立起现代轧制工程学[11]。

建立起轧制工程学科,我们现在把它作为必要的基础知识,牢牢地掌握它、运用它就可以了,但这并不意味着是科技发展的终点,而仅是发展的一个阶段(通常习惯把早期的理论称作经典理论,严格地说这种称呼并不科学,把它看作一个发展阶段,或称第一代轧制理论更合理些),特别是现在进入科技发展的一个新时期,更应当以事物发展是无止境的眼光,注意和探讨当前遇到的技术问题及其发展趋势,步入新的阶段,因为它们正是我们面对的和要解决的。为此,既要研究该领域生产发展的现状,解决面临的诸多困难和问题,又要更宏观地观察现代科技发展的总趋势,绝不能停留在只是驾驭当前生产技术保证生产顺利运行和单纯运用现有理论上。下面就对此做一些探讨。

0.4 当前遇到的技术问题及其特征

由于冶铸轧一体化、生产连续化及高速化等现代化因素,导致一系列新问题的出现,如前言中提到的热送热装生产计划编制而形成的"组合爆炸"问题,就是一个典型事例。下面我们再举一个有关板形的例子,以做更进一步的说明。为了控制板形,在生产线上采取了诸多措施和调控手段,但板形问题仍未得到根本解决,因为板形问题的实质是一个显在板形与潜在板形交互作用的过程,随板形改善板带内部残余应力可能增加,此时是以潜在板形的形式存储起来,但随着残余应力的释放（如经过退火），潜在板形又以显在板形表现出来。轧后良好的板形，退火后可能变坏，尽管在生产线上各个机组都予以研究并采取了诸多措施和调控手段，但仍不能保证板形良好，因此必须用新的思路和方法来探讨和解决这一问题。

这类问题的主要特征是数据的爆炸性、无序性、实时性、唯一性。这类问题没有什么理论可循，而且，也没有什么公式或定律可以应用。同时也不能用基于相似理论的实验方法来解决。

为解决这类问题，我们采用了计算数学的方法。

计算数学解决实际问题的过程如图 0 - 1 所示。

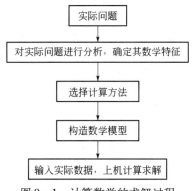

图 0 - 1　计算数学的求解过程

可以断定计算数学将是今后解决轧制技术问题的一种主要方式，并使得长期未能解决的一些生产课题得以解决。这种用计算数学方法处理、解决轧制技术问题的方式就是计算轧制工程学的主要内容。

必须指出，这与现有的轧制理论并不矛盾。现有的轧制理论仍需应用，而计算轧制工程学只是现有的轧制理论的扩充和发展，用以解决冶金生产系统成为巨系统所出现的新的课题。

自然，也有人担心大数据可能带来对科学不利的影响，如 T. 习西格弗利德[12]认为更多的维度可能增加发生欺骗性关联的风险，如在医学研究中可能会将某种药物疗效与病人身高联系在一起，实际上这种担心是不必要的，因为在计算过程中，次要因素是逐步被剔除的，关键在于人们对它的掌握程度[13]。

有关轧制工艺的书籍通常按工序或产品来编写，理论书籍编写也有其固定的顺序和模式，在编写本书时，已不能按通常的编写次序来编写了，因为每个问题都要根据其数学特性来采取相应的数学方法，彼此之间相关性并不紧密，故本书是按"数学方法 - 相关问题"的思路来编写的。

对现有塑性加工理论和研究方法，我们在这里仅简单概括地进行了介绍与分析，下面，我们即将按"数学方法 - 相关问题"这一思路对有关各种轧制技术问题来逐步地进行讨论。对于现有的一些理论所用数学方法，不准备介绍。例如轧制力的计算要用微分方程，而微分方程的求解方法有多种，并有商用软件供应，这是一方面，另一方面是现在没有人再重复做这些工作了。但 20 世纪 50 年代求解这一问题时，不仅没有计算机，而且这类问题连计算器也不能应用，只能手算。例如，当求解三维轧制压力分布时，用割线法求解，用两个月的时间，才绘制成如图 0 - 2 所示的单位压力分布曲线[14]。

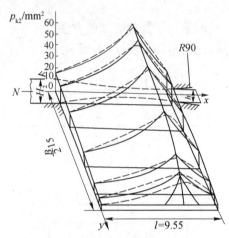

图 0 - 2　三元轧制单位压力分布曲线

$$p = \frac{k}{\sqrt{1 + \left(\frac{1}{A}\right)^2 \cdot \frac{2lf}{\Delta h}}} \left[\left(\sqrt{1 + \left(\frac{1}{A}\right)^2 \frac{2lf}{\Delta h}} + 1 \right) \left(\frac{hs}{h} \right)^{\sqrt{1 + \left(\frac{1}{A}\right)^2 \cdot \frac{2lf}{\Delta h}} - 1} \right]$$

可见，计算轧制工程学只有在计算机普及应用的情况下，才有可能建立。计算方法 - 工程问题 - 计算机应用，三者是密不可分的。

我们把本书看作是一个开端，期望大家共同努力，逐渐丰富和创新，使我国轧制生产水平与理论水平达到一个新的高度。

最后还要指出，本书涉及的众多研究工作，是科研组经过不懈努力才完成的，因此本书也是我们科研组的集体成果。

必须指出，我们编写的是计算轧制工程学，而不是计算数学，现在计算数学的书籍以及有关的算法商业软件甚多，所以我们对数学方法仅做简单的介绍，重点是放在如何应用以求解轧制工程实际问题上。

在按"数学方法 - 相关问题"这一思路对有关各种轧制技术问题逐步地进行讨论之前，首先我们以连铸 - 连轧生产为实例，说明轧制生产系统的系统特征，亦即第 1 章的基本内容。

1 连铸－连轧生产的系统特征

如前所述，我们把轧制技术的发展分为三个阶段。第三个阶段是起源于20世纪七八十年代能源危机而激烈竞争的阶段，当时西方一些人士曾发出"钢铁工业为夕阳工业"的哀叹，但众多专家、学者认为"钢铁时代并未过去"，钢材在许多领域仍是无可替代的材料，可以通过技术进步走出低谷[15]。第三代技术在这种形势下得到发展，其结果是 CC－CR、CSP、ISP、TSP、无头轧制、酸洗－冷轧全连续、冶－铸－轧一体化等的实现，"新工艺决定未来的道路"，到20世纪末已成现实。连续化、自动化、一体化也引出了一系列前所未有的技术和理论问题，许多问题要科技人员来解决。例如，过去编制生产计划，由于是冷装料，只考虑轧机设备状态和订货情况（甚至也不考虑）就可以制订了，但一体化的情况下就不行了，还要考虑冶、铸的情况，它们有它们的技术要求，如品种变换、作业时间等都需考虑，这就产生了许多技术上的矛盾。不仅如此，由于生产是不确定的，如炼钢的出炉时间不可能精确不变，出钢延迟就会造成待轧，影响甚至破坏了轧制生产节奏，如何动态及时调节就成了异常复杂的课题，再加上要求按合同组织生产，而订货合同也是无序的，进一步增加了困难。可见，没有技术和理论的支持，驾驭现代化轧制生产是不可能的。

现代化轧制生产已成为一个巨系统，为此，首先应对其系统特征要有确切的了解和界定。

1.1 系统及系统工程学简介

系统是指相互间具有有机联系的组成部分结合起来，成为一个能完成特定功能的总体。

1.1.1 系统的类型

系统类型多种多样，一般按以下三种方法分类。

1.1.1.1 确定性系统和随机性系统

确定性系统是指系统在某一时刻的新状态完全由系统以前状态及相应的活动所决定，其输出结果可以预知。

随机性系统是指系统在既定的条件和活动下，系统从一个状态转换为另一个状态不是确定性的，而是具有一定的随机性，亦即相同输入经过系统转换过程可能有不同的输出结果。这类系统遵从一定的统计分布规律，可用随机过程的理论来求解。

1.1.1.2　连续系统和离散系统

连续系统是指系统状态随时间发生连续的变化，离散系统是指系统状态随时间发生跳跃性的变化。还有一些系统可做连续性和跳跃性的变化，称其为复合系统。

1.1.1.3　简单系统和复杂系统

根据系统的实体数量和实体间关系的复杂程度，可将系统分为简单系统和复杂系统。

1.1.2　系统工程的研究方法

处理系统工程问题，一般是在进行系统分析的基础上，进行系统设计，而后对系统做出综合评价。图1-1给出系统分析与设计的一般程序及其所包含的内容。限于篇幅，不再详述。下面结合具体问题研究的实例中将予以说明。

1.2　物流及物流学简介

1.2.1　物流学基础知识

"物流"这个概念，在我国应用还是近年来的事，在国外也只有几十年的历史。物流（physical distribution，PD）是美国在第二次世界大战时，为使军需物资供应快速合理，所使用的一个词，日本把它译成"物流"。但在我国，很早就有"物尽其用，货畅其流"的说法，实际上这也是最早的"物流思想"。

"物流"的含义还在不断完善中，目前可以表述为物质资料在生产过程中，各生产阶段之间的流动和从生产场所到消费场所的全部运动过程。亦即物流是指一定的实体资源从输入某一确定的系统到从该系统输出所经历的传输、转换、加工或服务的非连续性"流动"过程。物流的具体表现形式可以是"车流"、"顾客流"、"金属流"、"工具流"、"商品流"等，但水流、油流一些连续性实体流动过程不归入物流范畴。

讨论物流，首先要说明"物"的概念，所谓"物"是指"人们需要的物质资料"，它既具有物质性，又具有实用性。所谓"流"既有"生产领域"的"流"，也有"流通领域"的"流"。所处的领域不同，物流的性质和处理方法也不同。顾名思义，物流学就是研究物流的科学。

物流学以物流系统为研究对象，借助系统科学的观点和方法，研究物流系统的合理化、最优化、高效化的问题。物流技术也可分"硬技术"和"软技术"两大类，前者指物流的设备和设施，后者是研究物流系统各个环节的协调与配合，以期获得最大的效益。

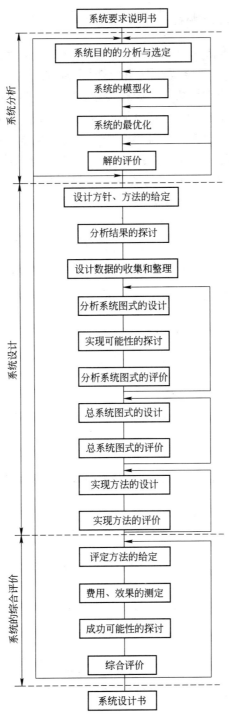

图 1-1 系统分析与设计的一般程序及其所包含的内容

1.2.2 轧制生产的物流学特征

我们是最早把物流概念引入轧制工程研究的[16]。轧制生产的物流是指生产过程中的非连续性的"热金属流"，它不同于机加工的"工件流"，也不同于"顾客流"，它是一种非常复杂的、随机的物流过程，它有以下一些特征：

（1）轧制生产的物流过程中与机加工的"工件流"不同，这种物流的流动过程不但改变物的空间位置，而且也改变物的物理化学属性。这种被加工的物料，不仅是空间的移动，更重要的是要满足所生产的物的性能。

（2）轧制生产的物流在加工过程中，不仅发生体积、形状、重量的改变，而且发生状态、性能、致密度等的改变，它是一种同时存在变态加工、变质加工及变形加工的复杂过程。

由此可见，轧制生产的物流过程，可称其为"工艺物流"，与其他物流系统相比，更为复杂。研究和建立轧制物流系统不但需要掌握基本的物流理论和研究方法，而且要有熟练地驾驭生产工艺的能力。

1.3 轧制生产物流系统

随着连续化、自动化、一体化的实现，现代轧制生产成为一个复杂的物流巨系统。在这种情况下，以下一些轧制特点日益突出，给解决、驾驭生产带来了非常大的困难：

（1）生产的随机性。轧件的温度、长度等都不是精确不变的，而综合的过程则要求这些参数严格保持恒定。

（2）过程的离散性。过程综合的结果从宏观上看是连续的，但从微观上看则是离散的。如连铸是一块坯一块坯地送往轧机，而轧机也是一根一根地轧制，流程并非是连续不断的。

（3）作业的同期性。由于高温作业的特点，各工序环节要进行同期作业，否则就无法实现综合作业。

（4）流程的分支性。钢铁工业生产与机械工业不同，其流程是分支性的，而不是组装式的（如汽车行业），见图1-2，同一批号或炉号的原料在不同分支上生产订货号不同的产品，这使按订货号组织生产遇到了困难。

（5）系统的开放性。轧制系统又是一个开放的系统。例如冷轧车间，它要受热轧车间和成品库的影响。

（6）技术性能调节的有限性。在某一特定条件下，各设备、工艺的特性不可能在很大范围内变化与调节，亦即在某种意义上说系统是"刚性"的，使各工序的匹配困难。

为适应轧制技术的发展趋势，急需发展适应现代生产技术的、把轧制生产视

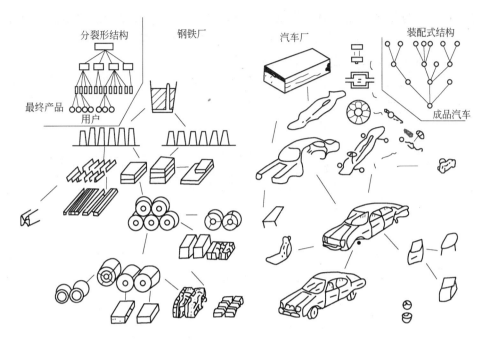

图1-2 流程的分支性

为一个巨系统的轧制理论。

现代连铸-连轧（CC-CR）系统，作为一个系统所应具备的下列特征它都具有：

（1）集合性。作为系统，它必须由两个或两个以上可以相互区别的元素所组成。CC-CR是由冶炼-连铸-轧制三大工序组成的集合体，即冶、铸、轧是构成这一系统的元素。

（2）相关性。系统元素之间不应是相互独立的，而应存在着某种内在联系。CC-CR中冶、铸、轧三大工序不再是独立的，生产中要求它们高度协调和匹配。

（3）目的性。作为一个系统，必须具备明确的目的性，它决定着系统的基本作用和功能性质。一般用具体的目标或指标来体现其目的性。CC-CR追求的是提高直轧率，实现提高成材率和节能的目标。

（4）层次性。系统存在着一定的层次结构，并分解为一系列的分系统。CC-CR中的冶、铸、轧又都自成系统，而且它们又都有自身的子系统，故存在着确定的层次结构。

（5）整体性。系统是一个不可分割的整体。任一元素都不能离开系统去研究，研究系统的任何局部都不能得出有关系统整体的结论。CC-CR将冶、铸、轧组成了一个不可分割的有机联系的整体，并具有自身的整体功能，冶、铸、轧具有其自己的独立功能，但它们是统一和协调于系统的整体功能之中的。单独地、孤立地研究冶、铸、轧自身的工艺、操作等并不能保证整体工艺过程合理，必须从整体的观点去制定各有关工序的工艺、操作规程。

（6）环境适应性。任何系统都存在于一定的环境中，与环境产生物质的、能量的和信息的交流。CC－CR 前后各有关工序构成了它的环境，如图 1－3 所示。

图 1－3 CC－CR 系统及其系统环境

为了求解轧制生产系统的问题，给予具体的、量化的解答，就要了解其数学特征及其构模、求解方法，因此，在这里做一些简单的介绍。

由上节可知，轧制生产系统是一个离散事件动态系统（discrete event dynamic system，DEDS）。所谓事件是指系统状态发生的瞬时变化，它可以是实体参数值的改变，一个实体的产生或消失，或者一项活动的开始或结束，发生事件的离散时间点称为事件时间。轧制生产系统是一个不确定性的系统。

1.4 轧制生产物流系统的不确定性

随着当代生产过程日趋综合和紧凑，非确定性现象的存在日益受到人们的普遍重视。非确定性是生产系统的固有特性，对于过去那种结构松散的生产系统，非确定性对系统的影响是局部、有限范围的，不会对整个生产过程造成大的影响，因而也就常被忽略。但对于当今普遍存在的、在结构上表现出高度一体化和综合化特征的复杂大型生产系统，某个非确定性事件一旦发生，其影响将会由局部迅速波及整个生产系统，从而不仅影响到本工序的正常生产，而且将对与该工序直接相关或次相关的各个前后工序产生系列冲击。因此，非确定性已成为当今生产系统的分析、规划和管理控制中不容忽视的重要考虑因素。

由于当今生产系统日趋复杂化，其分析、规划和管理控制问题不得不依据系统模型进行研究，因此基于非确定性生产系统的系统构模和系统分析研究日益迫切。然而，受牛顿物理学的严格确定性的惯性思维方式影响，当今许多重大生产系统的分析、规划和管理控制研究，仍然被传统的严格确定性数学方法所束缚，远不能满足生产实际要求。然而，对这一问题的解决，不仅仅是个构模方法和策略问题，更迫切的是系统思维观的更新问题，即处理非确定性问题所应遵循的认识方法论问题。为此我们先对非确定性的本质及其认识法则进行若干探讨。

1.4.1 随机性与模糊性

在实际的生产过程中，事物的非确定性主要表现在两个方面：一是随机性，二是模糊性。随机性是指事物的因果关系的不确定，即事件发生与否的非确定性，它与准确性构成对立的哲学范畴。模糊性是指事物的类属不清，界限不明，即本质上没有确切的含义，在量上没有确切的界限的不确定性，它与精确性构成对立的哲学范畴。

随机性和模糊性作为事物非确定性属性的两个方面，在大多数事物中都有或多或少的表现。但根据事物的性态不同，随机性和模糊性二者的表现程度往往是存在差别的。对于大多数的离散事件动态系统，决定系统的非确定性特征的主要是事件发生及事件关联的不确定性，即随机性；对于高层次的非程序化决策系统，其非确定性特征主要表现在决策目标及决策影响因素（如人的精神因素等）的难以量化的模糊性；对于实际生产过程中的在线质量监控系统，其非确定性特征不仅表现在一定量的质量事故突发的随机性，而且表现在一系列质量评价指标及其影响因素的模糊性，即质量在线监控系统的非确定性是由随机性和模糊性共同决定的，不可完全忽视一方而过分重视另一方。

需要指出，对于任何一个非确定性系统，其随机性和模糊性往往是同时存在的，只不过因具体的系统对象不同，二者所表现出的主次地位也就不同。对轧制离散事件动态系统来说，其随机性往往最突出，也最引人注意，但不是说该系统的不确定性仅是由随机性一方面决定的，模糊性也是这类系统的一个普遍的客观存在。系统中一台设备由完全可工作过渡到完全不能工作的状态的事件，往往被称为故障突发事件，就是说该事件的发生具有随机性，然而从本质上讲，任何故障事件的发生决非完全突然的，而是有征兆的，有一个量变到质变的过渡过程，并且这种中间过渡过程具有界限不清和难以精确量化的模糊性。但对大多数离散事件动态系统，其某台设备由完全可工作到完全不可工作的状态过渡十分短暂和不易被察觉，对设备的作业性能影响不大，从而可以忽略设备的中介过渡状态，并假设设备只有完全可工作和完全不可工作两种状态。也就是说，可以忽略设备状态过渡的模糊性而只考虑其两种精确状态变化的随机性。对于大多数离散事件动态系统，尤其是基于机械加工或冶金制造生产过程的离散事件动态系统，忽略其模糊性而只考虑其随机性往往是有效和可行的系统分析方法。

1.4.2 非确定性和确定性

确定性和非确定性是任何事物的矛盾运动中都存在的既对立又统一的两个方面。同我们所熟知的确定性一样，非确定性也是任何事物中都普遍存在的一种客观属性，只不过因具体事物不同，以及事物所处的时间、地点及环境条件的不同，二者被感知的程度不同，从而理论认识上的重视程度也就不同罢了。也就是说，世界上不存在严格的确定性，也不存在没有任何确定规律的非确定性。

确定性和非确定性作为既对立又统一的矛盾双方，二者之间既表现出一定的对立和差别，同时又表现出相互的依存和不可分割的联系。一方面，确定性必然通过大量的非确定性表现出来，非确定性只是确定性的具体表现形式和补充，因此严格的确定性不存在；另一方面，非确定性的背后必然隐藏着确定性，确定性是非确定性的内核和产生的根据，因此不存在漫无边际的随机性，也不存在内涵不明确的绝对模糊性。任何随机性都是在有限可知的范围内波动，并表现出确定的统计分布规律的随机性，任何模糊性也都仅是外延模糊而内涵明确的模糊性。

以轧制生产过程为例，由于到达坯料在几何尺寸和物理性能上的随机波动性，以及辊缝设定的误差性，我们无法准确把握每个轧件的最终几何尺寸和物理性能，但通过在相同的可控轧制条件下的大量观察统计发现，轧件成品几何尺寸和物理性能上的随机波动呈正态分布规律，而绝不是指数分布规律。因此可以说轧件成品几何尺寸的随机波动是由正态分布这一确定内核支配的。这说明轧制过程状态对于某个个体或者某个确切的时空点是不可测的、非确定的，但就大量的非确定性事件整体而言却是可测的、确定的。由此可以总结出实际生产过程中确定性和非确定性的矛盾，一般表现为"微观"个体的非确定性与"宏观"整体的确定性的矛盾。

人们对生产过程中非确定性的理论认识和重视程度，是随着生产的发展、工艺的进步以及系统的复杂化而不断深入的。过去仅是对一些个别、具体的非确定性现象的简单描述和理论分析，其所针对的系统也只是局部的简单系统，例如，人们为了控制不合格品的数量，研究了产品的几何尺寸和物理性能的波动范围和随机分布的规律。然而，今天我们所面对的已不再是过去那种松散型的生产体系，而是一个环环相扣、环环交错的复杂大系统。这一复杂大系统包含了更多的不确定性影响因素，从而扩大了非确定性的波及范围，加快了非确定性影响的扩散速度。以现代冷轧带钢生产系统为例，轧制事故这一非确定性的随机事件的发生，不仅直接引起轧机自身产量的下降，而且由于轧机前后有限的库存缓冲容量，将迅速引起轧机前后各相关工序乃至整个系统的一系列冲击，从而导致整个轧制物流系统的严重失衡。

当代冶金制造工业过程大系统中所存在的非确定性现象，已不再是过去那种孤立、个别、表现形式简单、影响范围狭小、经常可以忽略的非确定性。由于当代冶金制造工业过程在结构上的不断综合化和紧凑化，以及在管理上的不断一体化和有序化，系统的非确定性特征属性已变得愈来愈突出，愈来愈不容忽视。因此，对非确定性的正确认识和把握处理，已成为当代冶金制造工业过程中的系统分析、系统设计和系统控制的迫切需要研究的课题。

综上所述，确定性和非确定性是同时存在于任何一个系统中的一对既相互对立又相互依存的矛盾双方。确定性是任何一个系统形成、存在和发展演变的根据和统治核心，没有确定性就不会有系统的存在，更不会有系统的运动和发展，但真正的确定性绝不是永恒静止、固守不变的确定性，而是在运动过程中通过大量的非确定性变化所表现出的一种整体或"宏观"运动轨迹的统计确定性。也就是说，系统的确定性是动态的而不是静止的，是通过动态的不确定性变化而表现出来的。因此，要从"单纯的牛顿机械力学观"的束缚中走出来，把严格决定性思维与模糊抽象思维相结合，以解决面临的现代生产课题。

从上面对轧制生产系统特征的简单而清晰的描述可以看出，它不仅是一个巨系统，而且它的数据的爆炸性、无序性、实时性、唯一性等已完全具备大数据系统的特征。

不仅连铸 - 连轧生产系统如此，其他轧制生产系统（如冷轧、轧管）也如此，而且工艺过程也具有这种系统特征，如上面提到的板形问题即是一例。下面我们将按"数学方法 - 相关问题"这一思路对有关各种轧制技术问题逐步地进行讨论。

1.5 系统仿真

所谓仿真就是在建立数学逻辑模型的基础上，借助计算机对一个系统按照一定作业规则，对其由一个状态变换为另一个状态的动态行为进行描述和分析。

下面仅对有关离散性系统仿真的一些基本概念做若干介绍。在离散性系统仿真中，常用到以下基本概念。

（1）实体：指一个系统边界内部的对象。

（2）参数：系统实体的特征，如产品类型、生产量等。

（3）活动：系统状态发生改变的任何过程。

（4）状态：在某一时间点上，对系统的实体、参数和活动的描述。

（5）环境：存在于系统周围的对象和过程。

（6）事件：系统发生的瞬时变化，可以是实体参数的变化、产生或消失，或一项活动的开始或结束。发生事件的时间点称事件时间。事件有两种类型：

1）系统事件。它是对现实系统中类似事件进行仿真的事件，它与现实系统的一定活动相对应。

2）程序事件。它是与仿真程序有关的事件，如调用某一子程序、收集资料、打印输出结果等。

离散型仿真模型按其工作机理分为以下三类：

（1）离散事件型仿真，又称事件步长法仿真。仿真过程中，仿真时间是以相邻事件发生的时间间隔为步长来累计的，故时间步长不是恒值。系统仿真是由执行与在一个时间序列中的每个事件相关联的逻辑变换而进行的。

（2）离散时间型仿真，又称时间步长法仿真。仿真过程中，仿真时间是按单位时间来累计仿真时间的。随着仿真时间的推移，对每项活动的开始或终止进行扫描。

（3）离散过程型仿真。它是对以上两种方法的综合。

离散性系统分析方法有排队网络方法、离散事件仿真方法、扰动分析方法、操作分析方法、时序分析方法、Petri 网络方法、极大代数方法等[16]。

由于其复杂性，离散性系统仿真只有在计算机得到广泛应用时才可能发展起来。为了便于非仿真专业人员使用仿真技术，出现了用以研究离散性系统的仿真语言，这样，只要熟悉生产系统和了解网络要素的功能，便可构造出离散事件系统的仿真模型，例如，一种具有排队功能的 Q - GERT（queue - graphical evaluation review technique）仿真语言、SLAM（simulation language for alternative modeling）仿真语言等。

这里对离散性系统仿真仅做上面简单介绍，有诸多专著可资参考（如较早的专著[17]）。在后面还将做进一步介绍，并结合实例对其具体实施步骤予以论述。

1.6　简单小结

（1）轧制生产是一个离散型系统，从物流学角度审视，它是一个随机的、离散的、多服务台、多流向的排队服务系统，而且，它具有大数据系统一切特征。

（2）不仅整个生产系统如此，轧制工艺各个环节（如上面提到的板形问题）以及生产管理系统（如下面将详细探讨的生产计划制订等）都具有这种特征。

2 离散事件型仿真
——小方坯连铸连轧生产研究

为了对我国某厂的小方坯连铸连轧生产进行分析和研究，我们采用了离散事件型仿真方法。

2.1 现场条件

该厂的生产工艺流程如图2-1所示。其设备组成如下：

（1）300t 混铁炉一座。

（2）15t 氧气顶吹转炉2座，平均冶炼周期30min。

（3）RH 吹氩（或吹氮）装置1台。

（4）DEMAC 三机三流弧形方坯连铸机1台，年生产能力15万吨，还有模铸系统。

（5）连轧机及相应辅助设备。

该厂生产主要品种为普碳钢和螺纹钢筋。

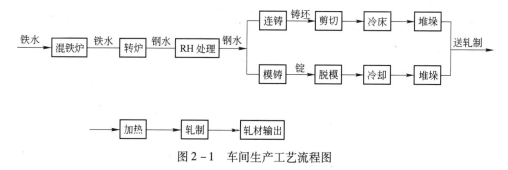

图2-1 车间生产工艺流程图

2.2 现场数据的采集与处理

根据需要，在现场采集以下数据：

（1）各钢种的冶炼周期时间，min/炉。

（2）各钢种的炉出钢量，t/炉。

（3）转炉炉龄，炉。

（4）换炉所需时间，min。

（5）补炉所需时间，min。

（6）转炉故障间隔炉次，炉。

（7）转炉故障处理时间，min。

（8）各钢种的铸流断流的间隔浇注炉次，炉。

所采集的各样本观察值（限于篇幅，仅取一部分）见表 2-1~表 2-7。

表 2-1　BY3 钢的冶炼时间　（min/炉）

24	26	26	25	29	24	21	24	24	22	25	29	26	25	27	23	29
22	25	24	24	20	22	22	25	23	24	25	25	25	20	24	26	25
27	23	18	26	28	18	18	27	28	32	29	22	22	23	35	25	24
31	21	32	25	28	29	25	26	22	22	20	22	24	21	21	20	23
22	31	29	24	33	35	24	23	26	27	24	26	27	27	23	23	21
23	30	24	27	25	25	25	25	29	31	26	23	27	25	25	20	
20	20	28	21	28	26	25	30	29	24	26	24	21	21	27	26	23
29	20	28	23	24	23	22	21	25	21	27	22	24	21	21	25	26
25	27	34	24	25	26	32	25	29	28	29	34	31	24	28	30	

表 2-2　炼钢炉炉龄　（炉）

147	176	182	187	163	192	171	176	248	230	219	332	194	228
201	179	185	132	189	252	236	296	234	241	220	229	107	345
234	322	206	434	183	242	349	340	264	222	326	263	370	218
276	177	265	284	183	316	273	311	303	174	289	217	200	210
261	216	207	296	155	306	252	374	285	373	240	297	153	207
234	185	194	221	204	148	133	189						

表 2-3　炼钢补炉时间　（min）

44	37	70	49	48	43	45	38	66	44	65	42	33	65	70	43	50
38	38	43	33	40	43	36	52	40	43	49	45	37	40	41	48	42
45	36	52	40	42	35	28	44	37	55	52	51	60	40	36	50	55
40	43	43	31	45	36	36	47	37	42	38	40	48	32	29	50	30
40	40	60	40	46	47	45	42	39	38	32	45	37	37	53	50	70
32	44	38	40	20	28	32	30	35	37	37	31	35	33	40		

表 2－4 炼钢炉故障中断间隔炉次 （炉）

1	65	103	3	40	64	11	36	26	37	9	76	15	40	19	4	44
11	4	9	29	50	7	7	1	8	2	2	2	2	36	6	15	10
8	17	17	30	8	12	44	60	27	28	3	43	14	5	2	23	30
33	5	11	14	12	2	25	88	46	113	7	23	92	45	60	30	35
4	2	7	8	34	9	2	15	23	25	16	13	47	21	46	3	23
42	29	3	22	3	1	4	13	76	48	24	45	8	34	62	21	2
2	9	100	8	70	15	63	82	73	47							

表 2－5 炼钢故障中断的延迟时间 （min）

107	60	15	10	30	40	20	40	18	16	20	72	1	45	30	67	32
34	5	126	17	50	73	62	25	135	23	150	18	20	20	63	19	125
17	13	120	151	9	29	65	35	30	15	19	75	50	110	12	15	20
13	21	10	12	33	36	21	60	5	5	32	30	41	65	3	33	35
110	17	24	17	10	50	73	25	12	28	27	12	19	20	14	19	
45	50	8	10	56	11	100	50	3	30	4	15	48	23	11	51	

表 2－6 连铸故障断流的间隔浇注炉次（20MnSi） （炉）

4	8	14	1	4	5	4	4	1	8	3	27	1	16	1	37	7	7	1	5	1	15
3	4	7	4	2	3	1	1	15	1	6	8	22	5	7	4	23	1	5	1	17	3
45	1	12	13	7	7	6	1	8	3	2	1	11	5	5	20	14	1	1	1	2	19	5
1	15	6	1	7	6	4	4	11	2	16	18	1	12	5	4	7	6	1	5	15	3
13	14	15	1	4	2	17	5	24	1	1	6										

表 2－7 连铸故障断流的间隔浇注炉次（BY3） （炉）

14	2	19	5	1	1	6	3	11	12	3	11	1	1	18	9	9	1	1	12	21	18
18	1	5	3	7	1	19	5	9	10	11	11	15	3	19	37	2	10	16	18	12	26	2
10	19	4	1	22	1	3	6	4	5	11	12	1	8	21	2	6	3	5	11	13	2
5	30	13	6	10	21	4	32	11	2	4	1	1	20	5	9	1					
6	1	1	1	5	44	2	73	1	16	27	23	1	3	22	5	11	16				
1	1	6	30	13	6	5	1	14	1	2	22	1	27	18	1	5	3				
9	25	9	6	25	34	14	2	32	57	2	29	6	7	1	1	4	13	26	3	33	6

2.3 离散事件型仿真模型的构造原理

通常，离散事件型仿真模型包括以下组成部分[17]：

（1）系统状态。它由一组系统状态变量构成，用于描述系统在不同时刻的状态。

（2）仿真时钟。提供仿真时间的当前数值的变量。

（3）事件表。包含有即将发生的事件的类型和时间的列表。列事件表犹如账本，发出一笔新账就登记上去，销去一笔账就把它勾掉，以保证仿真过程有条不紊地进行。

（4）统计计数器。用于存储有关系统工作成果的统计信息。

（5）初始化子程序。在仿真开始时，设定系统的初始时间、初始状态及初始化事件发生的先后次序（事件表）。

（6）定时子程序。每一事件都对应有一个事件子程序，在相应事件发生时，进行处理该事件，产生未来事件，并列入事件表，更新系统状态。

（7）仿真报告子程序。仿真结束时，打印仿真结果。

（8）主程序。它调用定时子程序以确定下次事件，并传递控制各事件子程序以更新系统状态。图2-2所示为上述各个组成部分的逻辑关系。

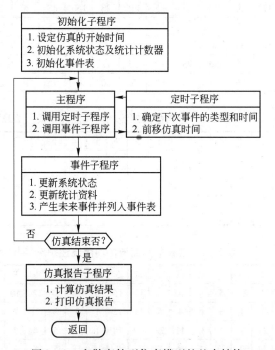

图2-2 离散事件型仿真模型的基本结构

2.4 连铸-连轧物流系统仿真模型的研究范围及影响因素

这里用图2-3来说明方坯 CC-CR 物流系统仿真模型的研究范围及其对各种影响因素的考虑。由图可知：

（1）系统边界以铁水作为系统输入，以轧材作为系统输出。

（2）明确了构成物流系统的各个实体及每个实体的各种影响因素。

（3）各有关实体的工序时序。

（4）系统内物流的各种流向。

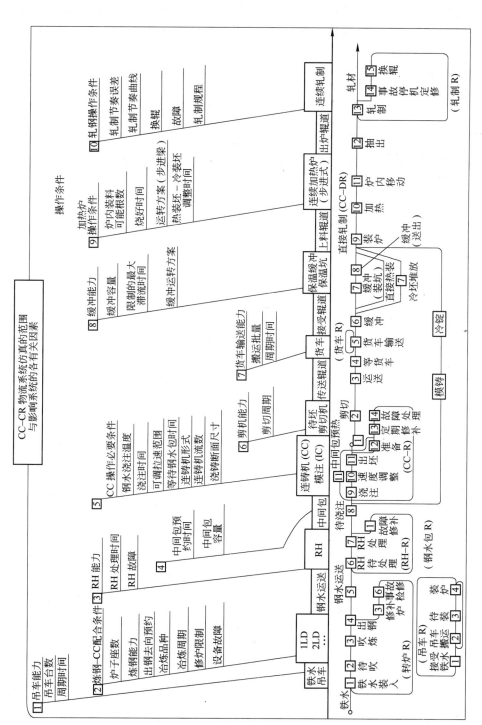

图 2-3 CC-CR 物流系统及其影响因素

（5）该系统是一个异常复杂的系统，工艺复杂，影响因素多，为此，仿真时有时要做若干假设。例如，关于系统环境方面的假设：铁水供应不会因外部环境的原因而中断，轧材向外输出不会受到限制。对技术条件、设备条件、工艺方案、物流规则等也做出若干假设，但这些假设都在合理的限定范围之内。

2.5 CC - CR 物流系统仿真模型

如前所述，轧制生产系统可以看做是随机的、离散的、多服务台、多流向的排队服务系统。按照离散事件型建模的原理，建立了 CC - CR 物流系统的计算机仿真模型。该模型的流程图如图 2 - 4 所示。

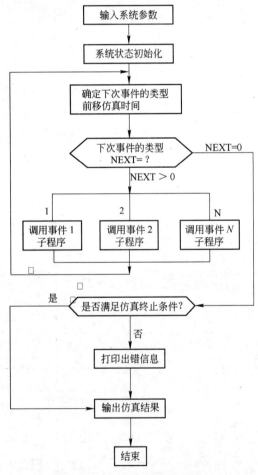

图 2 - 4　CC - CR 系统仿真模型

输入参数是仿真模型进行仿真的数值依据，其正确与否直接影响仿真结果的正确性，该模型的输入参数如表 2 - 8 所示。

表 2-8 系统仿真的输入参数

设定参数名称	含 义	单位	设定值
LIMNUMLD	仿真设定冶炼炉次	炉	500
NUMEVENT	系统所包含的事件类型数目	件	23
AWLD	一个冶炼炉次的平均出钢量	kg	20000
CWLD	一个冶炼炉次的出钢量的标准差	kg	1800
CIRCLT-LD	一炉钢的平均冶炼周期时间	min	26
DCIRCLT-LD	一炉钢冶炼周期时间的标准差	min	3.5
RENEWLDT	炼钢换炉所需时间的平均值	min	73
FETTLINYT	炼钢补炉所需时间的平均值	min	42
DFETTLINYT	炼钢补炉所需时间的标准差	min	3.5
LDBREAKT	炼钢故障中断处理时间的平均值	min	38
DLDBREAKT	炼钢故障中断处理时间的标准差	min	34
ALDAGE	一座炼钢炉的平均炉龄	炉	236
DLDAGE	一座炼钢炉炉龄的标准差	炉	65
FETTLINY-CIRCL	规定的补炉间隔炉次	炉	8
LDBREAK-CIRCL	炼钢平均故障间隔炉次	炉	26
LIMLDDT	炼钢所允许的最长钢水延缓出炉时间	min	6
LDQUANTY	炼钢炉座数		1
DTLD CC	一炉钢水由炼钢炉运到 CC 所需时间	min	10
NUMSTRAND	连铸机流数		3
A×B	铸坯断面尺寸（宽×高）	m×m	0.15×0.15
CCLENGTH	铸坯定尺长度	m	3
Gamma（Y）	铸坯密度	kg/m³	7800
VOCC	连铸机最佳拉坯速度	m/min	1.50
VCC_{min}，VCC_{max}	连铸机允许的最小及最大拉坯速度	m/min	1.3, 1.7
DV_{cc}	连铸拉坯过程中所允许的最大速度调节量	m/min	0.1
CCIBREAK CIRCL	CC 第 I 流故障断流的平均间隔浇注炉次	炉	6
CCIBREAKT	连铸生产中第 I 流断流恢复所需时间的平均值	min	50
CCBREAKT	连铸整体故障中断所需处理时间的平均值	min	60
CCPREPARET	连铸正常准备浇注所需时间的平均值	min	25
DCCPREPARET	连铸正常准备浇注所需时间的标准差	min	3
DTCCLIM	连铸限定的一炉钢的最长浇注时间	min	45
LIMCCDT	连铸限定的一炉钢的最长待浇时间	min	25
DTCCDRAW	连铸开浇引流所需时间	min	10

设定参数名称	含　义	单位	设定值
DTCC - NCC	连铸坯从剪断到运至下一处理工序所需时间	min	3
LIMNUMCCLD - C	连铸规定的一个连浇过程中的最大浇注炉次	炉	8
DT - roll	轧机的轧制节奏	min	1.5
LIMNQCR	轧机前缓冲保温台架限定的最大铸坯装容量	件	50
LIMCRDELAY	轧机前缓冲保温台架限定的最大铸坯滞留时间	min	30
WRNEWROLL - CIRCL	两次轧机换辊中间的平均轧制产量	件	10
WRbreak - circl	两次轧制故障中断间的平均轧制产量	件	23
CRNEWROLLT	轧机换辊所需时间的平均值	min	15
CRBREAKT	轧机故障处理所需时间的平均值	min	35

在仿真开始时要对仿真的系统进行初始化，设定仿真时钟的初始时间，对系统状态变量和统计量赋予初值，它们分别列于表2-9和表2-10中。同时要设定仿真开始时各类事件发生的次序，该模型涉及23类不同事件（表2-11）。

表2-9　系统状态变量

状态变量	取值	含　义	备　注
LDSTATE（炼钢炉状态）	0	炼钢炉正常终止冶炼	
	1	炼钢炉正常工作	
	10	炼钢炉等待出钢	
	-1	炼钢故障中断	
	-2	炼钢补炉中断	
	-12	炼钢同时补炉和处理故障	
	-3	炼钢换炉中断	
CCSTATE（连铸机状态）	0	连铸机等待钢水到达	
	1	连铸机正常浇注	
	2	连铸机带故障浇注	有断流存在
	-1	连铸整体浇注中断	发生故障或正常中断
CCISTATE（I）CC 第I注流的工作状态	0	连铸第I注流待浇注	
	1	连铸第I注流正常浇注	
	-1	连铸第I注流浇注中断	发生故障或正常中断

状态变量	取值	含 义	备 注
NCC (I) 第 I 铸坯流在 CR 前的到达状态	1	CC 第 I 铸坯流在下一处理工序前正常到达	
	-1	CC 第 I 铸坯流在下一处理工序前中断到达	
CRSTATE 连轧机组的工作状态	0	轧机等待铸坯到达	
	1	轧机正常轧制	
	-1	轧制故障中断	
	-2	轧机换辊中断	
	-12	轧机同时换辊和处理故障	

表 2 - 10 系统统计量

统 计 量	含 义	初值例证
SIMUTIME	整个系统的日历工作时间	0
SIMUTIME - LD	炼钢的日历作业时间	0
SIMUTIME - CC	连铸的日历作业时间	0
SIMUTIME - CR	轧钢的日历作业时间	0
NUMLD	总冶炼炉次	0
NUMLDA	一个炼钢炉炉龄内的总冶炼炉次	0
NUMIC	送模铸的冶炼炉次	0
TOLWLD	炼钢总产量	0
TOLWIC	模铸总产量	0
TOLLDT	炼钢总的纯作业时间（装料、吹炼、出钢）	0
TOLRENEWLDT	总换炉时间	0
TOLFETTLINGT	总补炉时间	0
TOLLDBREAKT	炼钢总故障时间	0
TOLLDWAITT	炼钢炉总的待连铸时间	0
NQCC	连铸机前排队待浇的到达钢水炉数	0
TOLCASTT	连铸机浇注时间	0
TOLCCBREAKT	连铸机总的故障中断时间	0
TOLCCPREPARET	连铸机总的正常浇注准备时间	0
TOLCCINTERUPTT	连铸机总的中断时间	0

统 计 量	含 义	初值例证
TOLCCWAITT	连铸机总的待钢水时间	0
TOLCCDELAY	到达连铸机的各炉钢水的总待浇时间	0
NUMCCLD	连铸机总的浇注炉次	0
NUMCCLD – C	连铸机在一个连浇过程中的当前完成的浇注炉次	0
NUMSC	连铸机总的连浇次数	0
TOLWCCLD	连铸机总的浇钢量	0
TOLWCC	连铸机总的拉坯量	0
TOLWCCLD – REMAIN	连铸机总的浇注剩余钢水量	0
BREAKSTRD	正在拉坯的连铸机当前存在的断流数	0
NM	连铸的下一处理工序前当前到达铸坯流的断流数	0
TOLROLLT	轧机的纯轧制时间	0
TOLCRWAITT	轧机总的等待到达铸坯的时间	0
TOLCRBREAKT	轧机总的故障中断时间	0
TOLCRNEWROLLT	轧机总的换辊中断时间	0
TOLCRINTERUPTT	轧机总的中断时间	0
INTEGRAL NQCR	轧机前排队待轧铸坯数对时间的积分值	0
NQCR	轧机前的缓冲保温台架上的待轧排队铸坯数	0
TOLCRDELAY	轧机前排队待轧铸坯的总待轧时间	0
NUMCCDR	连铸坯总的直送轧制根数	0
NCOLDCC	由于待轧时间过长而退出轧制线的铸坯数	0
TOLWCCDR	连铸坯直送轧制的产量	0

表 2 – 11 系统仿真模型的各类事件

编号	事件类型	对应事件子程序	事件时间变量
1	一炉钢的出钢结束事件	LDDEPART	TNE (1, 1)
2	炼钢换炉中断事件	RENEWLD	TNE (2, 1)
3	炼钢补炉中断事件	FETTLING	TNE (3, 1)
4	炼钢故障中断事件	LDBREAK	TNE (4, 1)
5	炼钢中断恢复事件	LDRECOVER	TNE (5, 1)
6	一炉钢水到达连铸机事件	CCARRIVE	TNE (6, 1)

编号	事件类型	对应事件子程序	事件时间变量
7	CC 第 I 流开浇事件	CCICAST (I)	TNE (7, 1)
8	CC 第 I 流故障断流事件	CCIBREAK (I)	TNE (8, 1) $\Big\}$ I = 1 ~ N
9	CC 第 I 流断流恢复事件	CCIRECOVER (I)	TNE (9, 1)
10	一炉钢连铸结束事件	CCDEPART	TNE (10, 1)
11	CC 整体浇注中断事件	CCBREAK	TNE (11, 1)
12	CC 整体中断恢复事件	CCRECOVER	TNE (12, 1)
13	CC 铸坯流在下一处理工序前恢复到达事件	NCRECOVER	TNE (13, 1)
14	CC 铸坯流在下一处理工序前中断到达事件	NCBREAK	TNE (14, 1)
15	CC 第 I 铸坯流在下一处理工序前中断到达事件	NCIBREAK (I)	TNE (15, 1) $\Big\}$ I = 1 ~ N
16	CC 第 I 铸坯流在下一处理工序前恢复到达事件	NCIRECOVER (I)	TNE (16, 1)
17	连铸坯直送到达轧机事件	CRARRIVE	TNE (17, 1)
18	一根铸坯的轧制结束事件	CRDEPART	TNE (18, 1)
19	轧机故障中断事件	CRBREAK	TNE (19, 1)
20	轧机换辊中断事件	NEWROLL	TNE (20, 1)
21	轧机中断恢复事件	RRECOVER	TNE (21, 1)
22	炼钢炉等待出钢事件	LDWAIT	TNE (22, 1)
23	炼钢炉结束等待事件	LDENDWAIT	TNE (23, 1)

在这种模拟中，系统的建模是通过定义系统状态在事件时间的变化来实现的。建模的任务在于确定导致系统状态改变的事件以及与各类事件相对应的逻辑关系。在排队系统中，顾客到达事件和顾客离去事件是基本事件。系统的模拟正是由执行与在一个时间序列中的每个相关联的逻辑变换而进行的。显然，确定下次事件类型的子程序起着非常重要的作用，扮演着仿真时钟的角色。根据该子程序所决定的下次事件类型控制和启动调用子程序的开关。

事件子程序是构成离散事件系统仿真模型的核心部分。一个离散系统包含了大量不同种类的事件。这些事件在系统内所经历的产生、发展和消失的循环往复，构成了系统的动态过程。实际上系统仿真过程是对系统内各类事件的产生、发展、消失的反复更替过程的动态描述。建立事件子程序的最根本目的是能够正确描述系统事件的产生、发展、消失，以及事件间的内在联系。

该模型包括 23 类事件，它主要涉及"顾客"的到达与"服务"结束，以及中断的出现及处理。

2.6 输入参数的随机分布模型

正如前面指出的那样，物流系统的仿真要涉及大量的随机参数，所选择的参数模型是否正确直接影响仿真结果的精确程度。为此，必须正确确定系统中大量随机参数的模型。一般有理论的和经验的两种方法。为使研究更具有普适性，我们选择了理论的方法。在这种情况下，理论方法的建模一般是在大量实测数据基础上，绘出直方图，看与哪种理论分布图接近，据此提出理论分布的假设，然后进行显著性检验，如显著水平不高，则需另提出理论分布的假设，直到显著水平满意为止，如找不到好的拟合分布，也可能用经验分布模型。其建模步骤如图2-5所示。关于分布函数的拟合度检验，根据皮尔逊定理及其检验方法[18]，编制了专用程序，进行分布假设的拟合度检验，其程序框图如图2-6所示。

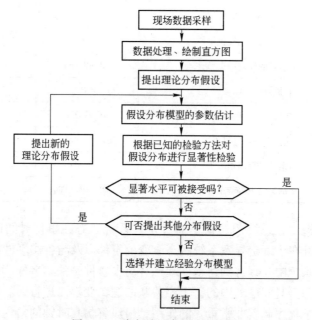

图2-5 确定随机参数分布模型

表2-12列出了几种常用的理论分布模型。

根据所采集的数据，然后用上述程序进行检验，部分参数分布假设的检验结果如表2-13所示。而各参数的样本观测值拟合于假设理论分布模型时，部分结果如图2-7~图2-12所示。

由图可见，它们是服从一定分布规律的。但是，这些模型还不能直接用于仿真，还需要进行转换处理，故需在原分布模型的基础上，建立一个新的随机变量的生成模型，才能用于仿真[19]。限于篇幅，下面仅做简单介绍。

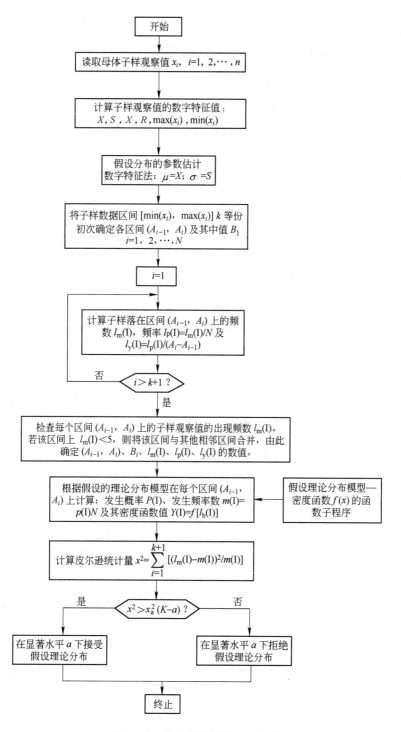

图 2-6 分布假设的拟合度检验

表 2-12 常用的理论分布模型

分布名称	分布率或密度函数	分布函数	数学特征	密度函数图示	应用
γ-分布[15] Gamma(α,β)	$f(x) = \begin{cases} \dfrac{\beta^{-\alpha} \cdot x^{\alpha-1} \cdot e^{-\frac{x}{\beta}}}{\Gamma(\alpha)}, & x > 0 \\ 0, & 其他 \end{cases}$ 其中:$\Gamma(\alpha) = \int_0^\infty t^{\alpha-1} \cdot e^t \cdot dt$	当 α 为正整数时, $F(x) = \begin{cases} 1 - e^{-\frac{x}{\beta}} \displaystyle\sum_{i=0}^{\alpha-1} \dfrac{\left(\frac{x}{\beta}\right)^i}{i!}, & x > 0 \\ 0, & 其他 \end{cases}$ 当 α 为非整数时, $F(x) = \int_{-\infty}^x f(x)\,dx$, 无封闭式	$E(x) = \alpha \cdot \beta$ $D(x) = \alpha \cdot \beta^2$		通过设定不同的参数,可由 γ-分布派生出指数分布、尔兰分布及 x^2 分布,而且用通过参数形状的 γ 分布变取得不同形状的 γ 分布,从而表述许多不同的过程,如:顾客服务时间,存储过程,机器故障修理时间,控制中的提前期需求量等
尔兰分布[7] Erlang(μ,k)	$f(x) = \begin{cases} \dfrac{k/\mu}{(k-1)!} \cdot x^{k-1} \cdot e^{-\frac{kx}{\mu}}, & x > 0, x \geq 1 且为整数 \\ 0, & 其他 \end{cases}$	$F(x) = \int_{-\infty}^x f(t) \cdot dt$ 无封闭式	$E(x) = \mu$ $D(x) = \dfrac{\mu^2}{k}$		尔兰分布在可靠性理论和排队论中有着广泛应用。如果以 T_A 表示事件流中事件 A 连续出现 n 次所需要的时间,则 T_n 服从尔兰分布,它很好地描述了由一系列任务组成的整个服务过程的服务时间,由 k 个部分失效组成的整个系统的失效时间

续表 2-12

分布名称	分布率或密度函数	分布函数	数学特征	密度函数图示	应用
韦伯分布 Weibul(α,β)	$f(x) = \begin{cases} \alpha\beta^{-\alpha} \cdot x^{\alpha-1} \cdot e^{-(\frac{x}{\beta})^\alpha}, x>0 \\ 0, 其他 \end{cases}$	$F(x) = \begin{cases} 1 - e^{-(\frac{x}{\beta})^\alpha}, x>0 \\ 0, 其他 \end{cases}$	$E(x) = \beta/\alpha\Gamma\left(\frac{1}{\alpha}\right)$ $D(x) = \frac{\beta^2}{\alpha} \times \{2\Gamma\left(\frac{2}{\alpha}\right) - \frac{1}{\alpha} \times [\Gamma\left(\frac{1}{\alpha}\right)]^2\}$		韦伯分布是可靠性分析理论中的最基本分布之一。许多机械零件的使用寿命、完成某任务所需的时间都服从这一分布[16]
泊松分布 Poisson(λ)	$p(x) = \begin{cases} \frac{e^{-\lambda}\lambda^x}{x!}, x\in(0,1,\cdots) \\ 0, 其他 \end{cases}$	$F(x) = \begin{cases} 0 \\ e^{-\lambda}\sum_{i=0}^{x}\frac{\lambda^i}{i!} \end{cases}$	$E(x) = \lambda$ $D(x) = \lambda$		泊松分布是一种离散分布函数，特别适用于描述在一定的时间内独立发生的事件数目，随机分批的批量，库存项目的需求量，成批到达的顾客数量等
均匀分布 U(a,b)	$f(x) = \begin{cases} \frac{1}{b-a}, a\le x\le b \\ 0, 其他 \end{cases}$	$F(x) = \begin{cases} 0, x<a \\ \frac{x-a}{b-a}, a\le x\le b \\ 1, b<x \end{cases}$	$E(x) = \frac{a+b}{2}$ $D(x) = \frac{(b-a)^2}{12}$		在随机变量的生成算法中，它是生成其他随机变量的基础。有时，当仅知道随机变量的变化范围，而不清楚其分布函数时，可用均匀分布去近似它

续表 2-12

分布名称	分布率或密度函数	分布函数	数学特征	密度函数图示	应用
指数分布 Expon(λ)	$f(x) = \begin{cases} \dfrac{1}{\lambda} \cdot e^{-\frac{x}{\lambda}}, x > 0 \\ 0, 其他 \end{cases}$	$F(x) = \begin{cases} 1 - e^{-\frac{x}{\lambda}}, x > 0 \\ 0, 其他 \end{cases}$	$E(x) = \lambda$ $D(x) = \lambda^2$	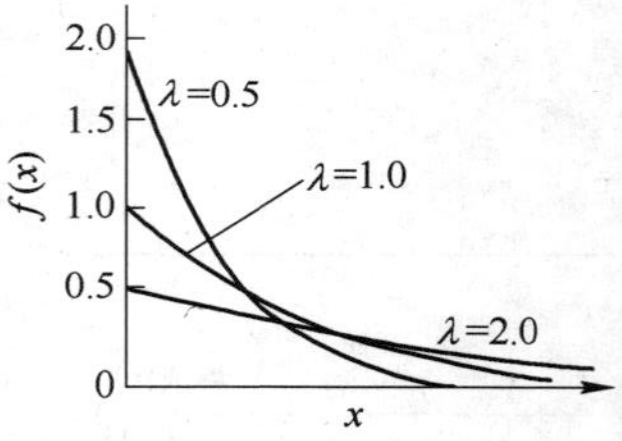	指数分布函数应用较广。它通常用来描述在随机系统中发生的独立事件的时间间隔,如顾客到达的时间间隔、服务设施的时间间隔、仓库订货、计算机服务率需求,具有一定事故率的产品寿命、设备故障时间间隔
正态分布 Normal (μσ²)	$f(x) = \dfrac{e^{\frac{-(x-\mu)^2}{2\sigma^2}}}{\sqrt{2\pi\sigma^2}}$ $x \in (-\infty, \infty)$	$F(x) = \dfrac{1}{\sqrt{2\pi\sigma^2}} \int_{-\infty}^{x} e^{\frac{(t-\mu)^2}{2\sigma^2}} dt$ $x \in (-\infty, \infty)$	$E(x) = \mu$ $D(x) = \sigma^2$	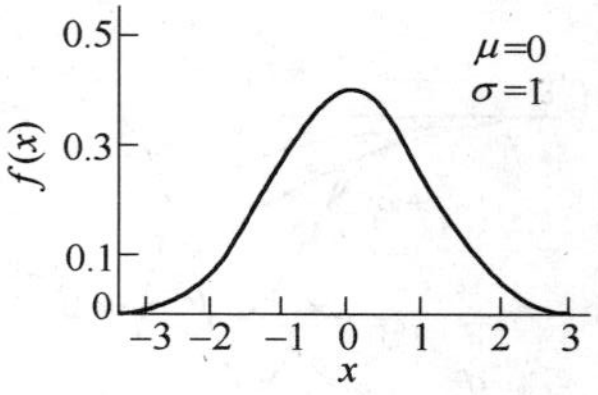	基于中心极限定理,取自具有有限的平均值和方差的任何分布的几次独立观测的平均值。随 n 无限增大而趋于正态分布,因此,正态分布应用极为广泛,它很好地描述了许多其他量,如质量控制中的误差等,同时可用正态分布去近似二项分布和泊松分布

表 2-13 随机参数的分布假设检验结果

参数名称	单位	样本容量(N)	等组距数据区间数(K)	合并后数据区间数(K)	α	拟合理论分布名称	α	χ ($k-y-1$)	分布参数估计
BY2 钢冶炼周期	min	547	11	9	9.544	正态分布 $N(\mu, \sigma^2)$	0.10	10.645	$\mu = 26.36$; $\sigma^2 = 13.787$
BY3 钢冶炼周期	min	152	10	8	6.892	正态分布 $N(\mu, \sigma^2)$	0.10	9.236	$\mu = 25.14$; $\sigma^2 = 12.014$
20MnSi 冶炼周期	min	298	11	9	7.476	正态分布 $N(\mu, \sigma^2)$	0.10	10.645	$\mu = 27.64$; $\sigma^2 = 13.110$
20MnSi 炉出钢量	t/炉	177	9	7	1.763	正态分布 $N(\mu, \sigma^2)$	0.25	5.385	$\mu = 21.88$; $\sigma^2 = 3.434$
转炉炉龄	炉	78	6	6	4.405	正态分布 $N(\mu, \sigma^2)$	0.10	6.251	$\mu = 236.8$; $\sigma^2 = 4300.9$
换炉时间	min	71	8	5	5.199	指数分布 EXPON(μ)	0.10	6.251	$\mu = 72.82$
补炉时间	min	100	11	6	3.821	正态分布 $N(\mu, \sigma^2)$	0.25	4.108	$\mu = 42.58$; $\sigma^2 = 90.35$
转炉故障间隔	炉	112	10	8	2.364	指数分布 EXPON(μ)	0.25	7.841	$\mu = 26.875$
转炉故障时间	min	101	7	6	4.723	γ-分布 Gamma(α, β)	0.10	6.253	$\alpha = 1.248$; $\beta = 30.54$
连铸断流的间隔浇注炉次（BY3）	炉	161	11	6	3.432	指数分布 EXPON(μ)	0.25	5.358	$\mu = 10.85$
CC 断流的间隔浇注炉次（20MnSi）	炉	105	8	5	0.958	指数分布 EXPON(μ)	0.25	4.108	$\mu = 7.724$

　　随机变量的生成模型是根据随机变量通过特定的随机变量的生成算法生成的。通常，方法有反函数变换法、组合法、转换法、认可-排除法等。对于常见的具体分布，基本都有成熟的生成算法，我们将各种常用分布的随机变量生成模型存于数据库中[16]。如图 2-13 所示，连续型指数分布随机变量的生成模型即为一例。

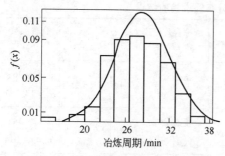

图 2-7 冶炼周期的正态分布检验

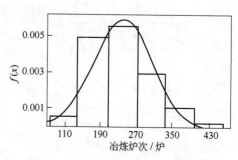

图 2-8 转炉炉龄的正态分布检验

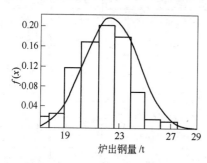

图 2-9 出钢量的正态分布检验

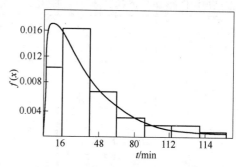

图 2-10 转炉故障持续时间的分布检验

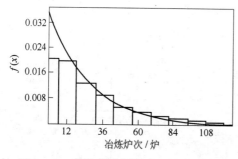

图 2-11 转炉故障间隔炉次的分布检验

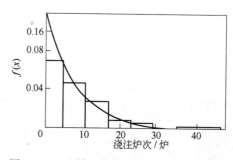

图 2-12 连铸机断流间隔炉次的分布检验

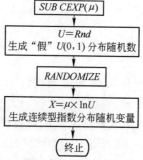

图 2-13 连续型指数分布随机变量生成模型

2.7 方坯连铸－连轧物流系统仿真

2.7.1 仿真模型的评价指标

应用 CC－CR 物流系统仿真模型可以模拟从炼钢开始到轧制成材的整个连铸－连轧的实际生产动态过程，从而可对各种影响因素逐一地进行定量的分析研究，对给定的系统设计方案的实际匹配效果做出正确的评估和分析，并选出最优方案。为此，首先应当选择和确定一些评价指标，以利于做出判断，该模型设计了三大类系统评价指标，作为仿真计算的输出结果。

（1）工序作业评价指标。主要是指冶、铸、轧等各大工序的作业率、生产率、故障中断率、空闲等待率，以及其他有关操作占用的日历工作时间的比率，此外还有连铸的平均连续浇注炉次等。

（2）系统综合评价指标。如钢水连铸比、钢水模铸比、铸坯直轧率、钢水－连铸－直轧率等。

（3）物流过程评价指标。如连铸机前到达钢水的平均待浇滞留时间、轧机前铸坯保温缓冲台架上排队待轧铸坯的平均滞留时间等。

为清晰起见，将这些指标列入表 2－14 中。有了上述指标就可对系统进行各种分析，特别是系统可靠性的分析了。

表 2－14　系统评价指标

类　型	变量名称	含　义	算　法
系统工序作业指标	LDworkrate	转炉作业率	LD 纯作业时间/LD 日历作业时间
	LDgrate	转炉故障率	LD 总故障时间/LD 日历作业时间
	LDnewrate	炼钢换炉	LD 总换炉时间/LD 日历作业时间
	LDfetrate	转炉补炉率	LD 总补炉时间/LD 日历作业时间
	LDwaitrate	转炉等待率	LD 总等待时间/LD 日历作业时间
	LDproductrate	转炉生产率	LD 总出钢量/LD 日历作业时间
	CCworkrate	连铸作业率	CC 总纯作业时间/CC 日历作业时间
	CCgrate	连铸机故障中断率	CC 总故障中断时间/CC 日历作业时间
	CCwaitrate	连铸机空闲等待率	CC 总待钢水时间/CC 日历作业时间
	CCpreparerate	连铸机正常浇注准备率	CC 正常准备时间/CC 日历作业时间
	CCproductrate	连铸机生产率	总连铸坯产量/CC 日历作业时间
	CRworkrate	轧机作业率	CR 总纯作业时间/CR 日历作业时间
	CRgrate	轧机故障中断率	CR 总故障中断时间/CR 日历作业时间
	CRwaitrate	轧机空闲等待率	CR 总待铸坯时间/CR 日历作业时间
	CRnewrallrate	轧机换辊率	CR 总换辊占用时间/CR 日历作业时间
	CRproductrate	轧机生产率	总轧制产量 CR 日历作业时间
	ANUMCCLDC	连铸机平均连浇炉数	CC 总浇注炉数/CC 总连浇次数

续表 2 - 14

类 型	变量名称	含 义	算 法
系统综合 评价指标	CCsteelrate	连铸比	连铸总拉坯量/LD 总产量
	ICsteelrate	模铸比	总模铸钢水量/LD 总产量
	CC - DRrate	铸坯直轧率	总直轧铸坯量/CC 总拉坯量
	LD - CC - DRrate	钢水连铸直轧率	总直轧铸坯量/LD 总产量
物流过程 评价指标	ACCDELAY	CC 前到达钢水的 平均待浇时间	总待浇时间/总浇注炉次
	ANQCR	保温台架上滞留铸坯 的平均根数	铸坯滞留数对时间的积分值 /总轧制延续时间
	ACRDELAY	保温台架上铸坯的 平均滞留时间	铸坯总待轧时间/ 总轧制铸坯数

如表 2 - 11 所示，仿真开始的首次发生事件为一炉钢的出钢结束事件，由仿真定时子程序，确定下次事件的类型和时间，它起着"仿真时钟"的作用，其工作原理如图 2 - 14 所示。而每一个事件均有相应的子程序，与轧制工序有关的各个事件的子程序有 5 个（表 2 - 11 中的 17 ~ 21 项）。

这里给出有关轧制的事件子程序的框图：铸坯直送轧机到达事件子程序框图（图 2 - 15）；一根铸坯的轧制结束、轧机故障、轧机换辊中断、轧制中断恢复事件子程序的框图（图 2 - 16 ~ 图 2 - 19）。由图可以看出，它呈现的是该操作的实际描述。由于篇幅所限，有关冶铸的事件子程序就不一一介绍了。

至此，就可对系统进行各种分析了。

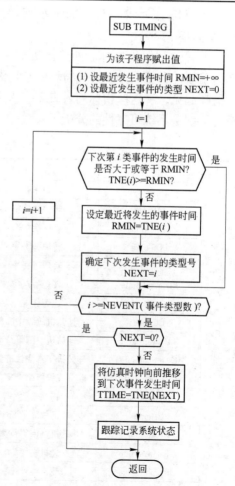

图 2 - 14 仿真时钟子程序框图

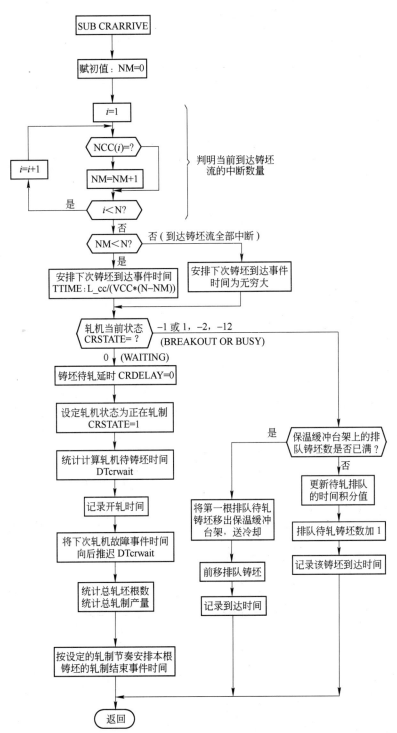

图 2-15　铸坯直送轧机到达事件子程序框图

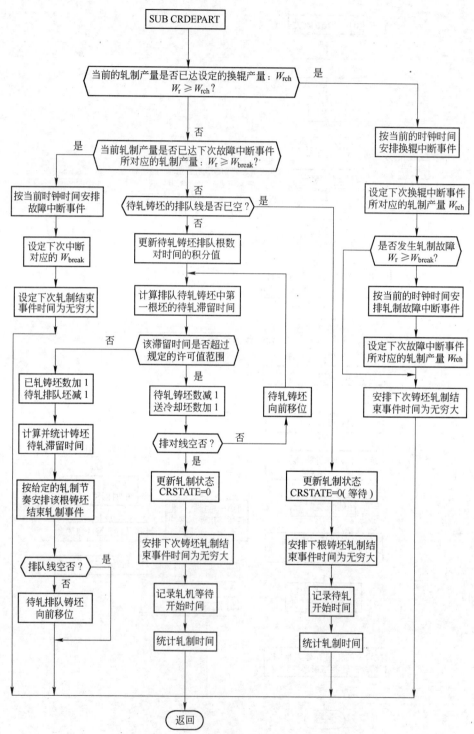

图 2-16　一根铸坯的轧制结束事件子程序框图

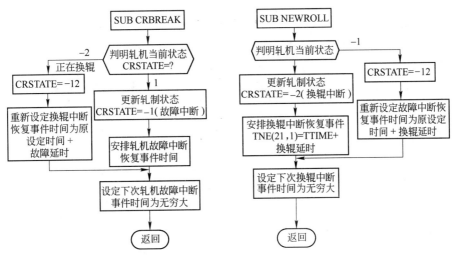

图 2 – 17 轧机故障中断事件子程序的框图　　图 2 – 18 轧机换辊中断事件子程序的框图

2.7.2　仿真结果的分析

通过仿真得出以下一些极有意义的结果（表 2 – 14）。

2.7.2.1　系统评价

对表 2 – 14 所列指标，当输入如表 2 – 8 所列的参数值时，其仿真结果如表 2 – 15 所示。

表 2 – 15　仿真计算结果

工　序	工序作业指标			
	作业率/%	故障率/%	闲置等待率/%	生产率/kg·min^{-1}
炼钢（LD）	80.0	4.5	0.1	616.81
连铸（CC）	62.1	18.7	8.9	376.35
轧钢（CR）	61.7	8.7	27.4	216.23
物流系统	系统综合评价指标			
	连铸比/%	模注比/%	铸坯 – 直轧率/%	钢水连铸 – 直轧率/%
	61.3	36.0	49.8	30.43
	物流过程评价指标			
	钢水平均待浇时间/min	铸坯平均待轧滞留根数/根	待轧铸坯平均滞留时间/min	平均连浇炉次/炉
	8.75	13.61	23.48	2.74

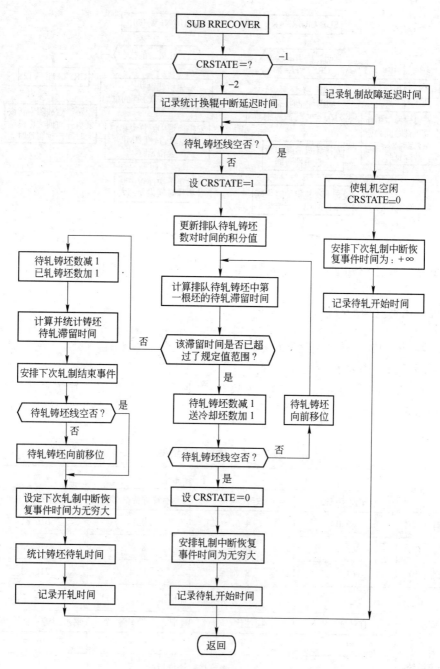

图 2-19 轧制中断恢复事件子程序的框图

2.7.2.2 系统分析

对该小方坯连铸连轧生产系统进行全面的分析，得出了很有价值的结果（图

2 – 20 ~ 图 2 – 32）。

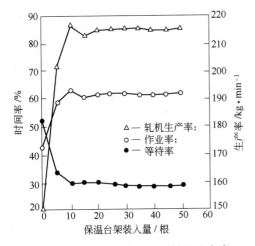

图 2 – 20　保温台架装入量对轧机生产率、
作业率及空闲等待率的影响

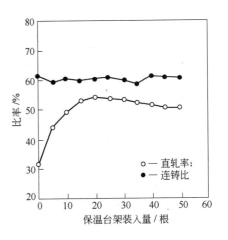

图 2 – 21　装入量对直轧率和连铸比的影响

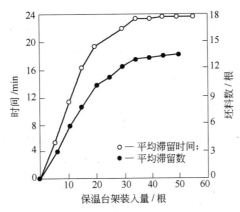

图 2 – 22　装入量对铸坯平均滞留时间和平均滞留数的影响

　　图 2 – 20 ~ 图 2 – 22 为轧机前铸坯缓冲保温台架的限定装炉量的多少对系统有关评价指标的影响。缓冲保温台架可以是均热炉或其他形式的保温装置。

　　由图 2 – 20 可知，随着装入量的增加，轧机的生产率及作业率增加，空闲等待率降低。但装入量超过 10 根坯后，曲线变化率减缓。显然，由此可确定合适的装入量。

　　由图 2 – 21 可知，装入量对连铸 – 热装直轧率影响也很大，当铸坯数为 20 根时，达到最大，此时高于 50%。然而装入量对钢的连铸比则影响不显著。

　　保温台架上滞留的铸坯平均根数和铸坯平均滞留时间，则随装入量增加而增加（图 2 - 22）。

由图可知，铸坯缓冲保温台架对连铸连轧系统有很大影响。当不设置此装置时，连铸 - 直轧率仅为 33%，而生产率为 150kg/min；当设此装置且装入量为 10 根料时，则它们分别增至 50% 和 207kg/min，与此同时其作业率由 42% 增至 62%。这说明保温台架起着一个"柔性环节"的作用，使连铸、连轧两个"刚性"机组，在配合上增加了柔性，易于匹配协调，故保温台架绝不是可有可无的设置。同样，在冶炼与连铸间设置精炼炉，除众所周知的一些优点外，它还起着"柔性环节"的作用。这种设"柔性环节"的办法使轧制生产成为一个柔性生产系统。由于柔性生产系统的优点，它成为近代企业追求的目标。

由图也可看出，当保温台架上的铸坯装入量超过 15 根时，其效果增加已不明显，但滞留时间以及设备费、燃料费则有增加趋势。故保温台架有一最佳装入值，本例中为 10 ~ 15 根。

模拟得出的结论是应在轧机入口设"柔性环节"，即铸坯保温缓冲台架，它对实现连铸 - 连轧匹配至关重要。为了得到最佳效果，就有一个最佳缓冲能力，如选择得太小，则生产匹配困难，如选择太大，则造成不必要的投资等损失，那时它已经变成一个中间加热炉了，自然也就降低了连铸连轧的优越性，也就不是"直轧"了。这种模拟，无论在定量上还是定性上都可给出明确的结论，这是人们不能直观得出的而且也是无经验可循的。

连铸流数也是一个重要工艺参数。它不仅对连铸机有影响，而且也影响连轧。图 2 - 23 ~ 图 2 - 26 所示为它对各评价指标的影响。其中有些曲线具有峰值，其值大约为 3。在流数为 3 时，可以取得较好的综合效果。此时连铸生产率、连轧生产率、连铸比、铸坯直轧率、连铸作业率、一炉钢的平均滞留时间分别为 370kg/min、216kg/min、60%、46%、63% 和 12min。

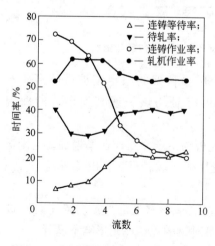

图 2 - 23　连铸流数对操作条件的影响

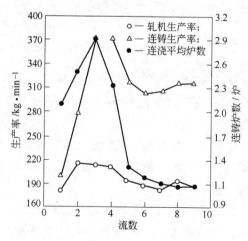

图 2 - 24　连铸流数对工作效率的影响

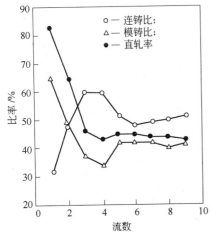

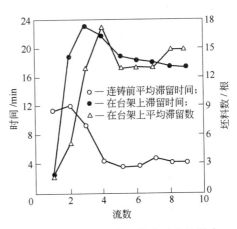

图 2 – 25　连铸流数对评价指标的影响　　图 2 – 26　连铸流数对物流过程的影响

自然，流数增加，直轧率降低，为达到更好的效果，要同时调整其他工艺参数。

同样，轧制节奏时间也是一个很重要的影响因素。图 2 – 27 ~ 图 2 – 29 是它对一些指标的影响曲线。加快轧制节奏虽然使轧机作业率提高、等待率降低，但却使轧机生产率下降，并降低了直轧率，增加了坯料的滞留时间。

其他一些工艺因素也有不可忽视的影响。例如，一个冶炼炉次的平均出钢量的多少，对各种评价指标也都有影响（图 2 – 30 ~ 图 2 – 32）。

从上面实例可以看出，由于轧制生产及技术向综合发展，轧制设备趋向紧凑化，生产趋向连续化，此时各工序的匹配就成为突出问题，再加上订货趋向小批量、多品种，矛盾进一步激化，建立轧制柔性生产系统就成为必然的发展趋势。

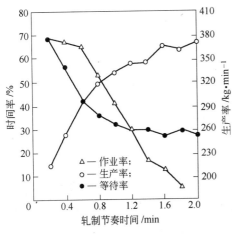

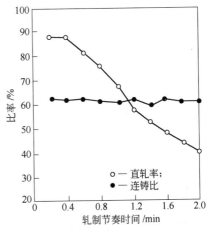

图 2 – 27　轧制节奏对作业指标的影响　　图 2 – 28　轧制节奏对系统评价指标的影响

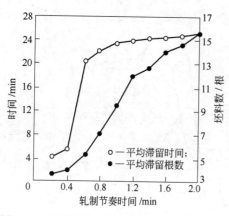

图 2-29 轧制节奏对保温台架滞留情况的影响

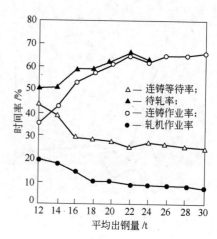

图 2-30 平均出钢量对作业指标的影响

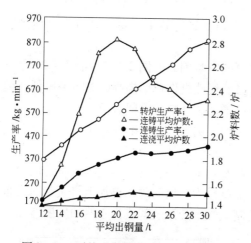

图 2-31 平均出钢量对工作效率的影响

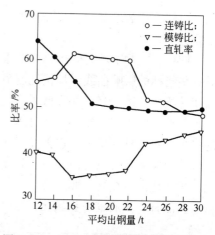

图 2-32 平均出钢量对评价指标的影响

轧制物流系统仿真在建立轧制柔性系统方面起着重要的作用。不仅如此，它还有以下作用：

（1）作为工厂或车间的生产运行"模拟器"，一些现场条件不允许的决策实验可以借助模拟器来完成，故可为设计、管理提供决策依据。

（2）对方案设计或改建扩建方案进行优选和评估。

（3）对现有生产运行状况进行分析，并辅助生产管理。

过去，轧制工作者的眼光集中在机组上，甚至更多地集中在变形区轧制参数上，对物流没有足够注意，在第一、二代轧制技术发展时期，这种情况是可以理解的，特别在二战以后，当时亟待解决的问题是为满足快速发展、兴建轧机的需要，必然集中在需要知道精确的力能等变形区轧制参数上。但在一体化、集约化的今天，显然就不行了。何况机组在线生产时间所占比例实际上是很少的，例如，冷连轧板带生产周期一般需时 7~12 天，但机组生产时间却很少，其中酸洗需 5min，轧制需 5min，平整需 5min，精整需 5min，退火需时最多，也仅 2~3 天，充其量机组生产时间只占整个生产周期的 25%~30%。其余的时间，则以物流的形式在周转、存贮和流动。如果从经济上看，缩短生产周期、加速资金周转的重要意义，以及把质量管理融入生产计划之中，并合理地节约消耗，它就必然成为一个非常重要的技术课题了。

自然，在线调控系统是很复杂的。由于过程的匹配及相互干扰，人工实时处理是难以完成的，故需要应用仿真技术和具有一定智能的调控系统。这就是机电一体智能化及技管结合一贯化所具有的含义。

2.8　简单小结

（1）用离散事件型仿真方法对小方坯连铸连轧生产进行详尽的研究和分析。

（2）对生产的工序作业指标、系统综合评价指标、物流过程评价指标给出具体的计算结果。

（3）对各生产因素做出了量化的具体分析，而用现有轧制工艺理论是不能做出这样分析的。

3 Petri 网仿真方法
——宽带连铸-连轧生产系统研究

为了对我国某厂的宽带连铸-连轧（CC-CR）生产进行分析和研究，采用了 Petri 网仿真方法。

3.1 现场条件

我国某厂的宽带连铸-连轧一体化生产系统主要设备布局如图 3-1 所示。

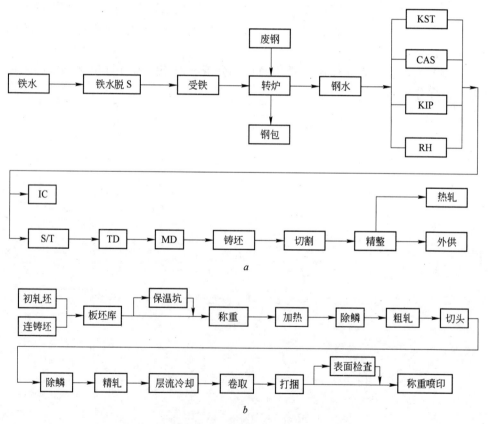

图 3-1 宽带连铸-连轧生产主要设备布局图

a—冶炼生产工艺流程；*b*—热轧生产工艺流程

该厂的宽带连铸-连轧一体化生产系统主要由两台年产 200 万吨的板坯连铸

机、三台加热炉、四架粗轧机和七架精轧机组成，它是大家非常熟悉的生产线，对其技术参数不再做过多介绍，仅就研究时涉及的一些问题进行讨论。

3.1.1 生产组织的时间管理

编制好的出钢预定计划要传到各工序确认（图 3-2），计划能否有效实施，主要取决于各工序能否按计划要求的匹配时间进行运作，故其实质就是传搁时间的管理，钢包目标传搁时间的管理如图 3-3 所示。

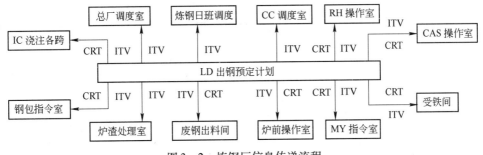

图 3-2　炼钢厂信息传递流程

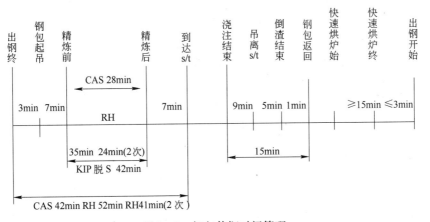

图 3-3　钢包传搁时间管理

3.1.2 生产组织的温度管理

温度制度组织的原则应是后步工序向前步工序提出要求。

3.1.3 生产系统的物流管理

该厂物流有以下特征：物流量大，每天物流量约为 2 万吨；物流温度高，平均温度高达 300℃；产品品种多，出钢记号多达 200 个，后续工序及产品出厂流向又各不相同。此时要求：

（1）现场有各种调整物流的手段；

（2）物流是构成生产的骨架，信息流伴随物流而产生，同时反过来又对物流实施控制，以促进物流合理流动，二者关系如图 3-4 所示。

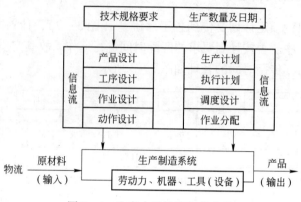

图 3-4 生产中的物流与信息流

3.1.4 生产系统的停滞

在生产中有些停滞是难免的；有的是可预期的（如换辊），见表 3-1；也有不可预期的（如故障），见表 3-2。

表 3-1 轧辊更换周期

轧辊	轧辊尺寸/mm×mm			轧制力/t		换辊时间/min			换辊周期		
	立辊	工作辊	支撑辊	立辊	平辊	立辊	工作辊	支撑辊	立辊	工作辊	支撑辊
E_1	φ1100/1400 ×650			800					1 月		
R_1		φ1350/1200 ×2050			3000		20			1 周	
E_2	φ1000/950 ×470			380					1 月		
R_2		φ1200× 2050	φ1640× 2050		4000		10	90		1 周	2 周
E_3	φ880/830 ×450			180					2 月		
R_3		φ1200× 2050	φ1630× 2050		4000		10	90		1 周	2 周
E_4	φ880/830 ×450			180					2 月		
R_4		φ1200× 2050	φ1630× 2050		4000		10	90		1d	2 周

轧辊	轧辊尺寸/mm×mm			轧制力/t		换辊时间/min			换辊周期		
	立辊	工作辊	支撑辊	立辊	平辊	立辊	工作辊	支撑辊	立辊	工作辊	支撑辊
$F_1 \sim F_3$		$\phi 850 \times 2050$	$\phi 1630 \times 2050$		4500		8	90		3.875h	1 周
$F_4 \sim F_7$		$\phi 760 \times 2050$	$\phi 1630 \times 2050$		4000		8	90		3.875h	1 周

表 3－2 CC－CR 系统故障分类

	类 型	瞬时性干扰故障 (<10min)	小型故障 (10~60min)	中型故障 (60min~4h)	大型故障 (>4h)
渐发性故障	连铸	无		CAS 更换 OB 枪； 连铸机内点检； 连铸 ST 换辊	CC 定修、 检修
	板坯库加热炉	无		计划检修	计划定修
	轧线	无	精轧换辊；粗轧换辊	粗轧换支撑辊； 计划检修	计划定修
突发性故障	连铸	中间包水口冻住； 计算机设定错	RH 称重系统故障； 台车不到位及 电气故障； 水泵跳电故障； 行车跳电故障； 辊道液压故障； 火焰清理机故障	因 QC 台外弧辊子不 动作，造成滞坯事故； 钳吊故障； 钢包台车机械故障； 连铸调宽故障； 冷却水管离位故障； 锅炉漏水	钢包水口故障； 中间包钢水溢 出故障； 连铸浇铸 漏钢故障； 切割小车行 走故障
	板坯库及 加热炉	加热炉上料撞辊 道护板； 加热炉抽油烟机 及步进梁故障； 加热炉回炉； 加热炉空炉数米	板坯库吊车故障； 板坯称重机漏油； 加热炉推钢机故障； 加热炉 BA 故障； 抽钢机液压跳泵	加热炉空气压力低， 炉子临近熄灭； 加热炉电气故障； 加热炉 PCC 故障； 板坯库 MS 和 FLS 数据不相一致	煤气站加压 器故障引起 加热炉熄火
	轧线	精轧 PCC 设定错； 2 号 DC 打滑故障； 板形不好、卷取 废钢故障； 卷取机跳电； 飞剪故障； $F_1 \sim F_7$ 跳电停车	R_2 平衡缸漏油； R_2 主电机润滑 系统故障； 换辊系统故障； 风机故障； 辊道跳电故障； 精轧 AGC 跳电； $F_1 \sim F_7$ 工作辊掉肉 故障； $F_1 \sim F_7$ 机械压下 不动作	轧线供配电跳电； 轧线高压水故障； 精轧、粗轧 BA 故障； 精轧轧辊冷却水故障； 层流冷却故障； 卷取 BA 跟踪出错	粗轧堆钢故障； 粗轧工作辊断辊； 精轧除鳞 （氧化铁皮） 箱夹送辊故障； 精轧带钢跑偏， 引起卡钢

为了仿真的需要，应对故障进行分析。按故障产生的方式，可分为渐发式和突发式。渐发式故障是逐渐积累的结果，其发生概率与工作时间有关，发生有一定规律。突发式故障的发生则是随机的。故障的大小则影响处理时间和处理范围。据此决定仿真中故障产生的方式、处理和修复过程。

宽带连铸-连轧是一个极其复杂的生产系统，年产量高达数百万吨，如何使其高效生产，就成为大家关心的课题，故对宽带连铸-连轧物流系统仿真就具有很大的意义。我们采用了延时 Petri 网的方法，对其生产过程进行了系统研究[20~22]。

3.2 Petri 网方法

3.2.1 离散事件动态系统建模方法简介

研究和分析离散事件动态系统最基本的问题是建模。由于从不同层次研究和用不同数学方法来描述，形成了多种方法体系。从逻辑层次研究系统中事件和状态序列的建模方法，主要有形式语言/有限自动机、Petri 网方法。从时间层次研究系统运动轨迹及其特性的建模方法主要有极大代数法、有限递归过程法等。从统计性能层次研究系统过程性能的建模方法有排队网络方法、扰动分析法、离散事件仿真方法等。尽管这三个层次的方法研究的是同一类过程，但它们不同的描述手段和不同的侧重点使之构成了一个离散事件动态系统的"模型体系"，以适应不同的研究目标[23]。下面仅做简单的介绍。

3.2.1.1 逻辑层次模型

它主要研究离散事件动态系统内的因果关系，阐述了系统内部事件间的相互联系，可以帮助人们理解系统的运行方式。

A 形式语言/有限自动机

表征离散事件动态系统的两个要素是状态和事件，基本问题归结为研究事件和时间按逻辑时间的序列[24]。

B Petri 网

它是德国科学家 C. Petri 于 1962 年首先提出来的一种网络图理论[25]，是从计算机科学领域内发展起来的一类独具特色的网络方法，特别适合于描述异步并发事件的逻辑动态过程。最初 Petri 网用于对通信系统进行建模和分析，后来对 Petri 网的理论和应用做了大量的研究。Petri 网被证明对生产系统的建模、执行评价和控制是有用的工具，Petri 网对于具有事件驱动性质的系统建模尤其有用。

3.2.1.2 时间层次模型-极大代数法

此方法是由 G. Cohen 提出的[26]，他以极大代数为工具，将系统中各加工活动的开始时间看做是离散事件动态系统的状态变量，工件、设备等资源看做是输入变量，资源从系统中释放（即任务完成）看做是输出变量，这样就建立起一系列事件发生时间的状态方程，通过特征值分析以求得离散事件动态系统的加工时间、机组利用率等。

3.2.1.3　统计性能层次模型

主要研究离散事件动态系统的运行规律，而不研究系统中单个实体和具体时间的状态变化，用于系统方案评估和运行策略评价等[27]。

A　排队网络方法

其理论基础为排队论，排队网络模型包括若干服务中心，每个服务中心有一个或一个以上的服务台，系统的目的在于向服务对象（或称顾客）提供服务，顾客按一定规律进入服务中心，等待接受服务，而后按一定规律移到另一服务中心，继续接受服务直至完成全部服务，并离开系统。用它可分析系统生产率、平均生产时间、工位利用率等。

B　扰动分析法

该方法兼容了仿真法和理论分析的长处，并避免了仿真法的大量计算和理论分析研究复杂系统所遇到的困难，还可对系统运行进行优化。它用于研究系统的性能指标和参数变化的敏感性。

C　离散事件仿真方法

通过定义系统中的离散事件及其之间的逻辑结构关系，并在计算机上动态地描述各类事件的产生、发展、演变、消失过程，从而实现在计算机上"再现"，成为分析离散事件动态系统的工具。在第 2 章里，用它对小方坯连铸连轧生产进行了研究。

这里仅做以上的简单分析和介绍，且不全面。例如，有的资料作者把图论引入，并提出动态规划法等一些方法。应当指出，不同资料作者有不同的归类方法，使用者应用的方法也各有不同，现已有众多资料甚至软件可资应用与参考。

3.2.2　Petri 网方法

在普通 Petri 网中，有四个要素：位置（用圆圈表示），变迁（用线条表示），带方向的弧线和标识（用点表示）。用模拟的术语来说，位置代表状态，变迁代表事件，带方向的弧线将位置和变迁连接起来，而位置中的标识表示特定的状态持续着，没有标识表示这个状态不存在。只有当所有输入条件满足时，变迁才发生，变迁发生时通过从输入的每个位上移动标识，把标识放在输出的每个位上。

普通 Petri 网可定义为一个五（四）元组，即：

$$PN = (P,T,I,O,M)（将 I,O 标示为 E,则为四元组）\qquad (3-1)$$

式中，P 为位置集合；T 为变迁集合；I、O 为输入、输出集合（E）；M 为标识集合。

Petri 网模型具有图形显示、递阶结构和易于系统综合的优点，在建立系统逻辑模型方面具有比较明显的优越性，故得到了广泛应用。但是，由于普通 Petri 网只能代表系统中的控制流，而不能表示更多的信息，而且普通 Petri 网中没有引入时间概念，不能用来描述事件的时间特性，使普通 Petri 网的建模能力受到很大限制。因此，在普通 Petri 网的基础上，人们又发展了各种扩展的 Petri 网，如延时 Petri 网（TPN）[28]、广义随机 Petri 网（GSPN）[29]、模糊 Petri 网[30]、扩展 Petri 网模拟图（EPNSim 图）[31,32]等。

下面将用延时 Petri 网及扩展 Petri 网对宽带连铸连轧（CC – CR）生产进行分析和研究。

3.3 用延时 Petri 网进行生产分析和研究

3.3.1 延时 Petri 网

它是在普通 Petri 网基础上引入时间概念，延时 Petri 网是一个六元组，即：

$$TPN = (P, T, I, O, M, W) \tag{3-2}$$

式中，W 为时间集合；其他符号的意义同前。

一般 Petri 网的可达性只需考虑标示的可达，而延时 Petri 网还必须考虑时间因素，它有助于计算各种事件发生的时刻，分析运行节奏。对于延时 Petri 网的描述可采用极大代数法，它对加法和乘法赋予新的计算内容，将延时 Petri 网转换为状态空间表达式，从而成为极大代数意义下的线性系统。

应用延时 Petri 网仿真宽带连铸 – 连轧物流系统时，还遇到一些问题。例如，它无法描述调度、计划变更等不确定因素，此外，在传统的仿真系统中，考虑的是零部件及加工物流系统，对模型的操作主要采用数值数据和算术处理，给出的结果是一种预测，对系统方案及其做出的结论，难以做出解释，而且实验次数太多，数据量大，要消耗大量机时，使应用于像连铸 – 连轧这样复杂的物流系统时受到限制。为了解决这些问题，采取了以下措施：

（1）在 Petri 网基础上，引入计划规划和调度规划，提出扩展的延时 Petri 网，亦即将式（3 – 2）扩展为八元组，即：

$$E - TPN = (P, T, I, O, Mo, W, DP, R) \tag{3-3}$$

式中，DP 为决策点集合，也称柔性调整位置集合；R 为 DP 上的计划、调度规划的集合。

（2）采用 AI 技术，利用专家的专门知识和推理能力来解决常规方法难以求解的问题。在专家系统中，数据库、知识库、模型库与控制结构是分开的。因此，修改其中任何一个时，其他部分不受影响。由于其对模型的操作主要基于符号处理，故可求解用数学算法难以求解的算法问题。

可以说，AI 技术与仿真，在某种意义上说是相通的，如表 3－3 所示，它们在概念上是对应的，因此，在仿真中应用 AI 技术是十分必要的。此处采用了人工智能与模拟技术相结合的方法，如图 3－5 所示的专家模拟系统。它与生产计划编制和实时调度控制系统有着相同的计划和调度规则。

表 3－3　AI 与仿真的关系

AI	仿　真
对象	实体/资源/处理/约束/过程/活动/事件/标志/时钟
特性	实体描述/数据存储
方法	条件行为
技巧	条件事件
信息	事件执行
继承	缺省实体描述
对象网络	模型/状态
领域/上下文	方案/检查点
规则	约束/事件行为/产生试验的方式
逻辑	约束/解答模型完整性和一致性问题
规划	试验设计
诊断	结果分析
学习	确定模型中的因果关系

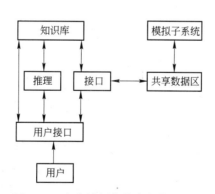

图 3－5　生产计划优化专家模拟系统

专家系统中之知识构成及其内在联系可用图 3－6 的专家关联图表示出来。图中三角形表示知识库中的规则集，它处理与其紧密相连的知识，每个三角形都有相应的决策表。矩形和箭头表示与该决策有关由它处理的知识段落名称。问号表示系统从程序、数据区或用户输入的信息。信息内容记入括号内。最后的矩形写明评估报告及建议。

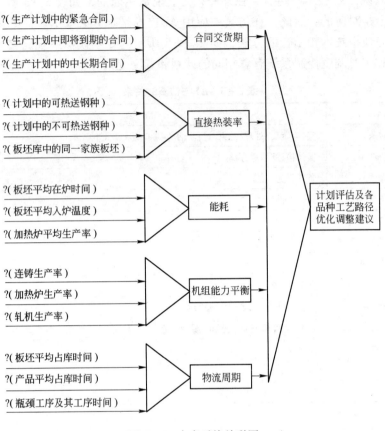

图 3－6 专家系统关联图

（3）用于模拟系统的计划优化策略。计划编制的中心任务就是在满足定量和定性约束条件的基础上，恰当地安排各品种的生产次序并将生产量与各机组生产能力相匹配，使设备得到充分利用。因此，在确立模拟系统的计划优化策略时，应注意以下几点：

1）各机组生产能力应相互匹配。由于各机组生产能力、生产节奏各不相同，对来料的时序也有不同要求，因而匹配的方案也是多种的。选用的匹配策略是在保证各机组负荷均衡的前提下，尽量使各工序使用的设备数量最少，从而有利于增大后续生产批对设备的可选择性，有利于实时调度。

2）协调各工序间的衔接。由于系统的高效性和连续性，首先要根据 Petri 网状态数据和定量约束条件确定生产的各品种在预计时间到达各机组时，各机组的状态及允许生产量，使生产过程环环相扣，在最大限度内减少滞留时间，从而缩短整个系统的物流周期。

3）选择合理的工艺路径。对不同的品种，如何选择最适宜的工艺路径，才能使其既满足合同对产品的质量要求，又有利于设备的充分利用，此项工作涉及许多专家经验和工艺要求，因此考虑由专家系统来完成。综上所述，采用如图 3-7所示的计划优化策略。

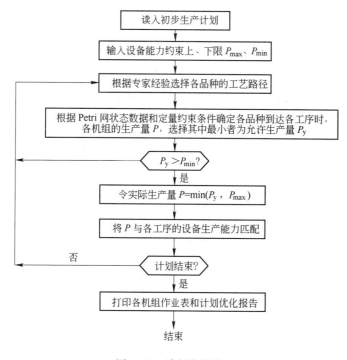

图 3-7　计划优化策略

（4）在生产中，出现故障是难免的，如果仅能对正常情况仿真，那么，该仿真系统就不具备实用性，因此，在仿真中考虑故障问题就具有重大实际意义。

确定性故障（见表 3-2）的类型和发生时间均是预先确定的，如设备检修等。随机性故障的类型和发生时间均是随机的，它是根据现场大量实际资料统计而建立的分布模型，然后根据分布模型编程得到的随机数发生器产生的。确定性/随机性故障都是在某一区间内要发生的，但其发生时间点是随机的。故障发生要进行修复工作，在仿真中对故障处理是将设备退出系统正常序列，并要对计划做出相应的调整，修复后再进入系统正常工作，这样就完成了故障的发生、处理、恢复过程。下面就对建模的一些问题予以简明的介绍。

（5）CC-CR 工艺物流系统模型的建立。由于 Petri 网具有层次性，可分层建生产系统的模型。连铸-热轧系统的机组布置如图 3-8 所示。整个系统的 Petri 网模型见图 3-9。然后分层建立连铸、板坯库、加热炉及轧线的 Petri 网模型，如图 3-10～图 3-13 所示。将各图合在一起，便构成了描述铸-轧工艺物流的 Petri 网模型。由其特性可知，此 Petri 网是有界、守恒的。

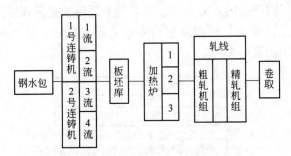

图 3-8 连铸-连轧生产系统设备组成

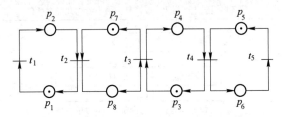

图 3-9 连铸-连轧生产系统的 Petri 网模型

t_1—连铸开始事件；t_2—连铸结束，板坯入库事件；t_3—板坯出库，入加热炉事件；t_4—板坯出炉，

开始轧制事件；t_5—轧制终了事件；p_1—连铸机闲；p_2—连铸机忙；p_3—加热炉闲；

p_4—加热炉忙；p_5—轧机闲；p_6—轧机忙；p_7—板坯库空；p_8—板坯库满

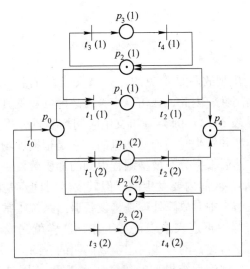

图 3-10 连铸部分 Petri 网模型

t_0—钢水到达事件；$t_1(i)$—i 号铸机开始浇铸事件（$i=1, 2$）；$t_2(i)$—i 号铸机浇铸结束事件；

$t_3(i)$—i 号铸机中断事件；$t_4(i)$—i 号铸机中断恢复事件；p_0—钢水在铸机前等待；

$p_1(i)$—i 号铸机正在浇铸；$p_2(i)$—i 号铸机空闲（消除竞争）；

$p_3(i)$—i 号铸机正在检修；p_4—铸机待钢水

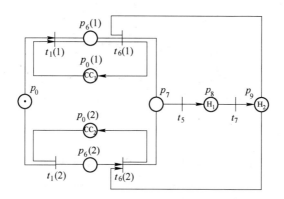

图 3 - 11　板坯库部分 Petri 网模型

$t_5(i)$—i 号铸机浇完一块铸坯事件（$i=1$，2）；t_6—板坯进入板坯库事件；t_7—板坯出板坯库事件；

$p_5(i)$—i 号铸机正在浇一炉钢；$p_6(i)$—i 号铸机正在浇一块铸坯；

p_7——一块铸坯加保温罩等待入库；p_8—板坯在库中停留（占库）；

p_9—板坯库垛位空；CC_1，CC_2—分别为铸机浇铸一炉钢的块数，

$H = H_1 + H_2$—板坯库容量；H_1—占库的板坯数；H_2—空垛位数

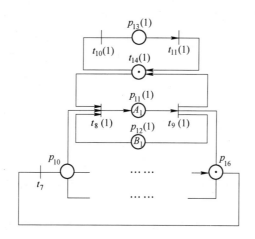

图 3 - 12　加热炉部分 Petri 网模型

$t_8(i)$——一块板坯进入 i 号加热炉事件（$i=1$，2，3）；$t_9(i)$——一块板坯出 i 号加热炉事件；

$t_{10}(i)$—i 号加热炉中断事件；$t_{11}(i)$—i 号加热炉中断恢复事件；

p_{10}—板坯等待入炉；$p_{11}(i)$——板坯正在 i 号加热炉中加热；$p_{12}(i)$—i 号炉有空位；

$p_{13}(i)$—i 号炉正在检修；$p_{14}(i)$—i 号炉有空位（消除竞争）；p_{15}—加热炉有空位；

A_i，B_i（$i=1$，2，3）—分别为加热炉中已有板坯数和空位数；

$F_i = A_i + B_i$—加热炉容量

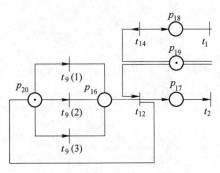

图 3 - 13　轧线部分 Petri 网模型

t_{12}— 一块板坯开始轧制事件；t_{13}— 一块板坯轧制结束事件；t_{14}—轧线中断事件；t_{15}—轧线中断恢复事件；p_{16}—板坯待轧；p_{17}—板坯正在轧制；p_{18}—轧线检修；p_{19}—轧线闲置（消除竞争）；p_{20}—轧机前排队队列空

　　模型中各段弧的持续时间根据各品种的加工工艺确定。在生产中，各品种工序作业时间，如冶炼时间、浇注时间、加热时间、轧制时间及轧制节奏等，都是由过程控制机中现有的模型确定，直接应用这些模型计算工序作业时间。另一些参数如故障间隔与持续时间、工序间传搁时间等，没有现成模型可用，是通过整理大量现场调研数据建立其分布模型的。对诸如板坯库停留时间等，可以从生产作业计划中直接计算获得。上述模型及数据都存放在公用知识库及数据库中，供模拟时调用。确定各段弧的持续时间后，即可得到延时 Petri 网模型。

　　由于连铸－连轧生产系统是一个十分复杂的大型物流系统，要实现该系统的生产计划运行及调度仿真，延时 Petri 网仍不能完全满足需要，因此，提出扩展的延时 Petri 网（E - TPN），以描述系统的结构和动态特性，为此提出一个八元组 E - TPN，见式（3 - 3）。

　　(6) 连铸－连轧生产系统仿真软件。在建立 Petri 网基础上，即可开发仿真软件，整个系统划分为五个功能模块，其中一些模块又细分为数个小模块，每一模块实现某一功能，其总体结构如图 3 - 14 所示。

　　1) 主控模块。它是整个系统程序流的控制模块，系统启动后，首先由数据库管理模块输入所提供的初步生产计划，然后调用模拟模块进行模拟，并评估其优劣，如达不到用户要求，则启动优化模块进行优化，直到结果满意为止（图 3 - 15）。

　　2) 模型库管理模块。主要模型有：各机组的 E - TPN 模型；各机组的工艺参数及工序时间模型；故障模型。

　　该模块有如下功能：创建模型；修改模型；删除模型；显示模型；模型查询。建模流程如图 3 - 16 所示。

　　一般模型用下面几项界定：模型名称；模型输入项；模型输出项；模型类型；输入项与输出项的关系。

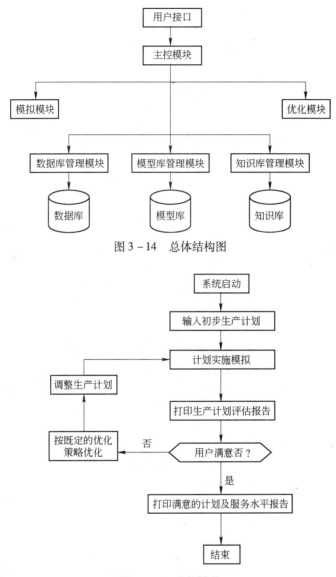

图 3 - 14 总体结构图

图 3 - 15 主控模块

3）知识库管理模块。它包括两大部分：一是事实库，存放着当前动态的事实，即每台设备或工件运行的当前状态（如某一板坯当前的状态），收集的计划的阶段性数据（如某机组在某一时间的生产率），以及作为优化计划的依据资料；二是规则库，负责规则的编辑、检查、查询和咨询。

4）数据库管理模块。图 3 - 17 为该模块的框图，由图可知，数据库管理应具备哪些功能。每一功能又有各自的子模块，以及与其相关的调用关系模块。限于篇幅，这里就不一一说明其功能及其框图了。

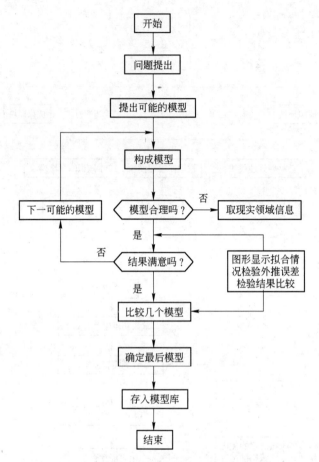

图 3-16 建模流程

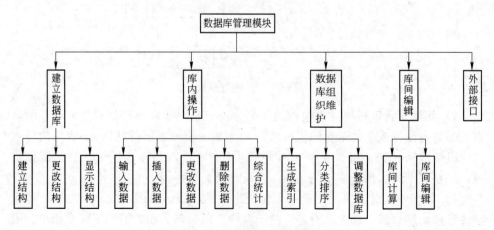

图 3-17 数据库管理模块

（7）连铸－连轧生产系统仿真主程序。应用 Petri 网的工艺物流仿真软件的主程序框图见图 3－18。

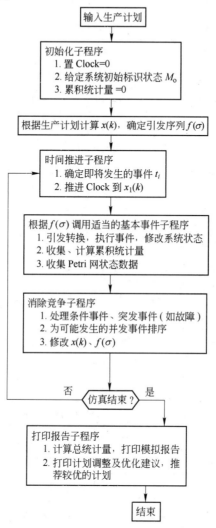

图 3－18 工艺物流仿真软件的主程序框图

由模拟输入子模块给定系统的初始化状态。

根据实际生产情况，模拟运行共设置了六类事件（表 3－4）。

第一类事件为投产安排及赋值，第二、三类事件为有关铸造、加热、轧制等的事件。

第四类事件为有关铸造、加热、轧制等的中断、事故事件。

第五类事件为有关各工序的中断恢复事件。

第六类事件为结束事件。

表 3 - 4 模拟事件表

事件类别	编号	模块名	事件名称	备 注
第一类	1	SE110	钢水到达事件	
	2	SE120	冷坯调出事件	
第二类	3	SE211	第 I 号铸机开始浇铸事件	$I = 1, 2$
	4	SE220	连铸坯进入板坯库事件	
	5	SE231	板坯进入第 I 号加热炉事件	$I = 1, 2, 3$
	6	SE240	板坯开始轧制事件	
第三类	7	SE311	第 I 号铸机浇铸结束事件	$I = 1, 2$
	8	SE320	板坯出板坯库事件	
	9	SE331	板坯出第 I 号加热炉事件	$I = 1, 2, 3$
	10	SE340	板坯轧制结束事件	
第四类	11	SE410	连铸整体中断事件	
	12	SE411	第 I 号铸机中断事件	$I = 1, 2$
	13	SE430	加热炉整体中断事件	
	14	SE431	第 I 号加热炉中断事件	$I = 1, 2, 3$
	15	SE440	轧线中断事件	
第五类	16	SE510	连铸整体中断恢复事件	
	17	SE511	第 I 号铸机中断恢复事件	$I = 1, 2$
	18	SE530	加热炉整体中断恢复事件	
	19	SE531	第 I 号加热炉中断恢复事件	$I = 1, 2, 3$
	20	SE540	轧线中断恢复事件	
第六类	21	SE610	成品出厂, 计划目标的阶段性数据收集	

每个事件都有相应的子程序, 这里不一一介绍。下面仅将有关轧制的事件子程序列出, 它们是:

板坯轧制结束事件 (图 3 - 19);

轧制中断事件 (图 3 - 20);

轧制中断恢复事件 (图 3 - 21)。

(8) 评价指标。该模块的功能是处理 Petri 网状态数据, 统计系统运行的各种评价指标, 打印评估报告等。所用评价指标如表 3 - 5 所示。

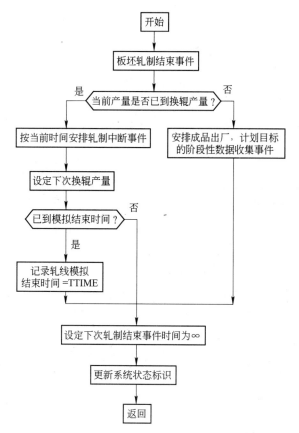

图 3-19 板坯轧制结束事件

表 3-5 评价指标表

类 别	指 标	算 法
系统综合评价指标	直接热装率； 保温坑热装率； 保温坑热装温度； 平均入炉温度； 总的热装温度	直装铸坯重量/可热送钢种的总装炉量； 保温坑热装量/可热送钢种的总装炉量； 保温坑热装温度统计量/保温坑热装板坯数； 总的热装温度统计量/总的热装板坯数； 总的入炉温度统计量/总的装炉板坯数
工序作业评价指标	连铸生产率； 加热炉生产率； 轧机生产率； 轧机空闲等待率； 轧辊利用率	总连铸钢水量/连铸机日历作业时间； 总装炉量/加热炉日历作业时间； 总轧制产量/轧机日历作业时间； 轧机总的等待板坯时间/轧机日历作业时间； 总轧制公里数/最大轧制公里数
物流过程评价指标	物流周期； 平均在炉时间； 热装坯平均占库时间	最后一根轧完时间~第一根入炉时间； 在炉时间统计量/总的装炉板坯数； 热装板坯在库时间统计量/总的装炉板坯数

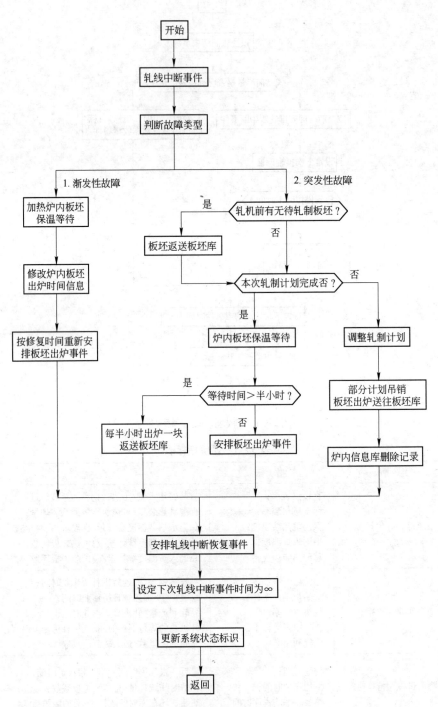

图 3-20 板坯轧制中断事件

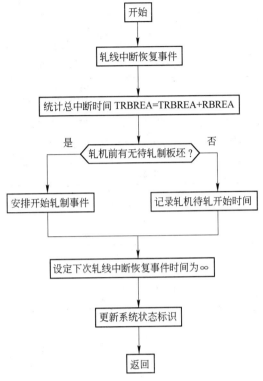

图 3 - 21 板坯轧制中断恢复事件

3.3.2 仿真结果

用此仿真系统对实际宽带 CC - CR 工艺物流进行了对比仿真，试验生产计划分为连铸计划（表 3 - 6）和轧制计划（表 3 - 7），所得结果见表 3 - 8。结果 I 为当两台连铸机、三台加热炉及轧线均正常工作时所得的结果，结果 II 为只一台连铸机、一台加热炉工作的结果。可以看出，采用一台连铸机、一台加热炉时，轧机生产率、利用率都低，轧机空闲等待率较高，物流周期长，热装坯在板坯库停留时间长，从而降低热装温度。但在两台连铸机、三台加热炉工作时，则能保证直装计划顺利执行，提高总的热装温度，提高经济效益。模拟结果也与实际生产结果近似。

表 3 - 6 连铸计划

序号	出钢记号	板坯规格/mm × mm	成品规格/mm × mm	块数	板坯家族
1	AP1562E1	1050 × 250	1020 × 3.14	16	1
2			1250 × 3.02	16	2
3	AN 1150C5	1250 × 250	1250 × 2.82	16	2

序号	出钢记号	板坯规格/mm × mm	成品规格/mm × mm	块数	板坯家族
4			1030 × 2.53	8	3
5	AP1562E1	1050 × 250	1020 × 3.14	5	1
6			1020 × 3.84	10	1

CAST 号	1	2
炉号	1 2 3	4 5 6
每流铸坯数	6 6 7 7 6 7	5 5 5 6 6 5
出钢记号	AP1562E1	AN1150C5
规格/mm × mm	1050 × 250（共 39 块）	1250 × 250（共 32 块）

表 3 - 7 轧制计划

系统综合评价指标	结果 I	结果 II
直装率/%	49.4	55.9
保温坑热装率/%	50.6	44.1
保温坑热装温度/℃	665	601
总的热装温度/℃	698	675
平均入炉温度/℃	698	675

表 3 - 8 模拟结果

工序作业评价指标	结果 I	结果 II	物流过程评价指标	结果 I	结果 II
连铸生产率/t · h^{-1}	664	300	物流周期（h - min）	4 - 43	7 - 32
加热炉生产率/t · h^{-1}	676	307	平均在炉时间（h - min）	2 - 18	2 - 18
轧机生产率/t · h^{-1}	590	287	热装坯平均占库时间（h - min）	2 - 18	4 - 29
轧机空闲等待率/%	3.1	11.4			
轧辊利用率/%	77.8	77.8			

　　由此可见，工艺物流专家仿真系统可为生产管理人员制订计划、调整及优化生产计划提供决策支持。将此系统与现场生产管理系统连接起来，必然成为一体化生产计划管理系统中一个必不可少的部分，此时，一体化管理系统的计划，则是经过专家模拟系统优化的、具有良好仿真结果的、有利于调整的计划。

3.4 用扩展 Petri 网进行生产分析和研究

3.4.1 扩展 Petri 网

　　Petri 网是广泛应用于建模的图解建模工具，适用于有同时发生性和事件驱动性的系统的建模。由于其具有图解的本质，故很容易识别建模过程。然而，普通 Petri 网只能表示系统中的控制流，而不能明确地表示出资源、队列、发生器和决策的概念，因此普通 Petri 网需要扩充，以方便仿真模型的设计，这就是扩展 Petri网模拟图（EPNSim 图）。

EPNSim 图的各种表示符号如下：

（1）位的类型（图 3 - 22）。

1）过渡位（图 3 - 22a）。有两种类型的过渡位从 Petri 网扩展出来，一种称作 R 型位，它通常代表相应资源的状况，如果它有一个标识，说明一个资源正在使用，另一种称作 Q 型位，它表示缓冲区中令牌的个数。

2）资源位（图 3 - 22b）。表示扩展的资源标志，其中 k_1 表示可以得到的资源数量，生产中的资源是指机器、劳力等。

3）队列位（图 3 - 22c）。表示队列位的特定记号，其中 k_2 表示可以得到的保存标记的缓冲区位的数量，对于每一个队列位，有一个相应的 Q 型过渡位来表示正在使用的缓冲位的数量。

（2）变迁的类型（图 3 - 23）。

1）定时变迁（图 3 - 23a）。表示当所有输入条件满足（即所有输入位有标识）时，将标识放到输出位中的变迁，要花费 T 个时间单位。这个时间单位可以是任何分布函数。定时变迁表示资源的占用时间，如机器加工时间、原材料运送时间等。定时变迁有实体特征，如加工时间不同的两个不同的零件在同一机器上加工，可用定时变迁来表示。

2）瞬时变迁（图 3 - 23b）。这是另一类的定时变迁，没有时间延迟，即 $t = 0$，在变迁发生后，标识立即移到输出位，一般瞬时变迁适用于代表资源释放的事件，或是执行随后的定时变迁之前接受返回的事件。

（3）弧的类型（图 3 - 24）。

过渡位（R 型和 Q 型）　资源位　队列位
　　　　a　　　　　　　　　　b　　　　c

图 3 - 22　位的类型

定时变迁　瞬时变迁
　　a　　　　　b

图 3 - 23　变迁的类型

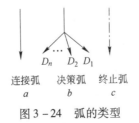

连接弧　决策弧　终止弧
　a　　　　b　　　　c

图 3 - 24　弧的类型

1）连接弧（图 3 –24a）。作为一个位和一个变迁间的连接，或是一个变迁和一个位的连接，表明二者有直接关系。连接弧表示系统的状态和事件的关系。

2）决策弧（图 3 –24b）。决策弧是连接弧的扩展，它用来作决策。当标识通过这个弧时，必须根据每个弧中给定的条件作决策。此时 Di 表示一般的条件、可能性和次序。

3）终止弧（图 3 –24c）。表示标识将离开系统，用仿真术语来说就是释放实体。

（4）扩展的类型（图 3 –25）。

1）发生器（图 3 – 25a）。图 3 – 25a 代表一个发生器的扩展符号，此处 $g(t_0, t)$ 表示第一标识在 t_0 时刻产生，后面的产生时间由 t 函数决定。

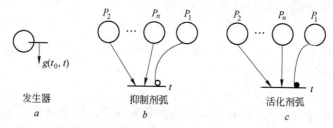

图 3 –25　扩展的类型

2）拟制剂弧（图 3 –25b）。如果 P_1 可以得到，那么变迁 t 不能发生，不管 t 的其余输入位能否得到。它用来代表拟制条件，对于解决分享同一资源时出现的冲突有用。例如，两台机器要求同一机器人同时负载或卸载，那么拟制剂弧能用来确定谁可优先。

3）活化剂弧（图 3 –25c）。如果 P_1 有一个标识，那么 t 发生，不管 t 的其余输入位是否可以得到，亦即活化剂弧将 P_1 位放在所用输入位的最高优先级。

由于它有图解本质，EPNSim 图可以很容易地建立，模拟逻辑也可以通过检查 EPNSim 图来证实。例如，可以明确地检查当前资源是占有还是释放，而且，EPNSim 图的一个重要特征是保留了最初 PN 模型的特征，这些特征，例如边界性、活动性和可逆性，在设计和评价生产系统时很重要，在生产系统中，边界性暗示要满足资源限制条件，活动性保证不出现死锁，可逆性表示所有可得到的标示中，可以得到最初标识。

3.4.2 连铸–连轧生产系统的仿真模型

用上一节介绍的 EPNSim 图的表示方法，就可以为连铸–连轧一体化生产系统建立仿真模型了。首先，为方便描述，先界定一些符号。

3.4.2.1 永久实体及流动实体

实体如图 3 –26 所示。

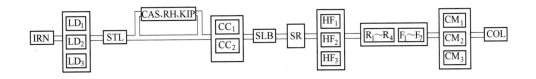

图 3 - 26　连铸－连轧生产系统的永久实体及流动实体

永久实体：$LD_1 \sim LD_3$—转炉；CAS，RH，KIP—二次精炼；CC_1，CC_2—连铸机；SR—板坯库；

$HF_1 \sim HF_3$—加热炉；$R_1 \sim R_4$—粗轧机；$F_1 \sim F_7$—精轧机；$CM_1 \sim CM_3$—卷取机

流动实体：IRN—铁水；STL—钢液；SLB—板坯；COL—板卷

3.4.2.2　规则集

它表示系统中各种计划、规则等：

r_1—炼钢计划；r_2—确定二次精炼及其相应的工序传搁时间；r_3—连铸计划；r_4—铸速模型；r_5—确定板坯出炉顺序（轧制计划）及入炉规则；r_6—加热模型；r_7—连铸机发生故障时，处理钢液的决策规则；r_8—轧线发生故障时，处理板坯的决策规则。

据此作出连铸－连轧生产系统的 EPNSim 图（图 3 - 27）。

而后，对每个机组单独建立 EPNSim 图，如图 3 - 28 ~ 图 3 - 30 所示。

对于转炉，当炼完一炉时，判断该转炉是否达到其炉龄，若达到炉龄，则开始修炉。否则释放转炉，投入下一次使用。

对于连铸，当铸完一炉时，判断该轮浇注是否结束，若结束，则更换结晶器等部件，之后再投入使用，否则直接释放连铸机，投入下一次使用。在连铸过程中，可能发生各种突发故障，用发生器模拟故障时间。若发生故障则由抑制剂弧抢占连铸资源，故障修复之后，铸机才能重新投入使用。

对于轧机，以 $F_1 \sim F_7$ 为例，每轧完一块板坯，判断该轧制计划是否结束，若结束，则更换精轧机支撑辊，否则释放轧机，开始轧下一块板坯，在轧制过程中，可能发生各种突发故障，对故障的处理与连铸机类似。

EPNSim 图保留了普通 Petri 网的特性，可以写出发生矩阵，并求出 P、T 不变量，易于转化成任何机构化的程序语言，建立起仿真模型。它简明地表示出了资源的释放和占有、事件的条件和执行、事件间的关系。

3.4.3　仿真软件

3.4.3.1　系统设计

在建立 EPNSim 图基础上，进行仿真软件开发，该仿真软件系统如图 3 - 31 所示。

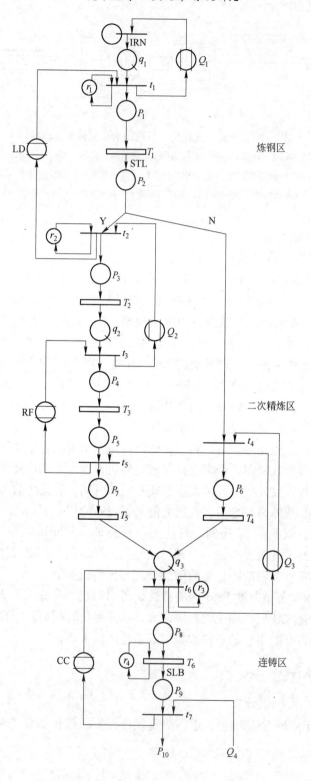

炼钢区

二次精炼区

连铸区

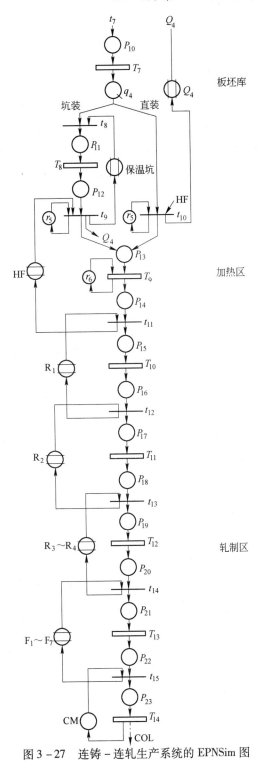

图 3-27 连铸-连轧生产系统的 EPNSim 图

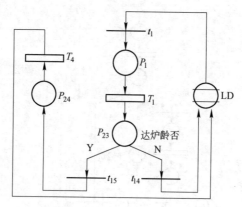

图 3-28 LD 的 EPNSim 图

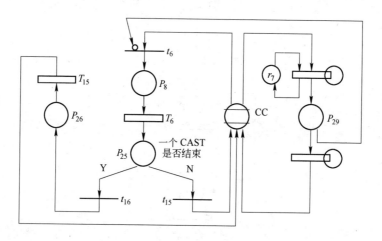

图 3-29 CC 的 EPNSim 图

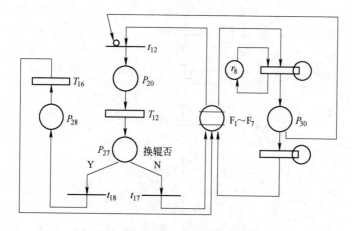

图 3-30 轧机 (F₁～F₇) 的 EPNSim 图

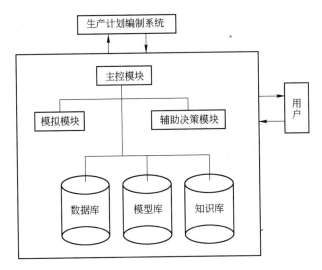

图 3 - 31　系统总体设计

　　该软件与生产计划编制系统和用户之间有交互接口。输入生产计划编制系统生成的生产初步计划，进行模拟运行，辅助决策模块可以对模拟运行结果进行分析评价，提出计划改进方案，并将信息反馈给计划编制系统，用来更好地指导生产计划的编制，另外，可将仿真结果显示给用户。

　　该系统有以下特点。

　　A　多库综合运用

　　软件中综合运用了数据库、模型库和知识库。

　　数据库中存放炼钢、连铸和轧制计划。另外，在仿真过程中还有备用的数据库（如冷坯库）和生成一些中间库。

　　模型库中存放的主要模型如图 3 - 32 所示。

　　知识库中存放实体的属性，以及一些调整规则和调度规则，如加热炉的入炉、出炉规则，轧机发生故障的处理规则等。

　　B　连铸 - 连轧生产系统

　　它是一个离散动态系统。其系统状态的转移是通过离散事件的产生来定义的，且对系统运行效率有很大影响，实时在线调度决策的每一步都要依据系统现行状态来确定，故系统现行状态信息的获取是实时在线调度的关键。为此，提出以"最小状态信息"集合来提供进行在线及离线分析所需的信息。

　　C　实体进程状态的交互作用

　　实体进程状态有活动、睡眠、已排、终结等四种，几种状态的图示和状态间

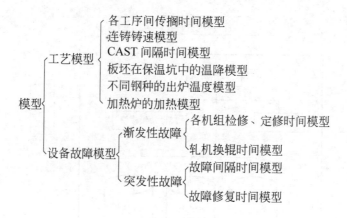

图 3 – 32　模型库中存放的主要模型

的转换关系如图 3 – 33 所示。实体进程在系统中某个时刻，具备一定条件下产生，一经产生，就随着各种事件的不断发生而历经其生命的各个阶段，直至最终结束其生命，退出系统，在每个时刻，实体总是处于若干状态中的一种，当进入终结状态时就再也不能转换成其他状态。

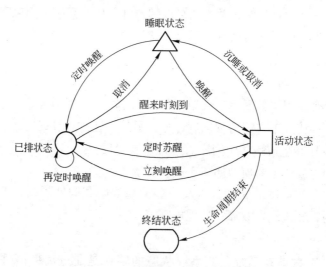

图 3 – 33　实体进程状态间的转换图

3.4.3.2　模拟模块

在上面用 EPNSim 图建立仿真模型的基础上，可以很容易地设计模拟模块，因为 EPNSim 图已清楚地表示出了系统内各工序间的前后逻辑关系及发生条件。模拟模块主要由主程序、初始化子程序、定时子程序、事件子程序和仿真报告子程序等组成。

A 主程序

用于对整个仿真过程实行总控，其流程图如图 3 – 34 所示。

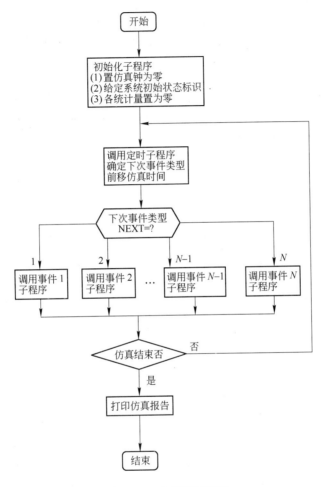

图 3 – 34 主程序流程图

首先对系统进行初始化，然后调用定时子程序来选择最早时间发生的事件，并将仿真时钟推进到该事件的发生时间，调用事件子程序对该事件进行处理，处理完毕，返回定时子程序。这样不断地进行，直到仿真结束，并打出报告。

B 事件子程序

在事件的安排上，除了考虑冶铸轧一体化生产系统完整性外，有的工序还根据实际需要，进行了细化。例如，设定了每块铸坯的开始浇铸和浇注结束事件，这样，一方面便于板坯号的确定，另一方面便于对连铸过程的跟踪。当连铸发生故障时，能给出剩余钢水量，便于对故障的处理。各类事件见表 3－4。由于事件子程序多涉及工艺方面的问题，为此将有关轧制的事件子程序流程图一一列举出来（图 3－35～图 3－43）。

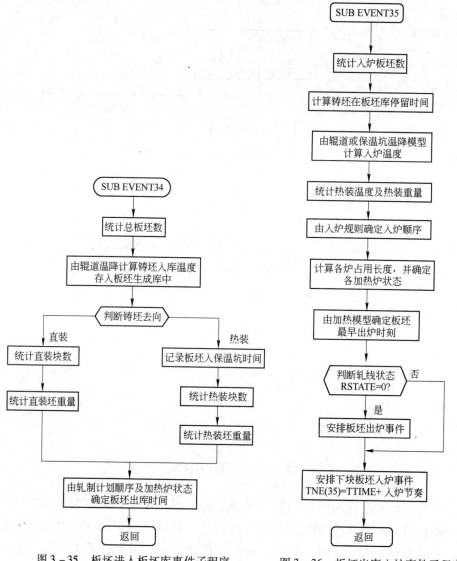

图 3－35　板坯进入板坯库事件子程序　　图 3－36　板坯出库入炉事件子程序

3.4.4　仿真结果

采用现场正常生产情况下的生产计划进行仿真，两台连铸机同时浇注，同时采用三台加热炉加热，连铸计划如表 3－9 所示。

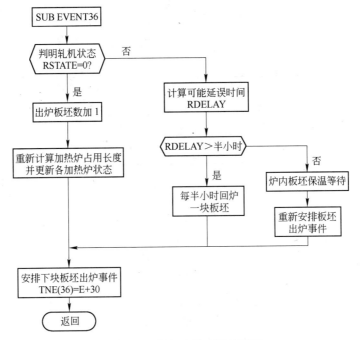

图 3-37 板坯出炉事件子程序

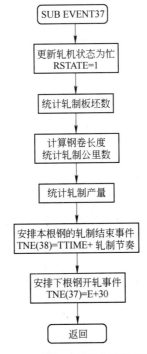

图 3-38 板坯开始轧制事件子程序

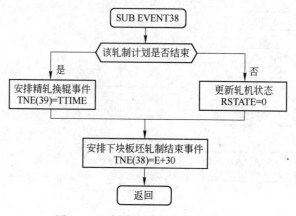

图 3 - 39 板坯轧制结束事件子程序

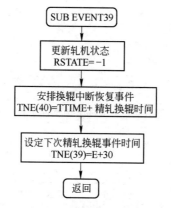

图 3 - 40 精轧换辊中断时间子程序

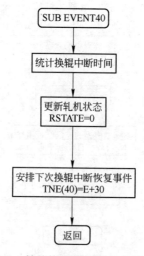

图 3 - 41 精轧换辊中断恢复事件子程序

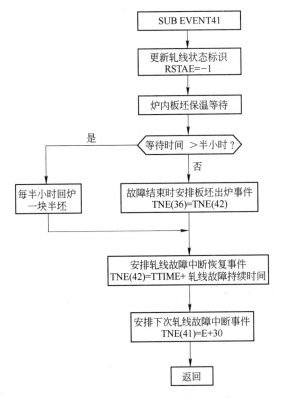

图 3 - 42 轧线故障中断事件子程序

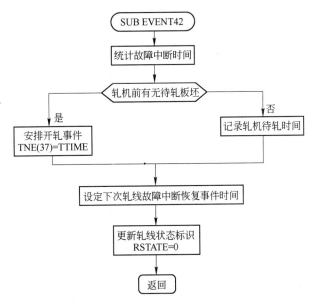

图 3 - 43 轧线故障中断恢复事件子程序

表 3 - 9 连铸计划

CAST 号	1			2		
炉号	1	2	3	4	5	6
每流左右流铸坯数	6　6	7　7	7　7	5　5	6　7	5　6
出钢记号	AP1562E1			AN1150C5		
铸坯规格/mm × mm	1050 × 250			1250 × 250		

轧制计划如表 3 - 10 所示。

表 3 - 10 轧制计划

板坯家族	1	2	2	3	1	1
块数	9	10	10	8	13	10
出钢记号	AP1562E1	AN1150C5			AP1562E1	
板坯规格/mm × mm	1050 × 250	1250 × 250			1050 × 250	
成品规格/mm × mm	1020 × 3.14	1250 × 3.02	1250 × 2.82	1030 × 2.53	1020 × 3.14	1020 × 3.84

仿真结果如表 3 - 11 所示。

表 3 - 11 仿真结果

各工序的生产量		各机组的生产率		综合评价指标	
总冶炼炉数/炉	12	1 号转炉/t · h⁻¹	537	直装率/%	47
连铸炉数/炉	6	2 号转炉/t · h⁻¹	529	总热装率/%	100
模铸炉数/炉	6	1 号铸机/t · h⁻¹	369	坑装温度/℃	618
铸坯总数/块	74	2 号铸机/t · h⁻¹	408	总热装温度/℃	675
装炉板坯数/块	60	加热炉/t · h⁻¹	310	平均占坑时间（h - min）	4 - 3
直装板坯数/块	28	轧机/t · h⁻¹	282	平均加热时间（h - min）	2 - 38
坑装板坯数/块	32	轧辊利用率/%	70	热装开始至轧完时间（h - min）	7 - 28

仿真结果反映了正常生产情况下的工序作业指标。

除了可对生产计划做出评价外，还具有以下功能：

（1）优化运行参数，使各工序能力相匹配，充分发挥各机组的生产能力。

（2）通过仿真运行，可以找到 CC 与 CR 衔接的最佳时间，使 CC 与 CR 在时间上更好地匹配。

（3）在仿真过程中，可以按照事件发生顺序，打印出相应各工序的生产时刻表。

（4）当发生故障时，可以提供系统的实时状态，从而可根据一些规则提出对故障处理的策略。

3.5 简单小结

（1）由于 Petri 网能描述离散动态系统的结构和动态特性，它可以作为研究 CC – CR 系统的工具。

（2）考虑到 CC – CR 系统的复杂性以及其特点，在模拟过程中，引入了故障，对故障进行分类并利用专家经验处理故障。在软件编制过程中，采用结构化模块设计，综合使用数据库、模型库和知识库等措施，使模拟更符合生产实际。

（3）仿真结果不仅与生产实际相吻合，同时还具有优化运行参数、充分发挥各机组生产能力、各机组更好匹配等能力，在辅助生产调度方面可以起到重要作用。

4　SLAM 网络仿真——"上引-盘拉"小铜管生产系统研究

采用 SLAM 网络仿真方法对"上引-盘拉"小铜管生产系统进行了分析和研究。

4.1　"上引-盘拉"小铜管生产系统

我国某厂生产紫铜小管历史已有 30 年，生产工艺如图 4-1 所示。其工艺和设备已显陈旧落后，它能生产的单管长度不超过 6m，而且壁厚不能太薄，规格不能太小，远远不能满足社会需求。此外，现有工艺工序复杂，生产效率低，切头切尾量大，能耗高，成本高，迫切需要技术改造。

技术改造的基本构想是，以"上引管坯连铸"新工艺取代现有的"水平连铸-加热-斜轧穿孔"三道工序旧工艺，以"游动芯头盘管拉伸"新工艺取代现有的"固定芯棒链式直管拉伸"旧工艺，从而实现小规格、薄壁、超长且内外壁光亮的精密紫铜小管生产。

"上引-盘拉"生产系统是通过上引连铸技术直接引铸空心管坯，并绕成盘状，而后直接上盘管拉伸机进行延伸加工的新工艺。其产品是供制冷行业使用的紫铜小管（$\phi5.0mm \times 0.35mm \sim \phi30.0mm \times 2.0mm$）和紫铜毛细管（$\phi1.6mm \times 0.5mm \sim \phi4.0mm \times 0.75mm$）。

"上引-盘拉"生产系统不仅对该厂来说是全新的，在国际上也属先进的。无论其系统设计还是未来的生产管理，都没有现成的经验，而且，由于新系统的物流特征的复杂性和不确定性，传统方法难以保证分析和设计结果的可靠性。为此，采用新的理论和系统分析方法势在必行，基于此，应进行系统构模及仿真分析，以使系统设计方案可行，并能顺利生产。

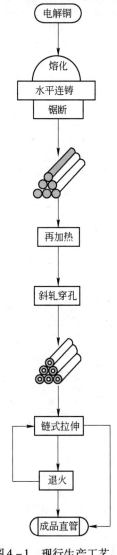

图 4-1　现行生产工艺

系统方案如下:

(1) 产品结构。该系统设计年产量为 1580t，详细产品结构如表 4-1 所示。根据交货几何形态可分为盘管和直管两类。根据性能可分为软态和硬态交货。根据最终加工方式又可分为重卷管、水平复绕管、SHUMAG 联合拉伸管和链式拉伸管，其相应的产量如表 4-2 所示。

表 4-1 产品结构

产品名称	规格/mm×mm	牌号	性态	形态	年产量/t	备 注
毛细管坯	φ11×0.75	Tu₂	软态	盘管	230	经重卷机
紫铜小管	(φ5~φ10)× (0.35~0.50)	Tu₂	软或半软	直管	300	经"SHUMAG"
				盘管	150	经复绕机
	(φ11~φ20)× (0.75~1.20)	T₂	软态	直管	270	经"SHUMAG"
			硬态	直管	320	
	(φ21~φ24)× (1.20~1.50)	T₂	软态	直管	20	经直拉机
			硬态	直管	40	
外销管坯	(φ25~φ30)× (1.50~2.00)	Tu₂	硬态	直管	250	经直拉机
合 计	(φ5~φ30)× (0.35~2.00)				1580	

表 4-2 产品分类及产量

分类依据	类别名称	年产量/t	所占比例/%
材料牌号	Tu₂ 管	930	58.9
	T₂ 管	650	41.1
成品是否退火	软态管	970	61.4
	硬态管	610	38.6
成品的几何形态	直管	1200	76.0
	盘管	380	24.0
成品最终的定型加工设备	重卷管	230	14.6
	水平复绕管	150	9.5
	联合拉伸管	890	56.3
	链式拉伸管	310	19.6

(2) 生产工艺流程。图 4-2 所示为待建系统的工艺流程。该系统由上引管

坯车间、小管车间、毛细管车间和成品库组成。毛细管车间是一个相对独立的子系统，与母系统交互关系不大，可单独考虑。管坯车间、小管车间如图 4-3、图 4-4 所示。

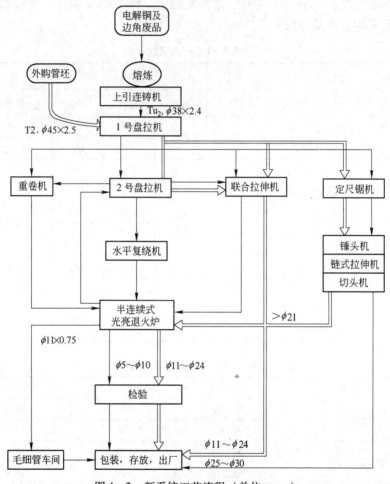

图 4-2　新系统工艺流程（单位：mm）

主要设备包括：

（1）上引连铸机。共 3 台，一机 4 流，拉速为 200～500mm/min，卷重 200kg。

（2）盘拉机。共两台，倒立式圆盘拉伸机，1 号拉伸机拉速为 0～100m/min，2 号拉伸机拉速为 0～250m/min，1 号功率为 90kW，2 号功率为 55kW。

（3）重卷机。拉力为 3t。

（4）联合拉伸机。机型为 SHUMAG，有定径、定壁、矫直、定尺、锯切、

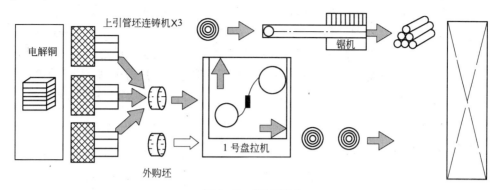

图 4 - 3 管坯车间

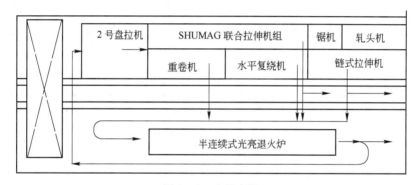

图 4 - 4 小管车间

倒角、探伤等功能。

（5）水平复绕机。有轴线式缠绕及探伤功能。

（6）链式拉伸机。拉伸较大规格直管。

（7）退火炉。半连续式、辊底移动、电加热光亮热处理炉。

"上引 - 盘拉"小铜管生产系统是一个多工序、多产品、多工艺流程的系统，从加工实体的形态演化过程看，它是分解式加工系统；从排队论的角度看，它是一个多服务台、多顾客流的复杂顾客排队服务系统；从系统理论看，它是一个离散事件动态系统。可见，它是一个极其复杂的生产系统，由于在结构上的动态变化性、物流上的循环反馈和立体交互性，因而难以用常规数学方法进行系统构模和分析，必须引入离散事件动态系统的概念和分析理论，用以对不同系统规划方案和生产作业计划方案进行动态的仿真分析，以辅助系统规划方案的制订和生产作业的分析。

4.2 SLAM 网络仿真方法

SLAM 网络仿真方法于 20 世纪 70 年代末提出[33,34]，它是在关键路线法基础上发展起来的，它是一种面向过程的仿真系统。其实施过程是首先根据实际系统的动态过程流程图，利用 SLAM 网络要素进行固定格式的语句替换，以形成可被 SLAM 仿真语言系统识别的、可以执行的仿真程序，通过一定的控制语句，就可在计算机上运行了。在这种情况下，研究人员只需了解 SLAM 网络要素的基本逻辑功能和实际生产系统动态过程，就可构成相应的网络模型，故应用极其方便。

4.2.1　SLAM 网络的基本构模要素

　　SLAM 网络由节点和分支组合而成，共包括 22 个构模要素（节点和分支），及相应的网络描述程序语句。不同网络节点经流动实体触发后将实现不同的逻辑功能，而分支则表示实现两个节点之间关联的时间延续活动及发生的概率和条件，各 SLAM 网络元素的名称、图形符号、语句格式以及功能作用具体说明见表 4 – 3。

表 4 – 3　SLAM 网络元素描述

元素名称	图形符号和语句格式	功能作用
CREATE 产生节点	TBC TF　MA　M 　　MC CREATE，TBC，TF，MA，MC，M	按 TBC 分布定义的时间间隔，产生 MC 个流动实体。其中第一个实体的产生时间为 TF，每个生成实体的产生时间标记在 MA 属性中
ACTIVITY 普通活动	DUR. PROB.∝ COND A ACT/A，DUR．，PROB．，U COND，NLBL	使流经两个相邻节点的流动实体按规定的概率（PROB.）或条件（COND）发生 DUR. 个时间单位的延时。 A—活动代码； NLBL—活动指向的节点标号
QUEUE 排队节点	IQ　IFL QC QUE(IFL)，IQ，QC，Block 或 BALK(NLBL)，SLBLs	使到达服务台前的顾客实体在文件 IFL 中登记排队，以等待接受服务。队列初始长度为 IQ，允许长度为 QC。当队列排满时，QUEUE 节点既可实现堵塞（BLOCK），又可将新到达实体转移到 NLSL 标号的其他节点，如 BALK（NLBL）。 SLBLS 为各队列选择节点标号

元素名称	图形符号和语句格式	功 能 作 用
ACTIVITY 服务活动	DUR . , PROB. N 　 A ACT（N）/A，DUR.，PROB.，NLBL	该活动分支只能由 QUEUE 节点引出，表示一个顾客实体，以一定的概率（PROB.）在服务台前接受服务的时间 DUR. 。 N 为平行服务台数量
ACCUMULATE 累积节点	FR / SR 　 SAVE 　 M ACC，FR，SR，SAVE，M	将 FR 个（第一次归并）或 SR 个（后续各次归并）到达实体，按 SAVE 规定的属性保存规则，归并成一个实体后沿 M 个活动分支释放
COLCT 统计节点	TYPE 　 ID，H 　 M COLCT，TYPE 或 VAR，ID NCEL/HLOW/HWID，M	对通过流动实体，按 TYPE 定义的统计类型（ALL、FIRST、BET、INT（NATR））进行有关时间方面的统计。并可打印出名为 ID 的统计变量的直方图
RESOURCE 资源定义	RLBL(IRC) | IFL1 | … | IFLn RESOURCE/RLBL(IRC)，IFLa	将系统中具有 IRC 数量的某种资源（固定资源）予以定义，定义名为 RLBL，并为在不同地址处等待占用该资源的流动实体，配以存放文件号 IFL1 ~ IFLn
GATE 门定义	GLBL|OPEN∝CLOSE|IFL1|IFL2 GATE/GLBL.OPEM ∝ CLOSE，IFLNa	定义名为 GLBL 具有开、关功能的门，并规定其初始状态（OPEN or CLOSE）及在不同地址处等待开门的实体的存放文件号 IFL1、IFL2，…，IFLn
AWAIT 等待节点	IFL 　 RLBL/UR or OLBL AWAIT(IFL)，RLBL/UR 或 GLBL，M	将等待占用资源 RLBL（一次占用 UR 个单位），或等待名为 GLBL 的门打开的流动实体存放在号码为 IFL 的文件中。一旦资源数量满足，或门打开，则 IFL 文件中的某个实体就占用 UR 个单位的资源或通过已打开的门

元素名称	图形符号和语句格式	功 能 作 用
GOON 继续节点	M GOON，M	使到达实体继续向下流动，并沿 M 个分支发送
PREEMPT 抢占节点	IFL | RLBL / NATR | M SNLBL PREEM(IFL)/PR、RLBL SNLBL、NATR，M	抢占节点是一种特殊形式的等待节点，进入该节点的流动实体，可以抢占原先分配给别的实体的资源 RLBL（仅限一个单位）。被抢占的实体可按标号 SNLBL 规定的地址送出，也可重新返回原排队队列
FREE 释放节点	RL BL / UF | M FREE，RLBL/UF，M	当一个流动实体到达释放节点时，表示该实体占用资源 RLBL 的过程结束，并释放出原来占用的 UF 个单位的资源，以供其他等待实体占用
ALTER 改变节点	RL BL / CC | M ALTER，RLBL/CC，M	当一个流动实体通过该节点时，资源 RLBL 的现有数量将被增加（若 CC > 0）或减少（若 CC < 0）CC 个单位
OPEN 开门节点	OLBL ○ M OPEN，GLBL，M	使标号为 GLBL 的门打开，从而使此时所有在 AWAIT 节点中等待该门打开的实体，从相应文件中取出并送出 AWAIT 节点，同时使 GLBL 门打开的流动实体从该开门节点通过
CLOSE 闭门节点	GLBL ○ M CLOSE，GLBL，M	关闭标号为 GLBL 的门，使后续到达的流动实体都在 GLBL 的 AWAIT 节点中等待开门。同时，引起 GLBL 门关闭的实体，将通过该关门节点

续表 4 – 3

元素名称	图形符号和语句格式	功 能 作 用
EVENT 事件节点	EVENT, JEVNT, M	该节点起到 SLAM 网络 – 离散事件之间的接口作用。当网络中的流动实体流经该节点时，由用户编写的代码为 JEVNT 的事件子程序将被调用和执行。一旦该流动实体执行完该事件子程序后，就返回该节点并沿 M 个分支向下发送
ASSING 赋值节点	VAR=VALUE M ASSIGN, VAR=VALUE, VAR=VALUE, M	为系统变量 XX（·）、整型变量 Ⅱ 或实体属性 ATRIB（·）赋值。 VALUE 可以是 XX（·）、Ⅱ、ATRIB（·）、常数或通过"＋、－、＊、／"算符连接的简单算式
ENTER 插入节点	NUM M ENTER, NUM, M	通过在用户编写的子程序中调用 ENTER（NUM，ATRIB）子程序，可使一个带有 ATRIB（·）属性向量的流动实体，从标码为 NUM 的 ENTER 节点上向网络中插入一实体。因此 ENTER 节点也起到网络 – 离散事件之间的接口作用
TERMINATE 终止节点	TC TC TER, TC	TERMINATE 节点用以消除网络中的流动实体，一旦某个实体进入该节点，即认为该实体已离开网络。 若 TC 有定义，则当进入该节点的实体数达到 TC 值时，仿真运行即被终止

4.2.2 SLAM 网络 – 离散事件的综合构模与仿真

由于轧制生产动态系统问题复杂、因素众多，完全依靠 SLAM 网络要素来构模，虽然直观性好，易于掌握和易于验证，但有时显得不够灵活，一些特殊要求还难以实现，如仿真过程中内部变量的引用等。为此，SLAM 仿真语言中提供了另外一种基于事件调度法的系统仿真构模工具，即 SLAM 离散事件构模与仿真，而离散事件构模虽可描述任意复杂的系统，但编程烦琐。为此，将这两种方法结合起来，形成一种网络 – 离散事件相结合的构模框架。对复杂大系统可将其主体部分构成网络模型，而对难以用网络描述部分则采用离散事件构模，这两部分模型通过一定的连接环节，形成统一的网络 – 离散事件综合仿真模型，其处理逻辑如图 4 – 5 所示。

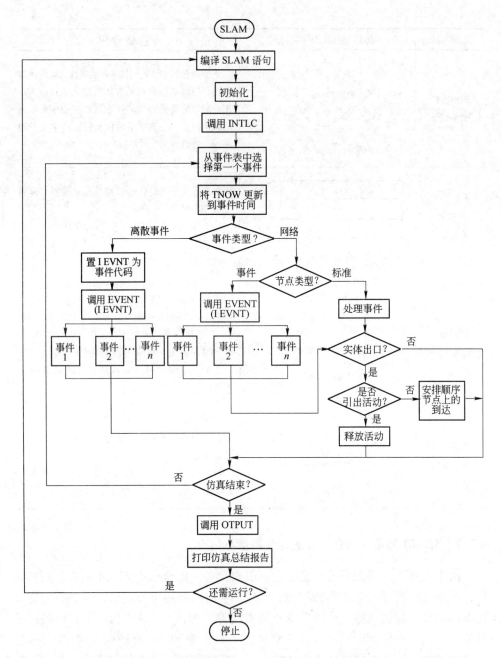

图 4 – 5   网络 – 离散事件综合仿真的 SLAM 处理逻辑

4.2.2.1   模型基础设计

一个生产制造系统的网络模型中，具有多类流动实体，区分流动实体的类型自然是构模的前提工作之一。

根据流动实体的物理性质及在网络中的作用，可将一个生产制造系统的流动实体分为三类：（1）工件流动实体，即被加工的物料实体；（2）工具、模具消耗品流动实体，如连铸的石墨结晶器，这类流动实体出现往往要暂时中止工件流动实体的流动过程；（3）故障流动实体，这是一类无形的流动实体，它一旦产生将对正由工件流动实体占用的某个资源发生抢占，并中止工件流动实体的活动。

根据流动实体在网络中的地位不同，可将一个生产制造系统的流动实体分为主导性流动实体和次生性流动实体，前者在系统运转过程中起着关键作用，构成系统的主体网络结构。

根据流动实体在网络中的活动范围，可将一个生产制造系统的流动实体分为全局性流动实体和局部性流动实体，工件流动实体就属于前者，在整个系统网络范围内活动。

此外还可分为基本流动实体和组合流动实体，前者是不可再分的最基本的流动实体。

盘卷流动实体是"上引－盘拉"小铜管生产系统中加工和搬运活动的一个最基本的处理单位，最根本的服务对象，故它是主导性流动实体。因此，该系统的主体结构模式应是对其在系统全局范围内流动过程的描述，然而由于实际生产中，产品种类是多种多样的，而不同产品的工艺也是不一样的。因此，不同产品在网络中的流动路径也是不尽相同的，故离开相应网络节点的盘卷流动实体要根据其预定的路径决定其下一个发送节点，对多个流动路径不同盘卷实体都通过同一个节点时，必须预先对每个盘卷实体定义一个流动路径代码，以便在该节点后的不同引出分支上进行代码识别，以决定该卷实体该向哪个分支发送。

根据"上引－盘拉"小铜管生产系统的产品、工艺、设备的具体情况，给出 30 类流动路径的详细流程，如表 4－4 所示。表 4－4 概括了各种可能的盘卷加工工艺流程。

除上述的一些定义及构模所需基础知识外，自然还会有其他需要界定的事项，我们将在构模过程中予以说明。

表 4－4　盘卷流动实体的流动路径分类及其代码定义

路径/道次　工序　　　　路径代码	外购管坯	上引管坯	1号盘拉机	重卷机	中间退火	2号盘拉机	联合拉伸	水平复绕	锯断制头	直拉机	重卷机	成品退火	成品检验	包装入库	毛细系统	成品规格 /mm × mm
1		1	2/1						3	4			5	6		（φ25 ~ φ30）
2		1	2/2						3	4			5	6		× (1.5 ~ 2.0)

续表 4 – 4

路径代码	外购管坯	上引管坯	1号盘拉机	重卷机	中间退火	2号盘拉机	联合拉伸	水平复绕	锯断制头	直拉机	重卷机	成品退火	成品检验	包装入库	毛细系统	成品规格 /mm × mm
3	1		2/2						3	4		5	6	7		
4	1		2/2						3	4			5	6		(φ21 ~ φ30)
5	1		2/3						3	4		5	6	7		× (1.2 ~ 1.5)
6	1		2/3						3	4			5	6		
7	1		2/4				3					4	5	6		
8	1		2/4				3						4	5		(φ16 ~ φ20)
9	1		2/4			3/1	4					5	6	7		× (1.0 ~ 1.2)
10	1		2/4			3/1	4						5	6		
11	1		2/4			3/2	4					5	6	7		
12	1		2/4			3/2	4						5	6		(φ11 ~ φ15)
13	1		2/4			3/3	4					5	6	7		× (0.75 ~ 1.0)
14	1		2/4			3/3	4						5	6		
15		1	2/4	4	5	3/3										6	φ11 × 0.75 （毛细管坯）
16	1		2/5				3					4	5	6		
17	1		2/5				3						4	5		φ18 ~ φ20
18	1		2/5			3/1	4					5	6	7		
19	1		2/5			3/1	4						5	6		(φ11 ~ φ15)
20	1		2/5			3/2	4					5	6	7		× (0.75 ~ 1.0)
21	1		2/5			3/2	4						5	6		
22		1	2/5	4	5	3/2										6	φ11 × 0.75 （毛细管坯）
23		1	2/5	3	4	5/3		6					7	8	9		
24		1	2/5	3	4	5/3	6						7	8	9		
25		1	2/5	3	4	5/4		6					7	8	9		(φ5 ~ φ10)
26		1	2/5	3	4	5/4	6						7	8	9		× (0.35 ~ 0.5)
27		1	2/5	3	4	5/5		6					7	8	9		（紫铜小管）
28		1	2/5	3	4	5/5	6						7	8	9		
29		1	2/5	3	4	5/6		6					7	8	9		
30		1	2/5	3	4	5/6	6						7	8	9		

4.2.2.2 "上引 – 盘拉"小铜管生产系统构模[35]

该仿真模型基于 SLAM 仿真语言的网络与离散事件综合的构模策略,以网络结构作为模型的基体,以离散事件子程序的插入和用户函数的调用作为网络结构的补充,从而不仅使模型与实际系统之间存在较为直观的对应关系,易于构造和确认,而且由于用高级程序语言编写离散事件子程序和用户函数子程序的灵活性,易于实现对某些复杂的逻辑特性和时间特性的描述。

该仿真模型在其网络基体上插入了 26 个事件节点,它们分别对应着 26 个事件子程序,它们的基本逻辑功能列于表 4 – 5 中。

表 4 – 5　各事件子程序功能概要说明

事件代码	插入节点	事件子程序功能
1	多处插入	决定 CRANE1 卸载后的停放地点代码
2	EV02	根据产品结构自动生成生产计划
3	PLAN	根据用户输入的生产计划,决定当前生产批的属性特征
4	N088	将 13 号文件中有关的实体转存 16 号文件
5	多处插入	统计切头头重
6	N371	计算一个生产批在链式拉伸机上的总加工时间
7	N130	将 21 号文件中的有关实体转存 23 号文件
8	N132	计算一个盘卷被锯成直拉管坯时所能得到的直拉管坯根数
9	多处插入	决定 TRUCK 卸载后的停放地点代码
10	多处插入	决定 CRANE2 卸载后的停放地点代码
11	N174	将 21 号文件中的有关实体转存 33 号文件
12	N175	将 21 号文件中的有关实体转存 37 号文件
13	N124	将 21 号文件中的有关实体转存 26 号文件
14	N245	将 32 号文件中的有关实体转存 33 号文件
15	N246	将 32 号文件中的有关实体转存 37 号文件
16	N249	将 32 号文件中的有关实体转存 44 号文件
17	N267	将一个盘卷生产批分成多个退火批
18	N287	统计由 SHUMAG 探测出的废品总重,并决定是否申请了 TRUCK 运走
19	R342	统计由 REWINDER 探测出的废品总重,并决定是否申请 TRUCK 运走
20	N406	将一个直管生产批分成多个退火批
21	N440	将多个盘卷退火批组合成原来的生产批
22	N450	将多个直管退火批组合成原来的生产批
23	M462	将存放退火料架实体的 106 号文件清零
24	N479	统计退火不合格品的总重,决定是否申请 TRUCK 运走
25	多处插入	决定 CRANE3 卸载后的停放地址代码
26	JM30	将 35 号文件中的有关实体移出网络

该仿真模型以网络结构为主体，并采用了盒式模块组合策略进行构模，即将系统的整体构模，分解成各个工序和设备的子模块单独构模，最后以盒式结构将各个子模块关连在一起，以形成系统的整体模型。根据实际系统的工序和设备构成，该模型由 11 个子模块构成，具体包括：生产计划的下达模块、管坯上引连铸机模块、1 号 ϕ1500mm 盘拉机模块、锯机模块、2 号 ϕ1500mm 盘拉机模块、重卷机模块、联合拉伸机模块、水平复绕机模块、链式拉伸机模块、半连续式退火炉模块和成品库车间模块。而每个子模块又按工艺划分成若干子模块。

对主要模块的构造，如全部给出，将构成一本专著。由于受篇幅所限，这里仅以生产计划下达模块为例，做简要的说明。生产计划的下达模块如图 4－6 所示。

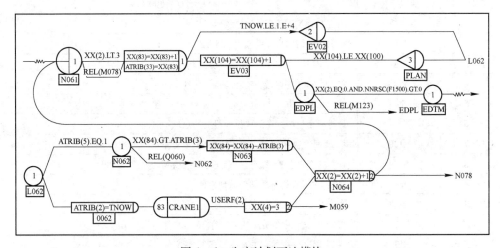

图 4－6 生产计划下达模块

"上引－盘拉"小铜管制造系统是通过批量方式组织生产的。每个生产批由一定数量的属性相同的盘卷组成，它们采用相同的坯料，具有相同的加工方式和加工参数，并生产相同规格和性能的产品。生产计划的下达实质上是选择生产批的性质，即定义其属性，同时安排生产批的加工次序（或开工时间）。

由于生产批是依次投入系统的，因此在图 4－6 所示的生产计划下达模块中，生产计划的下达被归结为由 2 号事件子程序（EV02 节点）或由 3 号事件子程序（PLAN 节点）定义下一个生产批的属性集合的问题，即确定下一个投放给 1 号 ϕ1500mm 盘拉机的生产批的类型。图中两种事件节点（EV02 和 PLAN）代表了两种不同的生产批属性定义方式。

当仿真的目的是为了分析一个生产计划方案的优劣时，下个待投放生产批实体将通过 PLAN 节点，并由相应的 3 号事件子程序从用户制订的生产计划方案中选取出那个加工次序号等于 ATRIB（33）的生产批，并将其属性集合赋值给该待投放生产批实体。

所谓属性是指在复杂大型网络中，为确保每个流动实体，尤其是主导性流动实体能够准确无误地在网络中完成其预定的各项活动内容，必须令其携带足够的特征信息，即属性，以备在有关的网络环节中随时查询和利用这些特征信息，从而实现对该流动实体的正确引导和处理。一个流动实体所携带的所有特征信息即构成了一个属性集合。每种属性元素记录了流动实体的一种特征信息。SLAM 仿真语言提供了一个名为 ATRIB 的一维数组来记录流动实体的各个属性值，在该系统中有 33 个属性码，并以属性集合 ATRIB 记录各个 ATRIB 属性值，其具体定义见表 4 - 6。由表可知，ATRIB（33）是指生产批的编号。

当仿真的目的是为了分析系统设计方案时，由 N061 节点生成的下个待投放生产批实体将通过 EV02 节点，并由相应的 2 号子程序根据给定的产品结构方案，通过随机抽样方式自动生成一个生产批的属性集合，并赋值给该待投放的生产批。

表 4 - 6　盘卷流动实体的属性集合定义

属性元素	定　　义	单位	备　注
ATRIB（1）	一个盘卷的总长度	m	
ATRIB（2）	一个盘卷被投放系统的时刻	min	
ATRIB（3）	盘卷所属生产批的批量大小	卷	
ATRIB（4）	盘卷单位长度上的重量	kg/m	
ATRIB（5）	所用坯料类型代码，1 代表上引管坯（Tu_2），2 代表外购坯（T_2）		
ATRIB（6）	流动路径代码，见表 4 - 4		
ATRIB（7）	对应产品的规格代码		自定义
ATRIB（8）	盘卷第一道延伸系数		λ_1
⋮	⋮		$\lambda_2 \sim \lambda_3$
ATRIB（11）	盘卷第四道延伸系数		λ_4
ATRIB（12）	对应直拉管坯的名义锯切长度	m/根	
ATRIB（13）	无特别定义		
ATRIB（14）	对应直拉管坯的平均锯断时间	min/根	当 ATRIB（6）<6 时
ATRIB（15）~ ATRIB（18）	无特别定义		
ATRIB（12）	盘卷第五道延伸系数：λ_5		
ATRIB（13）	盘卷第六道延伸系数：λ_6		当 ATRIB（6）>6 时
⋮	盘卷第七至第十道延伸系数：$\lambda_7 \sim \lambda_{10}$		
ATRIB（18）	盘卷第十一道延伸系数：λ_{11}		

属性元素	定　义	单位	备　注
ATRIB (19) ~ ATRIB (22)	无特别定义		
ATRIB (23)	当对应成品为直管时，被定义为成品直管的定尺长度	m/根	
ATRIB (24)	对应成品的外径	mm	
ATRIB (25)	盘卷在加热室的平均加热时间	min	
ATRIB (26)	盘卷在一冷室的平均冷却时间	min	中间退火时
ATRIB (27)	盘卷在二冷室的平均冷却时间	min	
ATRIB (28)	对应成品在加热室的平均加热时间	min	
ATRIB (29)	对应成品在一冷室的平均冷却时间	min	成品退火时
ATRIB (30)	对应成品在二冷室的平均冷却时间	min	
ATRIB (31)	对应成品包的打包时间（平均）	min	
ATRIB (32)	当对应成品为直管时，它被定义为成品包内的直管根数	根	盘管时无定义
ATRIB (33)	所属生产批的编号		

如图 4 – 6 所示，1 号 ϕ1500mm 盘拉机投放下个生产批的生产计划的实现有两个前提：一是 1 号 ϕ1500mm 盘拉机前库有富余空间，即其当前库存批数 XX (2) 没有超出的最大库存容量（假设为 3 个生产批），XX 为记数器；二是坯料准备充足。当该生产批选用的坯料为外购管坯时（ATRIB (5) ＝2），该模型假定外购管坯随时可以保证，不会发生断料问题，当该生产批选用的坯料为上引连铸供给的上引管坯时（ATRIB (5) ＝1），要看上引连铸机的当前库存卷数 XX (84) 是否满足该待投放生产批的卷数要求 ATRIB (3)，即 XX (84).GT. ATRIB(3) 是否为真。

一个生产批实体从产生到投放 1 号 ϕ1500mm 盘拉机前库的基本过程（生产计划仿真为例）如下：按照图示，在完成上个生产批的计划下达后，由标号为 N061 的 CREATE 节点生成下个待投放的生产批实体，如果此时 XX(2) .LT. 3 为真，则由 ASSIGN 节点通过计数器 XX(83) 为该生产批的加工次序编号 ATRIB (33) 赋值，否则该生产批实体在另一个活动分支上等待标号为 N078 的节点释放（REL (N078)），即等待 1 号 ϕ1500mm 盘拉机前库的库存批数的减少。完成 ATRIB(33) 的赋值后，该生产批将由标号为 PLAN 的 EVENT 节点定义其属性集合。然而，由于系统仿真总是从"冷态"启动的，即仿真开始时，系统中不存在流动实体，它不能直接作为一个生产计划方案仿真的初始状态，为此必须在用户生产计划方案被仿真执行前，先由标号为 EV02 的 EVENT 节点根据实际的产品结构自动定义生产批属性，并投放到系统中以对系统进行"预热"处理。经过 $10^4\min$（约 7d）的仿真时钟时间（TNOW）"预热"后，即认为系统状态已达到实际状态。将此时（即 TNOW = $10^4\min$）的系统状态作为生产计划仿真开始的初始状态，以开始对生产计划方案的仿真。即当仿真时钟时间 TNOW 满足 TNOW. GT. 1. E + 4 时，待投放的生产批实体将由 ASSIGN 节点流向标号为 EV03 的 ASSIGN 节点，由系统变量 XX(104) 对通过的生产批计数。如果 XX(104) 不超过用户生产计划方案中所包括的总的生产批数 XX(100)，即 XX(104). LE. XX(100) 为真，则该生产批实体被引向标号为 PLAN 的 EVENT 节点，由用户规定的生产计划方案为其属性集合赋值，然后发送到标号为 L062 的 GOON 节点。否则，该生产批实体将被引向标号为 EDTM 的 TERMINATE 节点，从系统中消失，并导致仿真过程的结束。到达标号为 L062 的 GOON 节点的生产批实体应当向哪个节点发送取决于它选用的坯料类型。如果 ATRIB(5). EQ. 1 为真，则要查看上引管坯是否备料充足，以决定是否可以向 1 号 ϕ1500mm 盘拉机投放。如果 ATRIB(5). EQ. 2 为真，则由 ATRIB(2) 标记该外购管坯生产批的投入时间，并申请资源名为 CRANE1 的上引车间内的天车将该生产批由外购管坯堆放区吊运到 1 号 ϕ1500mm 盘拉机前库，吊运时间由用户函数 USERF(2) 根据当前天车的停放位置确定。

该仿真系统对系统中的设备、设施，定义了 81 种资源，主要设备的资源名称见表 4 - 7。所谓用户函数，是指用于计算物料搬运工具的一次搬运时间，该仿真系统使用了 43 个 USERF 用户函数。

表 4 - 7 主要设备资源名称对照表

资源名称	资源数	定义对象	备 注
STRND$_{ij}$	1	第 i 台上引连铸机的第 j 个铸流	i = 1 ~ 3
KU - ST$_{ij}$	1	第 i 台上引连铸机的第 j 个铸流的卷取机	j = 1 ~ 4
PREPARE1	1	1 号 ϕ1500mm 盘拉机的拉前准备台	
F1500	1	1 号 ϕ1500mm 盘拉机	
CUTTER1	1	供链式拉伸机的管坯锯切机	
DECOIL1	1	CUTTER1 的开卷装置	
PREPARE2	1	2 号 ϕ1500mm 盘拉机的拉前盘卷准备台	
S1500	1	2 号 ϕ1500mm 盘拉机	
RECOTLER	1	盘管重卷机	
DECOIL2	1	RECOTLER 的开卷装置	
SHUMAG	1	SHUMAG 联合拉伸机	

续表 4 – 7

资源名称	资源数	定义对象	备 注
DECOIL3	1	SHUMAG 开卷装置	
REWINDER	1	水平复绕盘管机	
DECOIL4	1	REWINDER 的开卷装置	
BENCH	1	链式拉伸机	
CUTTER2	1	BENCH 后的切头机	
FURNACE	1	退火炉上料前台	
F – VACUUM	1	退火炉前真空室	
HEATER	1	退火炉加热室	
COOLER1	1	退火炉第一冷却室	
COOLER2	1	退火炉第二冷却室	
B – VACUUM	1	退火炉后真空室	
B – BED	1	退火炉下料台	
PACK1	2	包装服务台	
TRUCK	1	搬运汽车	
CRANE 1	1	上引管坯车间的天车	
CRANE 2	1	小管车间的天车	

当一个生产批的投入实现时，由标号为 N064 的节点记录 1 号 ϕ1500mm 盘拉机前库的当前库存批数，如果被投入的生产批是上引管坯，还要通过标号为 N063 的节点记录上引连铸机后库当前的库存卷数变化。通过标号为 N064 节点的生产批实体将同时沿两个分支发送，其一发送到 1 号 ϕ1500mm 的前库（标号为 N078 的 AWAIT 节点），其二返回标号为 N061 的 AWAIT 节点，以实现下个生产批的投入。

如果仿真的目的不是为了分析一个生产计划方案的优劣，而是为了分析一个系统设计方案，则所有的生产批实体必须都通过标号为 EV02 的 EVENT 节点进行属性集合的定义，这时只需将 EV02 节点前的分支条件略作改动即可，即把 TNOW – LE. 1. E + 4 关系式的右项改为一个大于仿真终止时间的数值，就可保证所有待投入的生产批实体都引向标号为 EV02 的节点。

上面对生产计划下达模块做了简要的说明，由此也可看出这种图表的逻辑性，显然它是一个实体活动的清晰映象。众多模块不可能一一描述，下面再对一些仿真结果做一些讨论，如欲深入了解，可参见文献 [36 ~ 40]。

4.3 紫铜小管生产仿真结果

4.3.1 原系统规划方案的仿真分析

原系统规划方案的基本内容已在前面概括介绍，其主要特征如下。

4.3.1.1 产品结构特征

如表1-1所示，它包括两种牌号不同的产品，Tu_2 和 T_2 的产量比例约为 6:4。由于这两种牌号的产品分别采用了两种不同来源的坯料（Tu_2 采用系统内的上引管坯，T_2 采用外购管坯），因此实际生产中，这两种牌号的坯料是按照一定的比例混合投放系统的。此外，同类牌号的产品还可分为规格大小、成品性能（软、硬）和交货形态（直管和盘管）不同的产品，它们相互之间也存在一定的产量比例关系。

4.3.1.2 设备数量特征

除连铸机为3台和成品包装台为2台之外，其他不同种类的设备均为1台。

4.3.1.3 中间库库容特征

各种加工设备均设有前后中间库，用以改善物流状况。除连铸机后库容为 20个卷、成品库内包装区库容为6个生产批，以及成品库内的成品堆放区库容 为16个生产批以外，其他中间库均为1个生产批的库容量。

图4-7给出了系统总的年生产能力以及其中不同类别产品各自的年生产能 力。此外，还给出了废品的年总产量。该规划方案总的年生产能力为1379.7t， 该系统的综合成材率为80.7% [（1379.7-330）/1379.7]。

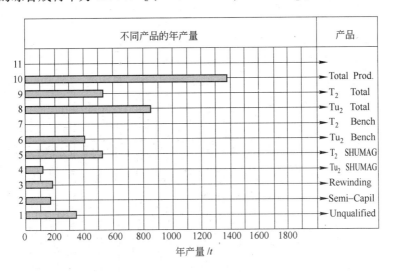

图4-7 原规划方案的年产量评估

图4-8 给出了不同类别产品的最小、最大和平均生产周期。其中 Tu_2 牌号类别产品的最小、最大和平均生产周期分别为 2.16 天、7.82 天和 4.56 天。T_2 牌号类产品的最小、最大和平均生产周期分别为 0.57 天、2.78 天和 1.19 天。其最小生产周期是由毛细管坯产品创造的,最长生产周期是由水平复绕管和 SHUMAG 联合拉伸机的软态小直管共同创造的。

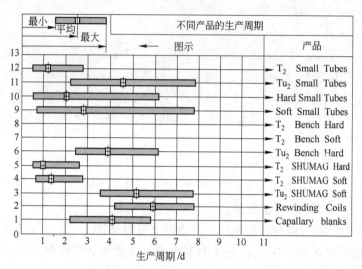

图4-8 原规划方案的生产周期评估

SHUMAG 联合拉伸机和退火炉的利用率(图 4-9)分别为 23.6% 和 29.7%。成品包装台利用率高达 94.9%,可见其负荷很大,其他设备的利用率都较低,连铸机的利用率只有 22.8%。

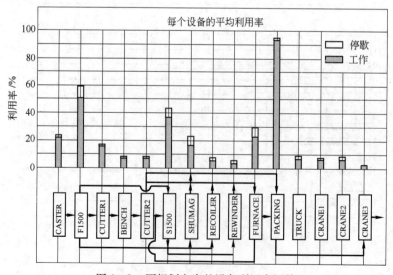

图4-9 原规划方案的设备利用率评估

图 4-10 给出了生产过程中，各加工设备前后中间库及成品库的平均库存情况。其中连铸机后库平均库存为 1.98 个生产批（19.8 个卷），已基本达到其最大库容量，可见连铸机后库涨库现象严重。1 号 φ1500mm 盘拉机（简称 F1500）后库的平均库存为 0.29 个生产批。成品包装区内平均有 1.40 个生产批，成品堆放区（FINSTORE）内平均有 11.63 个生产批，可见成品库内的库位负荷也较大。2 号 φ1500mm 盘拉机前库平均有 0.44 个生产批等待拉伸，SHUMAG 联合拉伸机前库平均有 0.45 个生产批等待加工，退火炉前的平均库存为 0.53 个生产批。由此可见，各主要加工设备的前库均存在一定程度的阻塞，从而限制了上游工序物料的顺利向下游搬运。

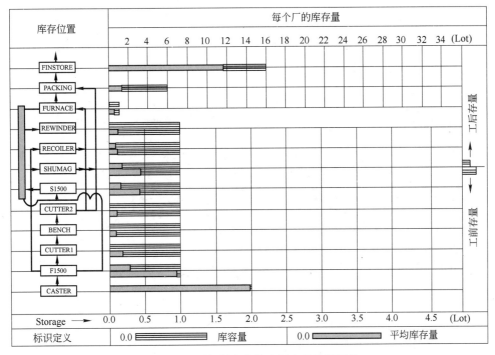

图 4-10　原规划方案的中间库存状况评估

从上述仿真分析结果可以看出，原系统规划方案并非一个理想可行的方案，这是因为，该方案的实际年生产能力只有 1379.7t，未达到 1580t 的预期指标；主要加工设备的利用率普遍较低，未达到规划指标，尤其是连铸机的利用率只有 22.8%，远未达到规划中要求的 80.2% 的预期水平，因此生产能力未得到充分发挥，造成较大的设备浪费；包装工序的负荷率太高（94.9%）；产品生产周期虽然较短，但这是以牺牲产量为代价的。

为了获得较好的系统操作性能，原系统规划方案需要做进一步的改进，为此必须先通过仿真对主要影响因素进行系统敏感性分析，以找出系统的敏感因素和瓶颈环节。

4.3.2 主要影响因素的系统敏感性分析

这里所进行的系统敏感性分析是以原系统规划方案为基础进行的。通过在不同的连铸机数量配置情况下，观察系统主要操作性能（年产量、生产周期和主要设备的利用率）随某些影响因素的变化特征，以确定出系统操作性能的关键影响因素和瓶颈环节。以下重点分析 1 号 $\phi1500mm$ 盘拉机（以其资源名称简称 F1500）的后库库容、2 号 $\phi1500mm$ 盘拉机（以其资源名称简称 S1500）的前库库容、半连续式退火炉（以 FURNACE 简称）的前库库容及成品库库容对系统操作性能的影响。

对 F1500 后库容量对系统影响的研究，得出以下一些结果：在 F1500 后库容量从 1 个生产批增至 5 个生产批的过程中，系统主要操作性能随之而变化的情况如图 4 - 11 ~ 图 4 - 14 所示。

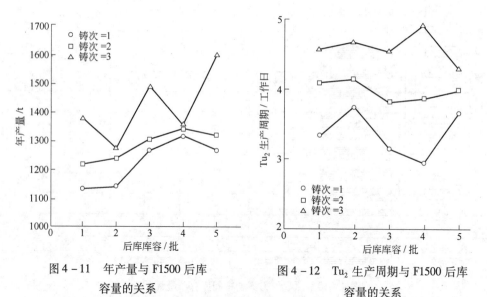

图 4 - 11　年产量与 F1500 后库　　　　图 4 - 12　Tu_2 生产周期与 F1500 后库
　　　　容量的关系　　　　　　　　　　　　　　容量的关系

图 4 - 11 给出了系统年产量随 F1500 后库容量的变化情况。当连铸机数低于 3 台时，年产量随 F1500 后库容量的增加呈稳定增加趋势，在库容达到 4 个生产批时，年产量最高。当连铸机数量为 3 台时，年产量随 F1500 后库容量的增加呈波浪式上升趋势，当库容增到 5 个生产批时，年产量高达 1600t。此外，连铸机数量的增加使年产量提高。图 4 - 12 和图 4 - 13 分别给出了两个不同牌号产品的平均生产周期随后库库容的变化情况，可以看出，Tu_2 产品的生产周期略有下降趋势，但变化不大。T_2 产品的生产周期呈上升趋势，但当连铸机为 3 台和 F1500 后库库容为 5 个时，又有所下降。此外，连铸机数量的增加使 Tu_2 产品的生产周

期明显延长，而 T_2 产品的生产周期对连铸机数量的改变则不如 Tu_2 产品敏感。

图 4 - 14 给出了连铸机利用率与 F1500 后库容量的关系。当连铸机数量为 1 台时，F1500 后库容量提高，连铸机利用率有明显提高；而当连铸机数量多于 1 台时，利用率随 F1500 后库的增容而提高的趋势不如 1 台连铸机时明显。此外，连铸机数量的增加将导致其利用率的大幅度下降。

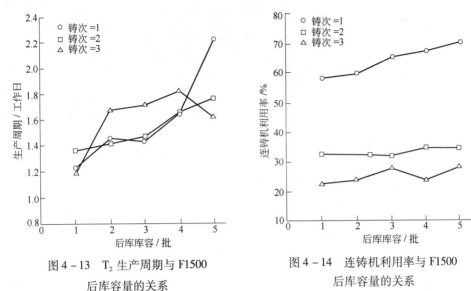

图 4 - 13 T_2 生产周期与 F1500   图 4 - 14   连铸机利用率与 F1500
　　　　　后库容量的关系   后库容量的关系

图 4 - 15 给出了 F1500 的利用率随其后库容量的变化情况。F1500 后库的增加导致 F1500 利用率的提高，但当连铸机数量少于 3 台时，库容增至 4 个生产批后，F1500 的利用率又开始有所下降。还可看出连铸机数量对 F1500 的利用率影

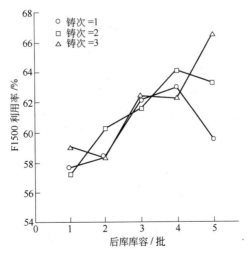

图 4 - 15   F1500 利用率与 F1500 后库库容的关系

响。图 4-16 给出了 S1500 利用率与 F1500 后库容量的关系。F1500 后库容量的增加，使 S1500 的利用率明显提高。在连铸机数量为 3 台的情况下，当 F1500 后库增至 3 个生产批时，S1500 利用率可以提高到 55.2%，此后继续增加库容将使利用率略有下降。当 F1500 后库容量超过 2 个生产批，3 台连铸机时，S1500 利用率将高于 1 台或 2 台连铸机时的利用率。

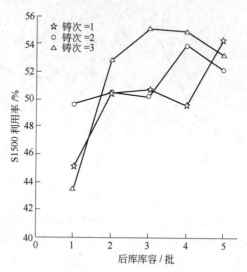

图 4-16　S1500 利用率与 F1500 后库库容的关系

通过上述分析可以看出，1 号 φ1500mm 盘拉机后库的库容量大小对系统的操作有较为明显的影响，增大其库容量有利于系统操作性能的改善。造成这一现象的原因是与 1 号 φ1500mm 盘拉机在整个生产系统中所处的咽喉位置密不可分，无论哪一类产品都要经过这道工序，并以 1 号 φ1500mm 盘拉机后库为"中转站"开始分流，然后分别发送到不同的下游工序。如果后库容量过小，则会导致其下游许多工序的供料不连续，从而使系统生产能力和设备利用率下降。

同时我们还分析了 S1500 前库容量对系统的影响、FURNACE 前库容量对系统的影响、成品库库容量对系统的影响等，这里就不赘述了。

通过针对连铸机数量、有关中间库和成品库等所进行的系统敏感性分析，可总结出以下几点结论：

（1）增加连铸机台数可使系统生产能力有一定的提高，但增加一台连铸机所引起的产量提高远不及其实际的生产能力。不仅如此，增加连铸机台数所获得的生产能力提高是以连铸机利用率和生产周期的大幅度下降为代价的，因此有些得不偿失。

（2）加工过程中间库的设置对系统的操作性能具有一定的调节能力，尤其是 1 号 φ1500mm 盘拉机后库、2 号 φ1500mm 盘拉机前库及退火炉前库等中间库是整个生产系统中至为重要的中间柔性环节，其仓储能力的大小对系统的操作性能有较为明显的影响。然而系统的操作性能与中间库的仓储能力之间不存在简单的单调递增或单调递减关系。也就是说，在某些情况下增加中间库的仓储能力能够使系统操作性能得到提高，而在另外一些情况下增加中间库仓储能力还有可能导致系统操作性能的恶化。系统的操作性能与中间库仓储能力之间之所以不存在绝对的单调关系，是由系统中各个环节之间、各类产品之间以及其他各种影响因素之间的复杂交互特征所决定的。

（3）成品库仓储能力的提高可引起系统操作性能的显著改善，但在其仓储能力达到一定值后，系统的操作性能就逐渐稳定在一个极限水平上而不再继续增加。

（4）从总的情况看，原系统规划方案中的中间库仓储能力的设计值太小，在相当程度上限制了系统生产能力的正常发挥，造成了设备利用的浪费。从系统生产能力对主要影响因素的敏感性分析曲线可以看出，尽管原系统规划方案中使用了 3 台连铸机仍未使系统达到预期的生产能力，但这不仅没有说明连铸机的数量不够用，而且还反映了连铸机的数量有较大富余，因为即便是只有一台连铸机的情况下，通过提高 F1500 后库的仓储能力也可使系统年产量达到 1319t（见图 4-11）。因此，原系统规划方案不能达产的根本原因并不是连铸机的数量问题，而在一定程度上与中间库的仓储能力有关。

4.3.3 改进方案的仿真分析

原系统规划方案不仅难以达产，而且存在较为严重的设备浪费现象。为此，在基于原系统规划方案进行了主要影响因素的系统敏感性分析之后，通过调整连铸机和包装台的数量，以及增加某些中间库的仓储能力，提出了两个改进方案（表 4-8），从而使系统的操作性能得到不同程度的改善。

表 4-8 改进方案与原方案的参数比较

参　数	原方案	1 号改进方案	2 号改进方案
连铸机数量/台	3	1	3
包装台数量/台	2	4	6
连铸机后库库容/卷	20	30	20
F1500 后库库容/批	1	5	5
S1500 前库库容/批	1	4	4
S1500 后库库容/批	1	3	4
FURNACE 前库库容/批	1	4	4
FURNACE 后库库容/批	1	2	2
成品库库容/批	16	20	23

两个改进方案对原系统规划方案的变动情况如表 4-8 所示。1 号改进方案

的一个重要特征是将原方案中的 3 台连铸机削减了 2 台，此外还扩充了一些中间库的仓储容量，并将成品包装台由 2 台增至 4 台。2 号改进方案没有改变连铸机的数量，主要是将一些中间库的仓储能力予以适当扩大，同时将包装台的数量增加到 6 台。为了验证改进方案的效果，对两个改进方案分别进行了仿真分析评估。图 4-17 ~ 图 4-20 给出 1 号改进方案的仿真分析结果。如图 4-17 所示，该方案的年生产能力可达 1415t，略超出了原系统规划方案的实际生产能力（1379.7t）。如图 4-18 所示，该方案的 Tu_2 和 T_2 平均生产周期分别为 3.29 天和1.25 天。该方案较之原方案使主要设备的利用率得以显著提高（图 4-19），同

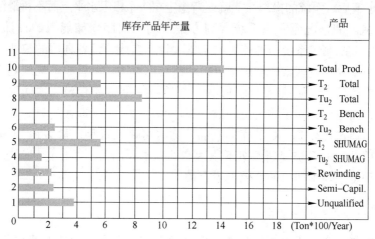

图 4-17 1 号改进方案的年产量评估

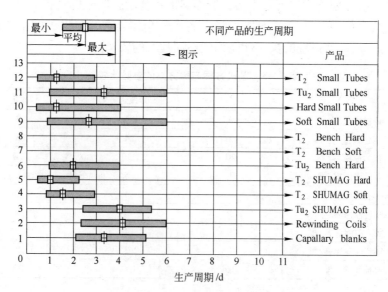

图 4-18 1 号改进方案的生产周期评估

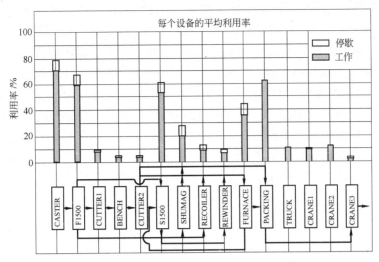

图 4-19 1号改进方案的设备利用率评估

时也大大减轻了包装工序的工作负荷。其中，连铸机、1 号 ϕ1500mm 盘拉机、2 号 ϕ1500mm 盘拉机和退火炉的利用率比原系统规划方案分别提高了 56%、8%、16.4% 和 14.4%，而成品包装工序的作业负荷则下降了 32%。因而该改进方案比原方案较大地改善了设备负荷状况，使设备能力得到了较为充分的发挥。当然，如图 4-20 所示，该方案与原方案相比，亦使连铸机后库、F1500 后库、S1500 前库以及

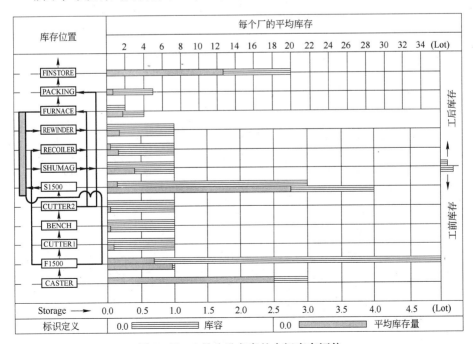

图 4-20 1号改进方案的中间库存评估

FURNACE 前库的半成品滞留量显著增加，但这对系统操作性能的改善是有益无害的，从 Tu_2 生产周期的显著缩短和 T_2 生产周期的未显著变化即可证明这一点。

1 号改进方案虽然也未能达到 1580t 的规划年产量，但它却在只有 1 台连铸机的情况下使系统的生产能力略超过原系统规划方案使用了 3 台连铸机才达到的 1379.7t 的年生产能力，而且在 T_2 生产周期延长很小的情况下，使 Tu_2 的生产周期缩短了 1.27 天，同时还使主要设备的利用率有显著提高。因此 1 号改进方案在不降低原系统规划方案的实际生产能力的前提下，可以节约 2 台上引连铸机的建设投资，而且由于 Tu_2 生产周期的显著缩短，可以加快资金周转，降低生产成本。因此 1 号改进方案与原系统规划方案相比，可以取得明显的经济效益。

2 号改进方案（图 4-21～图 4-24）的主要优点是可以实现原系统规划方

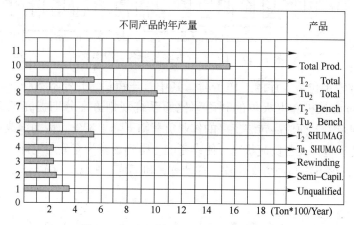

图 4-21 2 号改进方案的年产量评估

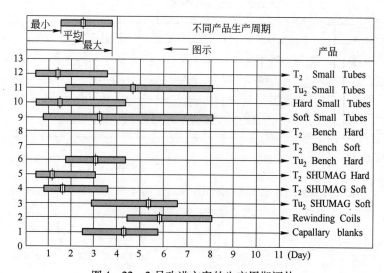

图 4-22 2 号改进方案的生产周期评估

案中预期的生产能力，从而可使实际年产量比原方案提高 196t，其主要缺点是连铸机的利用率仍然偏低，因而仍然存在较大的设备浪费现象。

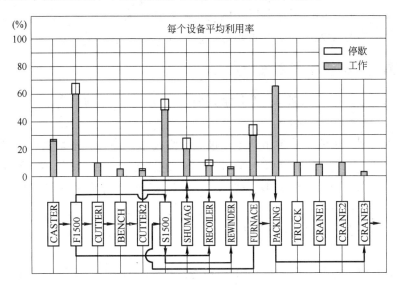

图 4－23　2 号改进方案的设备利用率评估

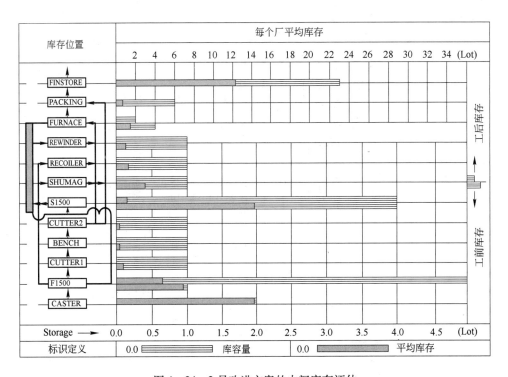

图 4－24　2 号改进方案的中间库存评估

总之，所提出的两个改进方案，都在不同程度上改善了原方案的实际系统操作性能。1 号改进方案可以节约两台连铸机的设备投资，并可使 Tu₂ 产品的生产周期有较大下降，同时可使各设备的利用率得到较大提高。2 号改进方案比原方案的生产能力有较大提高，并且超过设计目标。

4.4 精密毛细管生产系统仿真

如前所述，精密毛细管生产是紫铜小管厂的一个独立的车间，因此，对其仿真以一个独立系统来进行[41]。

紫铜精密毛细管是一种生产难度极大的高技术产品，其平均直径（$D_内 + D_外$/2）为 1.0～5.0mm，壁厚为 0.5～0.8mm。它是空调器、冰箱、报警器等必不可少的一种有色金属材料。生产这种产品，对拟建的新车间的建设方案作出科学的决策，建前用系统仿真的方法进行了系统仿真。

仿真时采用了前面介绍的方坯 CC－CR 物流系统所用的离散事件型仿真方法。

影响系统的各种因素见图 4－25。归纳各种事件 51 种，系统输入参数有 25 种，状态变量 17 种，统计量 43 种，由于篇幅所限，此处不再列出。仿真结果如下：

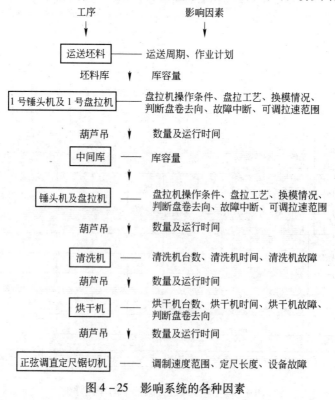

图 4－25 影响系统的各种因素

（1）原方案盘卷在1号盘拉机前队长及平均等待时间最长，形成严重的瓶颈现象，而在烘干机、锯切机处也出现一定的瓶颈。显然，应该对方案进行改进，以使物流更加通畅和协调。为此，在分析的基础上提出了改进方案（图4-26）。由仿真结果可知，改进后1号盘拉机和2号盘拉机的物流更加均衡，设备利用率也有了改进，系统的评价指标也有很大改善。通过仿真为厂方提供了科学的决策依据。

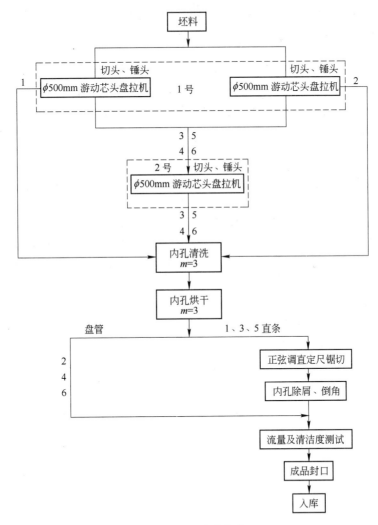

图4-26 改进方案

（注：m 为清洗机、烘干机台数）

（2）利用该仿真系统，还可对生产进行多方面的分析和研究。例如：

1）最佳卷重的选择。卷重大小对物料在该系统中流通情况的影响是很重要的，若卷太重，则它接受服务的时间很长，这样会造成盘卷在各机组前等待时间加长；卷太轻，虽然接受服务时间缩短，但盘卷切头次数增多，成材率下降，不符合实际生产的要求。在该方案的具体条件下，卷重以 150kg 为宜。

2）系统敏感性分析。应用仿真可对给定的毛细管生产系统的某些输入参数进行系统敏感性分析，以发现系统的瓶颈工序和薄弱环节，而且可以帮助我们选取系统中某个实体的最佳参数值。具体做法是对某选定的研究参数，通过一定范围内改变它的取值来观察各项系统评价指标的相应变化情况。经过分析得出，各道次盘拉机的速度以 $v_1 = 120\mathrm{m/min}$、$v_2 = 120\mathrm{m/min}$、$v_3 = 150\mathrm{m/min}$ 为最佳。

4.5 简单小结

（1）基于 SLAM 仿真语言的网络与离散事件综合的构模策略，为我国某厂"上引－盘拉"小铜管制造系统，构造了一个以网络结构为基体，以离散事件插入为补充的复杂大型网络仿真模型，经运用并反复校核，证明该模型具有较高的可靠性。

（2）研究结果表明，原有方案未达到年产量规划目标，设备利用率及综合成材率低。

（3）在对原有方案分析的基础上，提出了两个可供选择的改进方案。

（4）由于"上引－盘拉"小铜管制造系统是一个复杂的离散动态系统，用常规方法已不能进行分析和研究，用 SLAM 仿真语言的网络与离散事件综合的构模策略解决了这一问题。

（5）对精密毛细管生产系统也进行了仿真，并据仿真结果提出了合理的生产系统方案。

5 启发式搜索法——生产 计划的编制及动态变更

在前几章将现代轧制生产系统视为一个动态离散系统，并用相应的数学方法进行了分析和研究，从而摆脱了仅依靠经验和传统的分析方法，使在设计、生产中进行科学的分析和决策成为可能。本章开始研究有关生产管理的问题。在现代化生产条件下，生产管理问题更为复杂，遇到和待解决的问题也更多。下面举一个作业计划的例子就可以说明其严重性和亟待解决的迫切性。过去制订作业计划非常简单，只考虑轧机具体情况来安排生产就可以了，更不考虑订货情况。现在一般是冶－铸－轧一体化生产，在制订计划时，需要各工序综合考虑，但是轧制工段希望在一个换辊周期内轧制同一规格的产品，而冶炼在一个炉龄内希望冶炼同一个钢种，但它们周期并不相同，再加上生产线上物流是热金属流和要求按合同组织生产，如何科学制订一体化生产最优作业计划就成为一个难题。虽然有众多编制生产计划的人员参与编制，但仍不能顺利解决，对于计划的调整和动态变更，更是无能为力，有时制订好的热送热装计划，常因某一环节失调，而被迫改为冷装，造成很大损失。由于作业计划的单一性、无序性、实时性的特征，加之数据的爆炸性，这类问题没有什么理论可循，没有什么公式或定律可以应用，也不能用基于相似理论的试验方法来解决。因此，实现冶－铸－轧一体化生产后，作业计划的编制及其动态调整和变更就成为亟待解决的课题。

经过我们科研组的共同努力，解决了这一课题，使冶－铸－轧一体化生产的作业计划建立在理论基础之上[42,43]。

5.1 生产管理知识简介

在讨论生产计划编制之前，对现代生产运作管理做一些简单的讨论。

生产过程管理包括生产与作业管理（Production management and operation management），现称为生产运作管理[44,45]。

生产是一个过程，生产过程包括劳动过程和自然过程。起主导作用的是劳动过程，它是利用劳动手段作用于劳动对象，使之成为产品的全过程；自然过程是生产过程中自然力所起的作用，如铸坯的自然冷却等。生产过程一般分为物流过程、信息流过程和资金流过程等。生产运作管理的发展迄今大致经历了三个发展阶段。最早为经验管理阶段，其代表人物是亚当·斯密，他在调查研究基础上，提出劳动分工理论；随后是科学管理阶段，其代表人物是泰勒，他的科学管理原理摆脱了经验管理的束缚；从20世纪下半叶开始了现代化管理阶段，数学方法特别是运筹学的引入，使生产运作管理发生了重大变化，加上系统工程学及计算机技术的应用，使复杂的生产管理问题能科学地进行量化成为可能。由于市场需求和激烈竞争，多品种、小批量、按订货组织生产要求异常迫切，由此，柔性制造系统（FMS）、计算机集成制造系统（CIMS）、制造资源计划（MRPII）、准时生产制（JIT）等生产方式应运而生，生产运作管理随之也有极大进展，如ISO9000、企业资源计划（ERP）、精益生产（LP）、敏捷制造（AM）等，它们代表了一种新的生产管理思想，一种新的生产组织方式。

生产运作管理的职能是从生产系统设计和运行管理两个方面入手，从人员（people）、工厂（plant）、物料（parts）、生产流程（process）、生产计划与控制（planning and control）五个方面对生产要素进行优化配置，使生产系统的增值最大化。

图5-1为生产系统和生产运作管理的结构示意图。

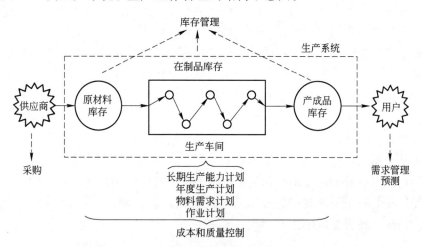

图5-1 生产系统和生产运作管理结构示意图

生产运作管理的目标就是在确保交货期、提高产品质量、降低生产成本、提高生产效率、减少在制品占用量等方面都取得最优效果。

从生产运作管理系统的目的可知，生产运作管理系统的任务较多，其基本任务是：从整个生产运作管理系统出发，运用计划、组织、控制等职能，使投入生产运作系统中的各种要素有效地结合起来，把生产运作系统中的物流、资金流、信息流、事务流等有机地融为一体，采用最经济的方式，输出使企业和用户均满意的产品。

迄今已有多种生产运作管理系统[11]，如计算机集成制造系统（CIMS）、制造资源计划（MRPII）与准时生产制（JIT）等。此外，还有成组技术（GT）、优化生产技术（OPT）、管理信息系统（MIS）等，这里就不多加介绍了。从前面讨论也可看出，迄今，对它们并没有严格的界定，例如，有人把 CIMS 看做是一种哲理，有人把 CIMS 看做是一个管理系统，还有人把 CIMS 看做是一种生产方式，等等。这里我们将它们统称为系统。

5.1.1 它们都有哪些功能

不论它们的名称是什么，从其功能框图可以看出，它们有很多功能是共同的。概括起来说，一般有以下一些功能：企业的研究与开发，项目管理，物料需求计划，作业管理，质量管理，设备管理，财务管理，人事管理等等。自然，由于受到条件的制约，即或同样的系统，用于同类生产，在各厂也有所不同，此外还有分期建设的问题。一个完善的管理信息系统（MIS）可能有与 CIMS 的同样功能构成，而且有很多企业先建生产所急需的系统（如质量管理系统），再逐步建成完整的系统。

从事轧制生产的技术工作者对作业管理、质量管理等功能模块更为关切。一方面是因为它们与生产工艺密切相关，另一方面是因为这些模块没有也不可能有标准共用的商业模块产品。因此，它们也将是下面要讨论的主要内容。

5.1.2 管理系统的作用如何体现

它们之所以发挥巨大的作用，是因为借助它们使生产信息得到较好的利用。因此，如何充分利用信息就和增加设备利用率、提高劳动生产率等同样重要。我们把它称作"信息发掘"[46]。它已成为工艺问题的一个重要组成部分，由于这一问题的重要性，我们还将进一步讨论。

5.2 生产作业计划

企业的生存和发展，在于适应市场的变化，以求满足社会需要并获取利润。企业在组织生产活动时，不仅要满足顾客对产品质量、数量、价格、交货期等方面的要求，而且要合理地运用企业所拥有的劳动力、设备、技术、资金等资源，力求以较少的投入获得较大的产出。生产过程管理就是为实现这一目的而对生产过程进行计划和控制的活动。它是生产管理的重要组成部分，也是实现企业经营目标的有效手段之一[47]。

生产过程管理包括生产计划编制、生产过程控制和监督。其主要内容是：根据需求制订生产计划，作为生产活动的依据；使生产活动具体化；通过编制日程计划和作业分配，实施生产活动并进行有效的控制。

5.2.1 生产过程的组织

5.2.1.1 生产过程组织的概念

工业产品的生产过程组织是指从准备生产某种产品开始，直到把产品生产出来的全过程。

企业生产过程要高效经济地运行，需要从两方面做出努力：一是要设法缩短物质流程的距离；二是要加快物质流程的速度。这就涉及到企业生产管理的很多方面，但前提性的工作只有两项：其一，对工厂的各物质组成部分做出合理的安排，取得最佳配置；其二，对生产过程各部分的基本活动，在时间上精心衔接，取得最佳组合。前者称生产过程的空间组织，后者称生产过程的时间组织。两者结合起来，统称为生产过程组织。

生产空间组织的作用是使各机组、设施在空间布局上，形成一个既互相分工，又密切协作的整体。它体现在车间的平面布局上，对此，有关轧制工艺学及轧制车间设计的教材中，已有详尽论述，这里就不多加讨论了。下面将更多地关注生产时间组织，而作业计划编制是其重要环节之一，无疑它是分析研究的重点。

5.2.1.2 影响生产过程组织的基本因素

无论是生产过程的空间组织还是时间组织，都要考虑以下影响因素。

A 产品结构和工艺特点

产品结构和工艺特点对企业生产过程组织有决定性的影响，它决定企业具有什么样的基本生产过程和辅助生产过程。

B 专业化和协作水平

企业的专业化结构不同，相应地要求建立不同的生产单位。

C 生产规模

企业的生产规模是指单位时间的产量。

D 生产类型

生产类型是综合企业生产特点所做的分类，分类的目的是要从中发现同类型之间的基本特征和生产规律性，进而为生产过程组织和科学管理提供依据。

5.2.1.3 生产过程组织的基本要求

优化生产过程组织，使组成工厂的各个部分形成有机的系统，以最经济的方法满足生产经营的要求，使工厂成为高效运营的产品生产系统。具体来说有以下几项。

A 连续性

产品在生产过程的各个阶段、各工序间的流动，在时间上是紧密衔接、连续不断的。也就是说，产品在生产过程中始终处于流动状态。

B 平行性

生产过程的各种活动凡能平行进行的都要安排平行进行。如转炉吹炼时，铁水的脱磷处理、钢锭模的准备处理等工作也在同时进行。平行性是连续性的必然要求。

C 比例性

生产过程各阶段、各工序之间在生产能力上要保持适当的比例关系，即各个生产环节上的工人人数、机器设备、生产速率都应互相协调。比例性是充分利用生产能力，保证生产顺利进行的前提。

D 均衡性

它又称节奏性。企业各生产环节的工作都要按计划有节奏地进行，各项工作有均衡的负荷，在相同的时间段内，产生相等或递增数量的产品，不能出现时紧时松的现象。这一点对于轧制生产系统尤为重要。

E 适应性

它又称柔性。生产过程对于产品的变动要有较强的应变能力。

F 准时性

根据用户需求，准时完成生产任务，既不延误，也不提前。

5.2.2 生产计划

生产计划是经营计划的基本组成部分。它确定企业在一定期间内生产产品的品种、数量和生产时间，并且对生产所需的设备、劳动力、原材料等资源做出安排，并对生产能力进行测算和综合平衡。编制生产计划的依据是用户合同和企业的效益目标。按照计划区间的长短，生产计划可分为长程和短程两种，或长程、中程和短程三种（图5-2）。长程生产计划是管理最高层制订的计划，对产品发展方向、生产规模等方向性的问题作出决策。中程生产计划要确定现时条件下应达到的目标，如产量、品种等，具体表现为主生产计划、能力计划等。随着管理进一步科学化，生产能力不仅以设计生产能力为依据，尚要考虑由于产品及技术条件变化后的生产能力和现实的生产能力，前者称查定能力，后者称计划能力，前者用于制订长期生产计划，后者用于制订短期生产计划。短程生产计划则是为实现效益目标，指导生产活动的具体计划，是长程生产计划的实施计划，也称作业计划。它包括作业顺序计划和作业分配计划。此外，作为作业计划的补充和保障，还有作业控制。各项工作的具体内容如下。

5.2.2.1 日程计划

日程计划是安排产品生产、材料准备等作业的开始与结束日期的计划。按照日程计划实施作业，可以保证产品在规定的交货期限内完成。编制日程计划是以产品的标准生产周期为依据，从指定的产品交货期开始，逆工艺顺序推算就可以

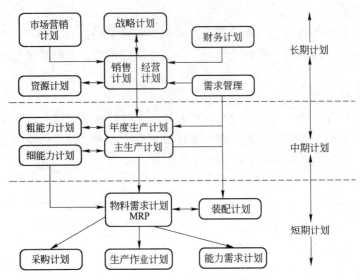

图 5 - 2 生产计划体系的基本构成

确定产品的加工工序的起止日期。日程计划按其计划期间长短可以分为大日程计划、中日程计划和小日程计划三种。

5.2.2.2 工时计划

工时计划是对生产能力与负荷进行平衡和调整的计划。当能力不足时，若不采取措施，作业就不能按日程计划顺利进行；反之，能力过剩又造成浪费。因此，日程计划要与工时计划同时进行编制。工时计划与大、中、小日程计划相对应，也可以分为长、中、短三种工时计划。

5.2.2.3 作业顺序计划

确定产品生产时的加工顺序、使用的设备和工具、所在生产车间等。合理地安排加工顺序是提高产品生产效率的保证。为了选择最佳作业顺序，可以采用工序排优等有效方法。

5.2.2.4 作业分配计划

现场作业只靠日程计划来安排是不够的，还要根据作业现场的情况，按照制造指令和优先顺序将作业任务分配到各个作业者和工作地。同时进行材料准备、不合格处理、机器故障处理等工作，从而有效地利用人员和设备的能力，提高生产效率。

5.2.2.5 作业控制

生产作业常常因各种原因不能按照计划执行，因而需要及时掌握作业进度和在制品状况，对照计划进行评价，找出进度延迟或冒进的原因，采取必要的调整措施。作业控制的主要内容是进度管理和生产信息反馈，作业计划的调整和生产计划的变更，以及现场物资管理和原始资料管理。我们把作业控制简明地称作动态变更。

由此可见，要使企业稳定和持续发展，必须要有科学的生产计划与控制系统（manufacturing planning and control，MPC），一般将其分为三个层次：上层为决策层，它担负着市场预测、产品开发、资源计划、销售和经营管理等，它体现在长久或年度计划上；中层根据上层的需求，确定物料需求计划（material requirement planning，MRP）、主生产计划和详细的能力计划；下层为执行层，它需制订生产作业计划并付诸实施，按时生产出优质的产品以供应用户。显然下层更为复杂和关键，它也是讨论的重点。

5.2.3 生产作业计划的编制、实施原则

一体化作业计划子系统的基本功能是对一体化生产过程进行组织，使各工序生产物流在时间和空间上匹配得当，实现高效低耗运行。作业计划联结生产计划与生产过程，是一体化生产计划的细化结果，其内容包括各工序生产单元或生产批的组织，以及在一体化生产工艺约束下对各工序生产单元的协调匹配等。因此，一体化作业计划实质上是一体化生产过程的作业排序。

生产作业计划，又称日作业计划，是企业年度生产计划的延续和具体化，是为实施生产计划、组织企业日常生产活动而编制的执行性计划。生产作业计划工作的任务是将计划期的任务分配给各车间、工段乃至每一名生产者，把生产任务细化到每天、每班的任务，并在细化的过程中通过科学的计划使生产各环节相互衔接。对冶金企业来说，生产作业计划具体到各个工序上分别称为冶炼计划、连铸计划和轧制计划。

编制生产作业计划，就是把合同的明细归纳为具体的生产批量来组成为生产计划的阶段。在这里不仅有必要考虑合同内容，而且还要考虑各工序的制约条件以及能力、库存、生产标准、交货期等。编制最佳生产计划，应考虑的不单是直接作业计划的最高产量，而应是全面考虑批量、交货期、生产率、合格率等参数，使其达到最佳。例如，采用增大生产批方法来提高机组作业效率，但这与短交货期、小批量的订货趋势相悖，因此有必要为保持生产平衡而建立实际优化可行的生产计划。计划归纳范围不仅应包括冶炼车间至热轧车间高温直接连接生产线的设备，而且还应包括其他相关机组的生产计划。

热送热装作业计划系统要按合同组织生产，订货与发货的合同平衡及其内部各分厂之间材料申请与在制品量的平衡，多是以旬或周为基本时间周期的。因此，计划编制工作一般是要将 7～10 天内的生产合同处理成为时间精度为分钟级的作业计划，并落实上述的各种约束条件和作业目标，其难度之大可想而知。

订货合同是编制生产作业计划的根本出发点，在编制生产作业计划时必须树

立用户第一的观念，企业要按照社会需要组织生产。在企业内部，下道工序就是上道工序的用户，因此，生产作业计划一般都采用反顺序编制的方法。

冶金企业各基本生产车间具有按工艺顺序依次提供半成品的关系，根据这一特点，规定车间任务的方法是按照工艺顺序的相反方向，逐个地规定各车间的生产任务。首先根据订货合同对成品钢材的数量和期限的要求，决定轧制车间的生产任务，然后根据轧制车间对坯料的数量和期限的要求，决定冶炼车间的生产任务，依次上推。所以，这种方法的实质，就是根据最后工序车间生产成品的要求，按照工艺路线的相反顺序，在各个车间之间进行品种、数量和期限的平衡。

生产作业计划的编制是一个排序问题，在数学上它是组合优化问题[48]。

冶金一体化作业计划的难点在于它是多层次的组合优化问题，其中有冶－铸－轧等各工序的作业计划；连铸作业计划中又有冶炼炉次的组织、浇注顺序的安排等；轧制作业计划中又有计划类型的确定、计划单元的组织等。因而，一体化作业计划生成算法中应具备相应的优化组合与分解功能。处理这类问题，无论在理论上还是在实际应用中，都尚未找到完善的求解方法。

如上所述，要实现一体化生产，完善的生产作业计划管理系统是必不可少的，它也是编制生产计划的前提。为此，我们曾对国外有关实现冶－铸－轧一体化生产的企业，进行了详尽的调查和分析[49]。

从对国外一些钢铁企业一贯生产管理系统的归纳、综合，可以看出，它们有以下一些共同特点：

（1）以冶－铸－轧一体化生产的同期化作业为基本方针，追求最高效的节能和设备生产能力的最大发挥。

（2）以质量管理为核心，质量管理贯穿于从合同批向生产批的转换、生产组的编组与排序、合同的动态匹配、生产作业计划的动态变更到发货的全部生产管理过程。

（3）连铸与轧制采用统一的生产批的设计。

（4）冶－铸－轧的生产计划按一贯化和整体综合最佳化的原则编制。

（5）月－旬－日－小时计划在时间上具有一贯性，并采用了多层次的 PDCA（plan－do－check－action）循环（PDCA 循环为质量管理术语）。

（6）具有完善的一体化生产计划同步实施和集中监视功能。

（7）借助系统仿真技术和人机对话来辅助选择最佳生产计划，预报生产进度，对异常情况及时报警，同时实现生产计划的在线实时动态调整与变更。

归纳起来，钢铁企业生产管理的业务流程如图 5－3 所示。生产计划的内容如表 5－1 所示。生产计划的编制流程如图 5－4 所示。

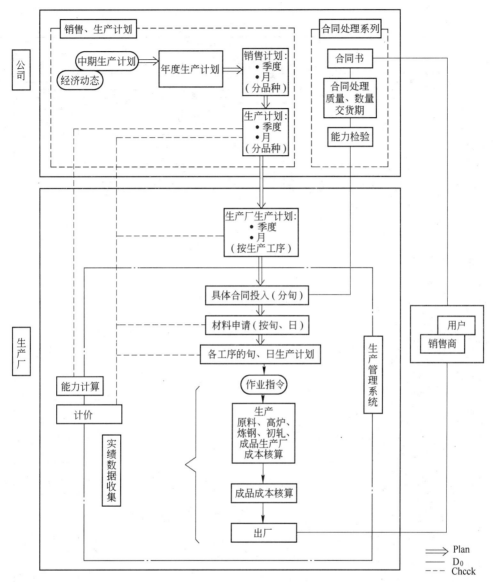

图 5-3 钢铁企业生产管理业务流程

从生产运作管理、生产计划到作业计划的编制，在上面做了概要的介绍。下面就将结合冶金一体化生产，来讨论作业计划编制与动态变更的问题。在过去，冶、铸、轧独立生产，加上我国长期实行的根据一年一次或两次订货会议来排产，生产计划安排只考虑本机组的一些要求、利用工艺学中给出的原则和有关简单公式计算就可以了。然而，随着冶、铸、轧一体化及高速化、按合同组织生产，生产计划编制就成为异常复杂的难题了，要求科学地予以解决，也必然成为轧制工程学的重要内容。

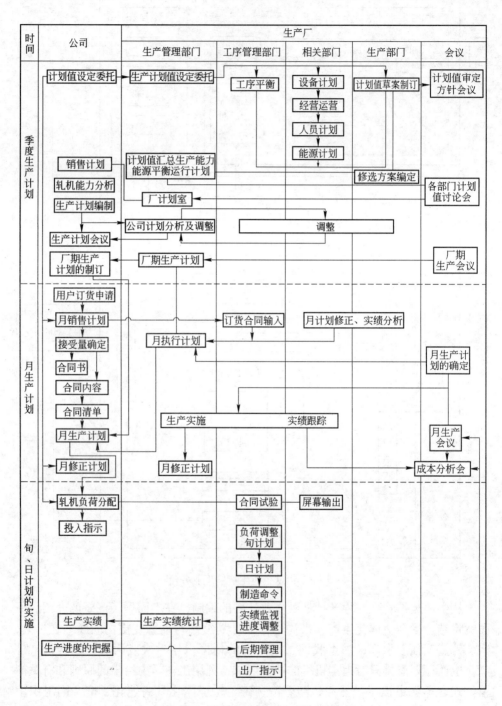

图 5-4 一体化生产计划编制流程

表 5-1　一体化生产计划的内容

类　型	内　容	编制时间	计划制订部门
中长期计划	根据未来 5~10 年的市场需求预测而制订的计划，主要体现在设备、资金原燃料供需及人员计划上	必要时	技术部
半年期、季度计划	根据需求趋向、设备检修计划而判定的可实施的生产计划，是月计划的基础，反映在资金计划、原燃料供需计划和人员计划上	计划下达 1 个月前	生产室
月计划	根据销售计划、公司指定的合同范围制订月生产计划。月计划制订的目的是充分发挥各工序的生产能力，并寻求燃料和原材料供需平衡，从而制订出人员计划、能源供需计划，运输计划和检修计划	上月下旬	生产室及各成品调整室
旬计划	根据月计划，考虑公司指定的生产合同，交货期和生产情况的变动，制订一旬内以日为单位的各工序的作业和生产计划	上旬后半旬	生产室及各成品调整室
日计划	考虑每天生产情况的变动（增、减产，事故停机等），修正旬计划中制订的日计划	前日下午	生产室及各成品调整室
实时计划	利用计算机屏幕显示网络，编制炼钢~热轧工序的实时计划	随　时	生产室及工厂

5.2.4　一体化生产计划编制的困难

导致编制一体化生产计划困难的原因有以下一些方面。

5.2.4.1　工艺的结构约束性

所谓结构性约束是指那些涉及被加工对象组合与排序和生产周期要求的生产约束条件。

　　A　热轧

相对而言，在热轧生产线上精轧机组的工艺要求最严格而且是主导性的，其生产过程由工作辊更换周期和支撑辊更换周期两重周期构成。

　　a　工作辊更换周期

在热连轧的精轧过程中，由于工作辊与轧件以及工作辊与支撑辊之间的相互摩擦，都会使轧辊磨损，使辊形不断发生变化。工作辊的磨损主要发生在经常与轧件相接触的部位，故相当于带钢宽度部分的磨损比较严重；轧制材料的性能不同，润滑、冷却条件以及轧制温度的变化，都会影响辊形的磨损。因此，人们除了采用换辊的方法维持轧制条件相对稳定之外，还在工艺上对辊形进行调整控制，或用工艺要求的变化来适应辊形的不断变化，其中适当安排轧制计划就是主要工艺措施之一，即在轧辊的使用周期内，根据轧辊的磨损情况，适当安排轧制品种和规格，在保证轧制产品质量的前提下，尽可能延长轧辊更换前轧制产品的轧制总长度。

两次换辊之间的轧制时间，称为一个轧制单位。一个轧制单位的轧制产品计划，称为一个轧制计划单元。在一个板带轧制计划单元中，一般包括"烫辊材"和"主体材"两部分，图 5-5 为烫辊材和主体材的宽度变化示意图。刚换上新辊开始轧制时，轧辊从冷辊到热辊，表面温度上升很快，中心温度上升较慢，并且在轧辊轴向上，边部散热快，中心散热慢。所以此阶段轧制过程中，轧辊的温度不稳定，中心冷，表面热，边部冷，中部热，称为"烫辊期"，相应的轧材

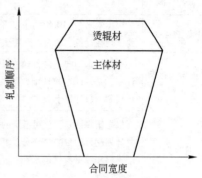

图 5-5　工作辊更换周期内
轧制单元的形貌

称为"烫辊材"。烫辊材一般是易轧的低碳钢及规格较厚、宽度较窄的产品。随着轧制过程的进行，进入了"稳定轧制期"，相应的轧材称为"主体材"。主体材可以是难轧品种或厚度较薄、宽度较大的产品，这时是轧辊辊形最好的时期。随后轧辊磨损开始严重，轧件边角处的轧辊表面磨损更严重，故轧制产品的宽度要随之减小，直至辊形完全磨损更换新的轧辊，进入下一轮轧制计划单元。在此期间，轧件的表面质量随着轧制产品总长度不断增加而逐渐下降。因此可以认为，一个轧制计划单元的生成是其所含轧材的工艺质量参数渐变过程，其中轧材的主要工艺参数（如宽度、厚度、硬度、温度）在渐变过程中的跳跃值要满足一定的梯度要求，同时质量要求也不断地变化。由此可见，轧制计划单元与轧辊材质、产品尺寸及质量要求、轧辊修磨及温度调整能力、操作水平等一系列因素有关。这使得每一个轧制计划单元都有一个关于工艺质量要求的参数范围，根据这个参数范围可定义各种轧制计划类型如表 5-2 所示。

表 5-2　热轧厂轧制计划类型举例

轧制计划		最终用途	宽度	厚度	表面级别/最大计划单元长度/km			
类型	小分类	代码	/mm	/mm	1 级	2 级	3 级	4 级
窄	01	240~279	600~1200	2.00~3.50	80	120	140	160
中	01	1~239	600~1500	1.20~4.50	80	120	140	160
	02	240~279	600~1200	1.20~1.99	80	120	140	160
	03	280~999	600~1500	1.20~4.50	80	120	140	160
宽薄	01	1~239	1201~1900	1.20~2.00	80	120	140	160
	02	1~239	600~1900	2.01~6.35	80	120	140	160
	03	280~999	1201~1900	1.20~2.00	80	120	140	160
	04	280~999	600~1900	2.01~6.35	120	140	160	

轧制计划		最终用途	宽度	厚度	表面级别/最大计划单元长度/km			
类型	小分类	代码	/mm	/mm	1级	2级	3级	4级
宽厚		1~239	600~1900	4.51~25.6	40	50	70	80
		280~999	600~1900	4.51~25.6	40	50	70	80

该厂设备组成如下：炼钢工序拥有300t转炉3座，采用"三吹二"的工作制度，转炉冶炼周期为36min，转炉炉体寿命为1500~2100炉。炼钢厂还拥有铁水预处理（脱P、脱S、脱Si）和多种炉外精炼手段，例如：RH（真空脱气，降低非金属夹杂物，调整钢水的成分和温度）、KIP（钢水深脱硫及控制夹杂物形态）、CAS（钢水合金成分微调及促使钢水中的夹杂物上浮）等。这些二次精炼设备能保证生产出成分和温度符合连铸要求的高纯净度的钢水；连铸工序采用两台双流五点弯曲四点矫直的立弯形连铸机，年产量400万吨；连铸坯的热送工艺生产流程是热坯经切断、去毛刺和端部喷印后，在板坯精整区不下线，不经机械清理，再经称重和二次喷印，直接送往热轧厂；板坯库设有6个板坯保温坑、8台45t夹钳式起重机以及卸料、上料和连接辊道等设施，以满足热送热装的要求；热轧区域设置有3座采用分段式（五段）步进梁的节能型加热炉；连轧机组是3/4连续轧制机组，包括4台粗轧机和7台精轧机，粗轧R_1前设置有大侧压能力的立辊轧机，可对板坯宽度进行在线调整。R_1为两辊可逆轧机，R_2为四辊可逆轧机，R_3和R_4为四辊不可逆轧机。精轧机组$F_1 \sim F_7$是四辊式轧机，精轧机架F_1前设有曲柄式切头飞剪，在F_1、F_2及F_2、F_3机架间采用微张力控制，在F_3、F_4机架间设有微张力和活套挑两套设施，$F_4 \sim F_7$机架间采用活套挑系统；冷却区长96m，采用层流冷却；带钢卷取采用3台地下液压卷取机，每台卷取机的出口均设有一台卧式打捆机，对钢卷进行自动打捆。

热轧厂所用的坯料，厚为150~250mm，宽为650~1930mm，长为4~12m。成品厚为1.2~25.4mm，宽为600~1900mm。

轧制单位可以按尺寸（一）、钢种（二）、轧辊凸度（三）划分[50]，如表5-3所示。对于一体化生产计划系统而言，这些来自局部工序的工艺要求，实质上也是全局的要求，因为一体化生产是各工序紧密衔接的生产方式。

表5-3 轧制单位按尺寸（一）、钢种（二）、轧辊凸度（三）划分

(一) 按轧制尺寸划分					
单位号	单位名称	厚度/mm	宽度/mm	同宽最大带长/km	单位最大带长/km	备 注
V	薄板窄单位	1.2~1.8	640~1100	60	110	特别管理材
U	薄板宽单位	1.2~1.8	400~1300	60	110	一般轧材
G	中板窄单位	1.8~6.0	640~1000	25	80	低合金材优先

单位号	单位名称	厚度/mmm	宽度/mm	同宽最大带长/km	单位最大带长/km	备 注
R	中板宽单位	1.8～6.0	900～1300	50	115	特别管理材
T	厚板窄单位	4.0～13.0	800～1100	60	110	特别管理材
X	厚板宽单位	4.5～13.0	900～1300	60	170	一般轧材
A	冷轧单位	1.8～4.5	900～1300	60	170	冷轧材优先

(二) 按钢种划分

单位名称	特 性 举 例	
A 低碳（软质材） B 中碳（硬质材）	A、B是因变形抗力不同，而改变精轧辊形，分出不同的轧制单位	冷轧、镀锡板、热轧低碳钢、热轧硬质钢
低温材	由于加热条件不同，有的车间将轧辊按B项做同样处理	管坯
特殊材	主要根据加热条件的不同	不锈钢、高碳钢

(三) 按轧辊凸度划分

辊形变化	单位名称	特 点
大（凸形辊）→ 小（凹形辊）	宽面硬材 薄带材	变形抗力大、轧制压力大的宽材及薄材采用凸形辊
	宽面软材 冷轧宽面材	较软质材、轧制压力小
	一般冷轧材	为防止由于轧辊凸度产生的浪形，采用凹形辊
	镀锌板	由于轧制时浪形很严重，因此使用凹度最大的轧辊

b 支撑辊更换周期

与工作辊更换周期的情况相类似，可以按工艺要求对支撑辊更换周期进行划分，在一般宽带轧机上，如支撑辊更换后产量小于4.5万吨时，为第一工艺段；4.5万吨为第二工艺段；大于8万吨为第三工艺段。不同的工艺段对可轧制的成品宽度、厚度有不同的限制，见表5-4。

表5-4 支撑辊更换周期的工艺段划分

工艺段序号	厚度 h/mm	宽度 b/mm	硬度 HB
第3工艺段	$h \geq 2$	且 $b < 1400$	且 HB ≤ 5
第2工艺段	$1.5 < h < 2$	且 $b < 1400$	且 HB ≤ 5
第1工艺段	$h \leq 1.5$	或 $b \geq 1400$	或 HB > 5

B 炼钢与连铸

冶、铸工序包括每炉钢水冶炼、炉外精炼和浇注周期，以及连铸机的结晶器更换周期。炼钢至连铸各工序的基本单位是炉次，对每炉次钢水的加工过程构成各工序的基本周期，这说明冶、铸、轧一体化生产过程中应以炉次为加工对象的基本单位来组织生产。另外需要指出，连铸的工艺要求与轧制工序不同，除个别钢种有连浇炉数限制以外，它更适合于在稳定的工艺参数下进行，这在一定程度上给一体化生产计划工作造成困难。

C 全流程

有些工艺性问题涉及一体化生产全流程，如一些钢种不能进行热送热装生产问题，板坯温降与热装温度要求问题，连铸与轧制生产节奏匹配问题等。

由此可见，在某种意义上说，冶、铸、轧各工序的生产是有序的，而且它们各不相同，这就造成编制计划的困难，而且现代化生产要求按合同组织生产，但订货合同则是无序的，这一有序和无序的矛盾，使计划编制异常困难。

5.2.4.2 其他困难

A 排序问题求解

前面曾提到对于流水作业排序中，机器数量大于 2 时，就不存在多项式算法，属于 NP 组合难题，对像冶－铸－轧一体化这样复杂的生产过程，求解是非常困难的。

B 数据组合爆炸

冶－铸－轧一体化系统的信息量很大，每次需要处理的合同有上百个，每个合同的属性又达 20 余项，同时还要综合考虑各工序的工艺规程及设备状况，如果没有好的方法，直接逐个尝试所有的排列组合，其计算量将是一个天文数字，这就是所谓的"组合爆炸"问题，不仅使计算困难，而且冗长的计算机时也是生产中运用所不允许的。一般来说，冶－铸－轧一体化系统的动态调整是必须在几分钟内完成的，自然，动态调整的决策需在更为短暂的时间内完成。

C 知识型信息

冶－铸－轧一体化系统中以知识型信息为主，而一般的优化方法都是适合处理数值型信息，难以建立知识模型。所谓知识型信息就是一些事实和规则的信息。

D 生产的不确定性

如第 4 章所述，冶－铸－轧每一环节都是不确定的，大量地表现为随机性，这里就不再赘述了。

一体化生产计划系统具有以下大系统特征：

第一，系统模型的维数很高。一体化生产系统包含许多子生产系统，其生产计划优化模型具有非常多的变量。

第二，系统结构复杂。一体化生产系统的各个子系统相互关联。系统模型的复杂性既体现在各子系统的单独特性上，同时也体现在它们之间相互关联的特性上。

第三，系统功能综合。系统优化模型具有多个约束，有些甚至是互相冲突的。

第四，影响因素众多。系统内外环境很复杂，特别是生产系统的不确定性因素对系统状态的干扰作用。

由于上述难点及大系统特征，进行冶-铸-轧一体化作业计划的编制和控制遇到许多困难，从而使问题复杂化，阻碍其在理论上求解。长期以来不得不借助于经验的方法，导致占用大量人力，且难以得到最优解。因此，生产作业计划优化编制的实现需要开发一种高效而快速的方法，否则就无法用于生产实际，更谈不上动态变更了。

5.3 启发式搜索法

前面介绍的生产管理方法，都不能为冶金热装热送生产作业计划的编制提供完善可行的方法，因为系统中以知识型信息为主，而且信息量大，上百个合同，而每个合同的属性多达 20 项，再加上工艺规程及设备状况，如果逐个排列组合，其计算量将是一个天文数字，计算将无法进行，因此作业计划编制需要一种高效的搜索方法。

启发式搜索法是一种有效的重要方法，它不是依靠数学上的理论推导，而主要是靠一些总结出来的解决问题的有效经验，如策略、法制、简化步骤等来解决问题，把这些经验性的东西写成规则形式就是启发式规则。启发式程序是为求解某问题而规定的一个可被机械执行的确定步骤的有穷序列。

1987 年，比利时学者 H. 穆勒利用启发式知识发展支持决策系统，开发了复杂柔性生产系统的生产计划专家系统[51]。

1995 年，何栋中[36]研究了启发式搜索法在确定坯-材关系中的应用，制订了优化的剪切方案。

启发式搜索方法的应用包括两个主要环节：一是知识表示；二是搜索求解。下面进行简要的讨论。

5.3.1 知识表示方法——状态、操作和状态空间

解决一个问题的前提是对此问题进行准确的描述，也就是对此问题中涉及的知识进行适当的表示。因此，运用知识表示方法对问题的概念、特点做出准确描述，为所求解问题建立准确的模型具有重要的意义。

知识表示方法是关于如何描述事物的一组约定。问题求解过程主要是一个获得并应用知识的过程，而知识必须有适当的表示才能在计算机中储存、检索、使用和修改。所谓知识的机器表示技术就是研究在计算机中如何用最适合的形式对问题求解过程中所需的各种知识进行组织，它与问题的性质和求解的方法有密切

的关系。

状态空间表示法是最基本的知识表示方法，是讨论其他形式化方法和问题求解技术的出发点。下面对状态、操作和状态空间做一简单介绍。

所谓状态（state），就是为描述某一类事物中各个不同事物之间的差异而引入的一组变量 $q(0)$，$q(1)$，$q(2)$，…的有序组合。它常表示成矢量形式：

$$Q = [q(0), q(1), q(2), \cdots] \qquad (5-1)$$

式中，每个元素 $q(i)$ 称为分量，其相应的变域为 $[a(i), b(i)]$。状态的维数可以是有限的，也可以是无限的。给定每个分量的值 $q(i, k)$，就得到一个具体的状态：

$$Q(k) = [q(0,k), q(1,k), q(2,k), \cdots] \qquad (5-2)$$

状态还可以表示成多元数组 $[q(0), q(1), q(2), \cdots]$ 或其他方便的形式。

引起状态中的某些分量发生改变，从而使问题由一个具体状态变化到另一个具体状态的作用，称为算子（operator），它可以是一个机械性的步骤、过程、操作或规则。算子描述了状态之间的关系。

问题的状态空间（state space）是一个表示该问题的全部可能状态及其相互关系的图，一般是一个赋值有向图，其中包括以下三方面的详细说明：

S：问题可能有的初始状态的集合；

F：操作的集合；

G：目标状态的集合。

所以状态空间常记为三重序元 (S, F, G)。在状态空间表示法中，问题求解过程转化为在图中寻找从初始状态 Q_s 出发到达目标状态 Q_g 的路径问题，也就是寻找操作序列 a 的问题。所以状态空间中的解也常记为三重序元 (Q_s, a, Q_g)，它包含了以下三方面的详细说明：

Q_s：某个初始状态；

Q_g：某个目标状态；

a：把 Q_s 变换成 Q_g 的有限操作序列。

5.3.2 启发式搜索

所谓搜索过程是指一种利用局部性知识（如何从任一状态向目标状态靠近的知识）构造出全局性答案（问题的一个解或最佳解）的过程，系统内部事先没有构造这种答案的全局性知识。反之，如果系统内部已经具有直接构造全局性答案的完整知识，则构造这个答案的过程不是搜索过程。例如盲人爬山时，他不知山在何方，向何处走（全局性答案），只知道每步都选最陡的方向前进（局部性知识），这个过程是搜索；而利用解一元一次方程的算法，可以直接求出结果，这个过程不是我们所讨论的搜索问题，或称为零步搜索问题。

在上面已经将生产作业计划编制问题抽象成为一个状态空间广义图，下面将进一步讨论如何利用搜索技术来求解该问题。搜索技术是应用十分广泛的机械化推理技术之一，特别是其中的启发式搜索原理（heuristic search theory），它可以帮助我们利用部分状态空间来求解问题，这样就大大提高了解题效率。

传统的基本搜索策略都是非启发式的搜索，其控制性知识仅仅是基本搜索策略，没有包含辅助性策略，例如被解问题的解的任何特性。基本搜索策略的优点是控制性知识比较简单，但它原则上都要求知道问题的全部状态空间图，其搜索效率不高，不便于许多复杂问题的求解。为了提高搜索效率，人们研究了许多有较强启发能力的搜索策略。

启发式搜索的基本思想是在控制性知识中增加关于被解问题的解的某些特性，以便指导搜索朝最有希望的方向前进。所以启发式搜索与基本搜索不同，从原则上讲只需要知道问题的部分状态空间就可以求解该问题，搜索效率较高。通过后面的讨论可以看出，正是控制性知识中的启发信息，弥补了由于略去部分状态空间带来的信息损失。

上面仅给出了有关启发式搜索法一些初步知识，对于其具体运用和更多的知识，我们将结合具体生产问题予以说明。

5.4 冶－铸－轧一体化作业计划的编制

为了克服大系统求解上的困难，通常人们根据大系统是由彼此关联的子系统组成这一点，采用分散最优化的方法。但对像冶－铸－轧一体化生产这样的复杂大系统仍难以求解，为此，采用启发式搜索方法，使作业计划编制在线应用成为可能[43]。

生产作业计划编制的实质是排序，即把某一时间段（此处为一句）内所要生产的合同依次排列，使产品满足交货期限，保证物流畅通，充分发挥各机组生产能力，且不违背各工序环节的工艺约束。

排序问题是一个典型的"问题求解"过程。任何一个智能活动过程，只要给出了适当的目标状态和过程描述，建立起了正确的形式化描述，它就可以被表示成一个问题求解过程。这里的"问题"是一个被开拓了的概念，它表示某一个给定过程的当前状态与所要求的目标状态之间的差异，问题求解就是设法消除这个差异。

5.4.1 热送热装生产计划编制问题的状态空间

5.4.1.1 热送热装生产计划编制问题的状态空间表示

A 生产合同

热送热装生产计划编制的对象是生产合同，计划编制的过程即对一句内要完成的生产合同进行排序。注意此处生产合同不同于平常所说的商业合同，后者在本书中称作"用户合同"，其内容包括：合同签订时间、签订地点、交货时间、合同编号、品名、规格（宽、高、厚）、钢号、技术条件、最终用途、订货量、件重、结算方式、价格、运输方法等。而生产合同是经过质量处理后的用户合同，它保留了用户合同中关于生产的信息，包括交货时间、合同编号、规格（宽、高、厚）、钢号、最终用途、订货量等，另外还加入了更多具体指导生产的属性，包括合同号、材质代码、板坯长度、板坯宽度、板坯厚度、硬度、表面级、出炉温度、粗轧温度、精轧温度、卷取温度、紧急程度等。

因此，生产合同体现了冶、铸、轧全线的生产工艺规程，是热送热装生产计划的基本元素，它表示为各个相应数据库中的记录，生产合同的每项属性即数据库的字段。图5-6所示为一个生产合同的实例。如无特别声明，下面所提到的"合同"都是指生产合同。

生产合同			
合同号	00019	硬度组	2
材质代码	GR4151E1	表面级	1
最终用途	021	出炉温度/℃	1130
成品宽度/mm	1200	精轧温度/℃	1050
成品厚度/mm	2.5	卷取温度/℃	610
板坯宽度/mm	1250	重量/t	1163
板坯厚度/mm	250	交货日期	1997-01-05

图5-6 生产合同

由此可见，需要被排序的对象——生产合同，包含多达20项的属性。排序时要同时兼顾冶、铸、轧各工序的工艺规程对这20项属性的约束，做到相互协调，互不冲突，并且一旬中的生产合同可能多达100个以上，拆成冶炼炉次后则约为360炉，可能的组合为360!，这就是所谓"组合爆炸"。传统优化方法很难处理这样庞大的计算工作，而启发式搜索方法可以借助于启发信息减小搜索量，缓解组合爆炸带来的问题。

B 生产作业计划编制问题的状态和状态空间

前面提到的状态、算子、状态空间等概念的含义具体到生产作业计划编制问题中，可描述如下：

生产作业计划编制过程中的"状态"，即为了描述生产作业计划编制过程中已排入的各个生产合同的差异而引入的合同各属性（宽度、厚度、硬度、温度等）的有序组合。简单地说就是刚刚排入生产作业计划的生产合同的各项属性。表示为矢量形式为：

$$\boldsymbol{Q} = [宽度,厚度,硬度,温度,\cdots] \tag{5-3}$$

式中，各个分量的变域如下：

尺寸：宽度（mm）为（600，1900）；厚度（mm）为（2.00，25.60）；板

坯长度（m）为（8，12）；板坯宽度（mm）为（900，1930）；板坯厚度（mm）为（210，230，250）。

硬度组：（0，8）。这里不是真实硬度值，而是将相近的硬度值归为一组，全部钢种一共分为9组。

表面级：（1，4）。

精炼方式：RH、KIP、CAS、KST 四种

紧急程度：很紧急，3 天内交货；较紧急，7 天内交货；不紧急，10 天内交货；不做计划，10 天后交货。

可否热送热装生产："可"或"不可"。

主体材还是烫辊材："主体材"或"烫辊材"。

可否作为开浇钢种："可"或"不可"。

可否作为终浇钢种："可"或"不可"。

可否连续浇铸4炉："可"或"不可"。

是否 DIQ 材："是"或"不是"。

是否新试钢种："是"或"不是"。

其他属性（如钢钟、温度、重量、最终用途、交货日期等）：没有变化范围。

生产计划编制问题状态的维数为20，即每个状态由20种合同属性来描述。

生产计划编制问题的算子描述了状态之间的变化关系。计划编制过程中，生产合同所拆成的炉次被编入作业计划的尾部，从而引起状态中的某些分量（如宽度、厚度、硬度、温度等）改变，使生产计划编制问题由一个具体状态变化到另一个具体状态，计划编制问题的算子描述的就是这一过程中的状态变化。

可以这样形象地描述生产计划编制问题：有一个大箱子和多个小箱子，大箱子中装有各种积木，小箱子中开始为空的，要求从大箱子中找出适当形状的积木，放入各个小箱子中，使得每个小箱子中的积木都排成要求的图案，希望能尽量充分地利用大箱子中的积木，放满尽可能多的小箱子。上述比喻和生产计划编制问题的对应关系为：

大箱子——生产合同库

积木——生产合同（实际是由生产合同拆成的炉次）

小箱子——生产计划库

拼成的图案——生产计划

对图案的要求——工艺规程

生产计划编制问题的状态即刚排入生产计划尾部的生产合同的属性，对应于刚放入小箱子的积木的形状、大小等属性。

生产计划编制问题的算子所描述的过程，是找出一个适当的生产合同排入生产计划的尾部，使生产计划编制问题的状态变为刚排入的这个合同的各项属性。

此过程对应于找出一块积木放入小箱子中，从而改变小箱子中积木的状态。

生产计划编制问题的状态空间是表示生产计划编制问题全部可能状态及相互关系的图。如前所述，生产计划编制问题可能有 360! 个可能的状态，任何计算机的内存或图纸都不可能把这样巨大的状态空间的各个部分同时表示出来。因此有必要使用下面所说的隐式图的搜索方法。

以一个生产作业计划编制状态图为例来说明。因为合同的 20 维属性全部表示出来太过烦琐，因此作为一个例子，图 5-7 只表示了宽度、厚度、硬度组、表面级 4 项属性，表示方法如下：

$Q(i)$：（宽度，厚度，硬度组，表面级）

例如，$Q(0)$：（1400，4.0，3，1）表示 $Q(0)$ 状态的合同属性为宽度 1400mm，厚度 4.0mm，硬度组 3，表面级 1。

为简单起见，例中供选择的合同有四个：

$Q(0)$：（1400，4.0，3，1）

$Q(1)$：（1400，3.8，2，1）

$Q(2)$：（1300，4.0，3，2）

$Q(3)$：（1250，4.0，3，1）

以这四个合同编制生产作业计划时的状态图如图 5-7 所示。因为最左边的一条路径 $Q(0) \rightarrow Q(1) \rightarrow Q(2) \rightarrow Q(3)$ 的长度最大，排入了全部四个合同，所以，生产作业计划编制的搜索过程应沿着这条路径进行（关于搜索路径的选择方法后面还要讨论）。

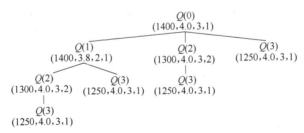

图 5-7 四个合同编制生产作业计划时的状态图

从图中可以看出生产作业计划编制问题的复杂性。例中只有四个合同，得到的状态图就出现了 8 个节点，4 条可能的路径，可以想象实际生产中面对上百个合同时的计算量该有多大。

生产作业计划编制问题状态空间的初始状态 Q_s 为本旬中成品宽度最大的生产合同的各项属性，在生产计划编制的开始，先把这个成品宽度最大的生产合同作为计划的开始点，这样编排的原因是由于宽度是生产计划编制的核心问题，这在前面已讨论过了。

生产计划编制的目标 Q_g 描述为：

（1）对于一个计划单元，Qg 是当本旬中没有可排入此计划单元的生产合同，或此计划单元已达到规定的最大长度时，此生产计划的编制终止。

（2）对于一天，它是当一天能生产的作业计划已全部排完时，当天的生产作业计划编制终止。

C 热送热装生产作业计划编制问题的算子

热送热装生产作业计划编制问题的算子序列，即编制生产作业计划时选择适当合同排入生产作业计划的过程。启发式搜索的目的正是寻找这样一个适当的算子序列。

一个算子包括条件和动作两部分，生产作业计划编制问题的难点就在于由工艺规程所规定的实现每个算子的条件极其复杂，难以兼顾。经过对冶、铸、轧各工序的工艺规程进行分析总结，将生产中的约束条件归纳为作业计划编制问题的28 个算子，在介绍算子之前，先介绍一些有关概念。

（1）计划单元。前已述及，两次更换工作辊之间的轧制时间，称为一个轧制单位；一个轧制单位的轧制产品计划，称为一个轧制计划单元。

（2）烫辊材和主体材。在一个板带轧制计划单元中，一般包括烫辊材和主体材两部分，图5－5 为烫辊材和主体材的宽度变化示意图，编制计划时要考虑轧辊状态的变化。

（3）轧制计划类型。根据成品宽度、成品厚度和最终用途，轧制计划分为四种类型，见表5－2。在热连轧的精轧过程中，轧辊逐渐磨损，使辊形不断发生变化。因此，人们除了采用换辊的方法维持轧制条件相对稳定之外，还在工艺上对辊形进行调整控制，用工艺要求的变化来适应辊形的不断变化，其中适当安排轧制计划就是主要工艺措施之一，即在轧辊的使用周期内，根据轧辊的磨损情况，适当安排轧制品种和规格，在保证轧制产品质量的前提下，尽可能延长轧辊更换前轧制产品的总长度。

由此可见，一个轧制计划单元的生成是其所含轧材的工艺质量参数渐变过程，其中轧材的主要工艺参数（如宽度、厚度、硬度、温度等）在渐变过程中的跳跃值要满足一定的梯度要求，同时质量要求也不断变化。这使得每一个轧制计划单元都有一个关于工艺质量要求的参数范围，根据这个参数范围可定义各种轧制计划类型，从而为生产计划系统的结构化处理提供有效依据。对于一体化生产计划系统而言，这些来自局部工序的工艺要求实质上也是全局的要求，因为一体化生产是各工序紧密衔接的生产方式。

（1）表面最大计算公里数。即表5－2 中右边四列数据。例如，窄计划类型的一级表面成品的最大计算公里数为80 公里，其含义为更换工作辊后，轧制的成品累计总长度在80 公里内时，可生产一级表面的产品，这是因为累计长度大于80 公里后，工作辊表面磨损较大，不能再生产一级表面的产品。

（2）最大计划单元长度。即表 5 – 2 最后一列数据，即一个计划单元内两次更换工作辊之间所能生产的成品总长度。

（3）宽度、厚度、硬度、温度跳跃。即计划中两相邻合同中的宽度、厚度、硬度、温度的变化量。例如，计划中两相邻合同的宽度为 $B(1)=1000\text{mm}$，$B(2)=900\text{mm}$，则二者的宽度跳跃值为 100mm。

（4）宽度跳跃限制。宽度跳跃尽量小于 200mm，最大不超过 300mm，因为大立辊侧压能力为 200mm，连铸调宽能力为 300mm。例如，计划中两相邻合同的宽度为 $B(1)=1000\text{mm}$，$B(2)=900\text{mm}$，则二者都可以使用 1050mm 的连铸坯，只需大立辊侧压就可以得到所需宽度。但若两合同的宽度分别为 1300mm 和 1050mm，相差 250mm，则需分别使用 1350mm 和 1100mm 两种连铸坯，生产时需要连铸调宽，而这是生产所不希望的。

热送热装生产作业计划编制问题的算子，有适用于烫辊材的算子，有适用于主体材的算子，也有对烫辊材和主体材都适用的算子。支撑辊更换后的编制规程、连铸工艺规程、冶炼工艺规程等，共 28 个算子。限于篇幅，下面仅以适用于烫辊材的六个算子为例加以介绍。

（1）算子 1：

条件——合同属性：宽度（mm）为（900，1300）；厚度（mm）为（2.75，5.00）；硬度组小于 2 的冷轧用料，或宽度（mm）为（1200，1300），且厚度（mm）大于或等于 3.0，且硬度组小于 2 的冷轧用料。

动作——此合同可作为烫辊材的开始部分，即一个计划单元的开始。

（2）算子 2：

条件——合同中的硬度组大于 2 且小于 4。

动作——此合同可作为烫辊材（但不能作为烫辊材的开始部分）编入计划单元。

（3）算子 3：

条件——一个计划单元已编入的合同的累计成品总长度达到了 14 公里。

动作——烫辊材部分的计划编制结束。

（4）算子 4：宽度跳跃规程（烫辊材一般是从窄到宽编制）

条件——（1）和（2）两合同的成品宽度差 $B(1)-B(2)<200\text{mm}$。

动作——合同（1）可作为紧邻合同（2）的下一个合同编入计划单元。

（5）算子 5：

条件——合同为 DDQ 卷或新试钢种。

动作——此合同不得作为烫辊材的开始部分。

（6）算子 6：

条件——检修后或刚更换支撑辊后。

动作——安排轧制类型为"中"。

由此可见，算子体现了工艺要求。

5.4.1.2 问题求解的框架

各种类型的问题求解，都可以表示成一个状态空间搜索问题。以迷宫问题为例，其任务是寻找一条从迷宫入口到出口的通路。如果把迷宫中的各个分叉路口和盲端定义为状态空间中的状态，称入口为初始状态，出口为目标状态，则两个路口之间的通道就是状态空间中的一个算子，它可以把搜索者从一个状态引向另一个状态，如此形成的状态空间图比迷宫图本身要清晰得多。

根据前面的分析，可以看出问题求解需要以下三方面的知识。

A 叙述性知识

与描述问题有关的知识，包括问题的状态描述和约束条件。状态的分量选择应该满足独立性、必要性和充分性等条件。各分量不同的取值组合对应着不同的状态，但不是所有的状态都是问题求解所需要的。问题本身固有的约束条件可以帮助我们除去那些非法状态和不可能出现的状态，保留下来的状态包括问题的初始状态、目标状态和中间状态。

B 过程性知识

描述状态之间变换关系的知识，一般都是以一组算子的形式出现的。任何一个算子都含有条件和动作两部分，条件给定了算子的适用范围，动作描述了由算子而引起的状态中某些分量的变化情形。根据叙述性知识和过程性知识，可以构成问题的状态空间。状态空间一般是一个赋值有向图，其中的节点对应着问题的状态，边对应着算子。问题求解就是在图中寻找一条从初始节点到达目标节点的通路或算子序列。

C 控制性知识

描述如何根据当前状态和目标状态选择适当的算子。首先是从算子集中选择可作用在当前状态上的算子，如果符合条件的算子有多个，则要从中挑选出最有希望导致目标状态的算子施加到当前状态上，以便克服"组合爆炸"，如果解的长度很大，还需要更为复杂的克服"组合爆炸"的技术。与这些功能相对应的控制性知识有基本搜索策略、估计函数、规划和多层规划等。

以上是一个问题求解过程的基本框架，其中可嵌入许多方法，演变出多种形式，我们所用的启发式搜索方法同样是从属于这个框架。

值得注意的是，对知识类型的上述划分，只是相对的，在不同的场合和不同的需要下，它们之间可以相互转化。例如某些控制性知识可以归入算子的条件，成为过程性知识的一部分，反之，也可以把过程性知识中的某些条件单独抽出作为控制性知识使用，就是在一个算子之中，条件部分和动作部分也是可以相互转化的。

因此在一个具体问题中，选择哪些知识作为叙述性知识，哪些作为过程性知识，哪些作为控制性知识，要根据使用方便来确定。

5.4.1.3 状态空间隐式图表示方法

利用有关状态描述和状态转换的知识定义的状态空间图称隐式图。对于问题求解的状态空间，可以不用整幅图的显式表示，而用有关知识来隐式地表示一幅图，在问题求解的过程中，需要哪一部分就以显示方式生成哪一部分，需要生成多大就生成多大。对于热送热装生产作业计划编制问题这样的复杂状态空间来说，这是唯一可行的方法。

如何隐式地描述一个状态空间图呢？首先需要有描述问题的有关知识，包括该问题的各状态分量的取值情况，如开始条件、结束条件、各种约束条件等；还需要由任何一个状态（图上的一个节点）生成其所有直接后续状态（直接子节点）的有关知识，例如关系矩阵、算子集、规则集等。一个节点的直接子结点，是指对该节点进行一次合法操作后得到的节点。一个节点的所有直接子节点是指所有合法操作分别一次作用到该节点后得到的节点集。

从理论上讲，依靠这两类知识可以生成整个状态空间的显式图，除非它是一个无限图。在问题求解过程中，每次能以显式方式生成多大一个子图，取决于算法的需要和计算机的时空条件。

在本节中，介绍了知识表示方法，对知识型信息进行分析，并将其表示为适于计算机处理的形式；采用状态空间表示法描述了热送热装生产作业计划编制问题的起始状态、中间状态和目标状态，引入了状态空间、状态图和隐式图的概念；对各工序的工艺规程进行归纳总结，构造了生产作业计划编制问题的算子；对叙述性知识、过程性知识和控制性知识的不同作用进行了分析，并将热送热装生产作业计划编制问题抽象成为一个状态空间的广义图。下面就可讨论如何利用启发式搜索技术来求解该问题了。

5.4.2 利用搜索技术求解

首先介绍启发式搜索的一些基本知识。

5.4.2.1 基本知识

A 基本概念

（1）OPEN 表。一个先进先出的顺序表，专门登记新产生的节点，它们等待着被考察。

（2）CLOSED 表。一个专门登记已考察节点的表，表中各节点按顺序编号，正被考察的节点在表中编号最大。

（3）子节点。某个节点所展开的下一级节点。

（4）父节点。生成某一节点的上一级节点。

（5）直接子节点。对一个节点进行一次合法操作后得到的节点。

（6）搜索树。搜索过程中所经历的各节点所构成的树图。

B 搜索

搜索过程是一种利用局部性知识（如何从任一状态向目标状态靠近的知识）构造出全局性答案（问题的一个解或最佳解）的过程，系统内部事先没有构造这种答案的全局性知识。反之，如果系统内部已经具有直接构造全局性答案的完整知识，则构造这个答案的过程不是搜索过程。例如盲人爬山时，他不知山在何方，向何处走（全局性答案），只知道每步都选最陡的方向前进（局部性知识），这个过程是搜索；而利用解一元一次方程的算法，可以直接求出结果，这个过程不是所讨论的搜索问题，或称为零步搜索问题。

生产作业计划编制问题需要利用局部性知识来求解，系统内部事先没有构造这种答案的全局性知识，因此生产作业计划编制问题是搜索问题。

各种典型的推理过程都是一个隐式图的搜索过程。一般来说，一个推理系统是一个形式语言系统，它包含一个基本符号集和基本运算集，利用这两个集合可以生成一些公式，另外还有一个公理集和一个变形规则集，利用这些集可以实现公式的变形。一个推理问题就是实现一个从前提公式 F 到目标公式 G 的变换。可以用公式本身表示状态空间的状态，把公理和变形规则看成是算子，这样就得到一个隐式图的状态空间。F 是初始状态，G 是目标状态。每用规则推理一步就是调用一个算子，并实现一步状态空间搜索，整个推理过程就是一个隐式图的搜索过程[52]。

C 算子和环境

如前所述，可以把问题抽象成一个广义图，它还可以进一步以抽象的形式语言和自动机模型来描述。所谓"问题求解"就是在广义图中寻找一条从初始状态出发，到达目标状态的解树（或称做算子序列、符号串、语句等）。而所谓问题求解过程的机械化，就是要研究在广义图中如何用另外一个算子来机械地寻找这棵树或算子序列[53]。

用机器求解问题的过程可以用两个交互作用的自动机来表示，一个是问题机器（problem machine）B，已知它的初始状态为 B_s，要求的目标状态 B_g，B 完全描述了要处理的问题，另一个是程序系统（program machine）A，在问题求解过程中，它将由初始状态 A_s 经过一系列中间状态到达终止状态 A_g（如果这个问题有解的话）。程序系统 A 的输出序列就是所求的算子序列，这个算子序列作用在问题机器 B 上，可以使问题得到解决。

程序系统 A 是一个复杂的算子空间。从外部看，它可以等效成一个总的算子 T，问题求解过程的机械化，就是要研究算子 T 内部的变化规律。

下面讨论算子和环境的关系。每个事物都有其本身所固有的运动规律，如果程序系统 A 能全部掌握住这些规律，则对它来说，这个事物是结构化的。但是由于现实世界含有的信息总量是无限的，运动规律本身也在发生变化，而任何实际存在的程序系统只能感受到其中的部分有限信息，因此，对于一个现实的程序系统 A，它的存在环境 B 可以按照程序系统 A 本身所具有的知识，被划分成三个部分：

一是全信息环境 B_e，它可以看成是一类问题的集合。系统 A 已经掌握了把其中的任何初始状态与相应的目标状态联系起来的全部信息，例如问题的全部状态空间。可以设计出一个算法来求解这些问题，这个算法称为 A 的全信息算子或 E 型算子，记作 T_e，全信息环境 B_e 中的问题是结构化问题。

二是部分信息环境 B_p，它也可以看成是一类问题的集合。系统 A 只掌握了把其中的任何初始状态与相应目标状态联系起来的部分信息，例如问题的部分状态空间。我们只能设计出一个过程来试探求解这类问题，这个过程称为系统 A 的部分信息算子或 P 型算子，记作 T_p，B_p 中的问题是非结构化问题。一个非结构化问题可以分解成若干子问题时，其中可以包含有若干结构化子问题。绝大多数启发式程序都是 P 型算子，但也有少部分是 E 型算子。

三是未知环境 B_n，系统 A 对环境一无所知，故 B_n 中的问题称为未知问题。

在实际解决一个具体问题时，常常是把一个具有复杂联系的实际问题抽象化，保留其中的主要因素，忽略掉大量次要因素，从而把这个实际问题转化成全信息环境中的具有明确结构的有限状态空间问题。这个空间中的状态和变化规律都是已知的有限集合，这个抽象问题是结构化问题，可以找到一个求解的算法。

从整体来说，生产作业计划编制问题所处环境是部分信息环境 B_p，而计划编制过程中的某些子问题所处环境可以是全信息环境 B_e，例如组炉、缓冲系数的计算等。通过上一节中对工艺规程的分析总结和算子的构造，可以尽可能充分地利用计划编制问题的部分信息环境，提高搜索效率。

5.4.2.2 隐式图的搜索过程

如前所述，由于效率方面的考虑，一般不是将问题的全部状态空间图直接存入计算机中（即所谓图的显式存储），而是仅在计算机中存入一些关于该问题的各种知识，在问题求解过程中根据推理（或搜索）的需要，逐步生成问题的部分状态空间图，这就是所谓图的隐式存储。显然，要成功地求解这类问题，必须有一个合适的产生问题的状态空间的方法。在计算机中，根据有关知识逐步产生问题的状态空间图并检查解是否在其中的过程，称为隐式图的搜索过程。

隐式图的搜索过程是如何实现的呢？

如前所述，求解一个问题需要三方面的知识：叙述性知识、过程性知识和控制性知识。通常计算机中应该有初始状态 S（或初始条件）和目标状态集合 G（或中止条件），在搜索过程中，还会产生一些中间状态 N。这些 S、G 和 N

就是叙述性知识的一种表现形式。与过程性知识相对应的是发生器函数（generator functions）$Q(X)$，它是一个为给定结点产生所有子结点的算子，适用于该问题空间中的所有结点。给定了 S、G 和 Q，就给定了一个问题的完整描述。但仅仅依靠这个完整的描述还不能求解这个问题，要求解这个问题还需要控制性知识。与这类知识相对应的是整个搜索策略，其中包括一个基本搜索策略，它是求解问题所必不可少的，但仅有基本搜索策略不一定能有效地解决问题，往往还需要一些辅助性策略，如估计函数（又称估价函数）$F(X)$，它能对问题空间中的每一个结点在求解过程中的价值进行估计，以便控制搜索朝最有希望的方向前进。

这三部分知识的相互配合及作用，很好地体现在以下的基本搜索过程中：

第 1 步，给定初始状态 S（即产生一个状态的有限描述，并像数据结构那样存储在计算机中）。

第 2 步，用发生器函数 Q 产生 S 的子节点（即在算子集中选择合适的算子作用在 S 上，并对每个后继状态产生有限的描述），检查目标节点 S_g 是否出现，若出现则搜索成功。

第 3 步，若 S_g 没有出现，就用估计函数对新生成的这些结点进行估计，在适当的范围内选择最有希望的节点，继续用 Q 产生它的子节点，直到找到 S_g 为止。如果所有可扩展的结点均已用 Q 扩展，仍无 S_g 出现，则搜索失败。

上述基本搜索对任何广义图形式的状态空间都是有效的，不同问题的区别仅在于状态描述和发生器函数 Q 的具体内容上。生产作业计划编制中的启发式搜索同样是按照这一搜索过程进行的。

5.4.2.3 估计函数和启发信息

搜索的实质是算子的匹配，即在多个算子中找出适合于当前状态的算子。存在多个算子都适合于当前状态时，如何选择其中最好的，也就是所谓"冲突消解"，估计函数和启发信息是启发式搜索中进行算子匹配和冲突消解的关键。

提高搜索效率需要有和被解问题有关的大量控制性信息作为辅助性策略。有两种极端的情况：一种是没有任何这种控制性知识作为搜索的依据，因而搜索的每一步完全是随意的，例如随机搜索；另一种是有充分控制性知识作为依据，因而搜索的每一步选择都是正确的，也就是说它扩展的每一个节点都落在最佳路径上，这种搜索称为最佳搜索。一般情况是介于二者之间。与具体问题的解有关的控制性知识（例如解的出现规律、解的结构规律等）通常称为搜索的启发信息，它反映在估计函数之中[54]。

估计函数的任务就是估计 OPEN 表中各节点的重要程度，给它们排定次序。估计函数 $F(N)$ 可以是任意一种函数，如有的定义它是节点 N 处于最佳路径上的概率，或是 N 节点和目标节点之间的距离，或是 N 格局的得分等。一般来说，估价一个节点的价值，需要综合两方面的因素，即已经付出的代价和将要付出的代价。在此把估计函数 $F(N)$ 定义为从初始节点经过 N 节点到达目标节点路径的代价估计值。其一般形式为：

$$F(N) = G(N) + H(N) \qquad (5-4)$$

式中，$G(N)$ 为从初始节点到节点 N 的实际代价；$H(N)$ 为从节点 N 到目标节点的最佳路径的估计代价。主要是 $H(N)$ 体现了搜索的启发信息，因为实际代价 $G(N)$ 可以根据生成的搜索树实际计算出来，而估计代价 $H(N)$ 有赖于某种经验估计，它来源于对问题的某些特性的认识，这些特性可以帮助更快地找到问题的解。

生产计划编制问题具有其特殊性，它所关心的是如何排入尽可能多的合同，使得每个计划单元尽可能的长，以充分利用工作辊。因此对于生产计划编制问题，其估计函数 $F(N)$ 中的 $G(N)$ 一项的作用并不明显，起作用的主要是包含启发信息的 $H(N)$。我们用 $H(N)$ 来代表估计函数 $F(N)$。这样可能影响搜索的完备性，但能够大大提高搜索的效率。

启发式搜索的关键在于找到适当的启发信息来确定 $H(N)$。以下就讨论生产计划编制中 $H(N)$ 的确定问题。

如上所述，$H(N)$ 是从节点 N 到目标节点 Sg 的最佳路径的估计代价。在生产计划编制问题中，目标节点也是不确定的，只能定义为一种笼统的状态，如果找不出可编入当前计划单元的适当的合同，或当前计划单元已达到规定长度，就认为已达到了目标状态 Sg，搜索终止，当前计划单元的编制结束。因此计划单元的长度不是固定的，只是有上限和下限，上限为表 5－5 中的计划单元最大长度，下限为算子 No.19（条件－当前计划单元已编入合同的成品重量已达 1000t，且已无可继续编入的合同；动作－此计划单元编制结束）所规定的计划单元最小吨数。计划编制时希望的是在计划单元不违反上限的前提下尽可能的长，以便最充分地利用轧机工作辊。

表 5－5 计划单元的最大长度

轧制计划		最终用途代码	宽度/mm	厚度/mm	最大计划单元长度/km
类型	小分类				
窄	01	240～279	600～1200	2.00～3.50	160
中	01	1～239	600～1500	1.20～4.50	160
	02	240～279	600～1200	1.20～1.99	160
	03	280～999	600～1500	1.20～4.50	160
宽薄	01	1～239	1201～1900	1.20～2.00	160
	02	1～239	600～1900	2.01～6.35	160

轧制计划		最终用途代码	宽度/mm	厚度/mm	最大计划单元长度/km
类型	小分类				
宽薄	03	280~999	1201~1900	1.20~2.00	160
	04	280~999	600~1900	2.01~6.35	160
宽厚	01	1~239	600~1900	4.51~25.6	80
	02	280~999	600~1900	4.51~25.6	80

因此，生产计划编制问题的搜索目标不是找到一条路径以最快的速度或以最小的代价到达某一目标 Sg，而是恰恰相反，希望尽量晚一些到达 Sg，即在结束此计划单元前排入尽可能多的合同，同时追求物流通畅，生产率高，热送热装比大，设备利用率高，等等。这样，启发信息 $H(N)$ 的值应该由以上方面来决定。

确定 $H(N)$ 的具体方法是依次考虑以下因素，即成品宽度、属性跳跃优先级、表面级、交货期、缓冲系数（铸轧节奏匹配）等。

A　宽度因素

在合同的多项属性中，"成品宽度"给计划编制造成的困难最大（除特别声明外，此处中的"宽度"都指的是"成品宽度"，而不是"板坯宽度"）。从列出的算子可知，宽度、厚度、硬度、温度等属性在生产作业计划编制中都可以"反跳"，而宽度只能单向变化。例如，对于生产作业计划中的（1）和（2）两个合同，其厚度可以分别是以 $h(1) = 2.4\text{mm}$，$h(2) = 2.2\text{mm}$，从厚变到薄，也可以是相反，$h(1) = 2.2\text{mm}$，$h(2) = 2.4\text{mm}$，从薄变到厚，这就是所谓的厚度"反跳"。这样，生产作业计划编制的灵活性就大，可供选择的合同多，计划编制容易。而宽度则不同，对于烫辊材，只能从窄到宽编制，对于主体材，只能从宽到窄编制，只在个别例外情况下才允许宽度反跳，这就对计划的编制提出了很高的要求。

例如，当前句计划中宽度 1500mm 的主体材合同有 9000t，由于一个计划单元中编入同宽度合同的累计成品长度最多只能是 30 公里（算子 10），相当于大约 1000t，而且宽度不能反跳，这样，一个计划单元中只能编入约 1000t 这个合同，而剩下的 8000t 只有等到下一个计划单元才有可能编入。如果在交货期前这8000t 合同还未全部编入计划，就无法按时交货。

由此可见，宽度应该是计划编制中最优先考虑的因素，也就是启发信息中最重要的一项信息，对于宽度最接近当前状态的合同，其估计函数 $h(n)$ 的值应该最大。具体做法见图 5-8a。

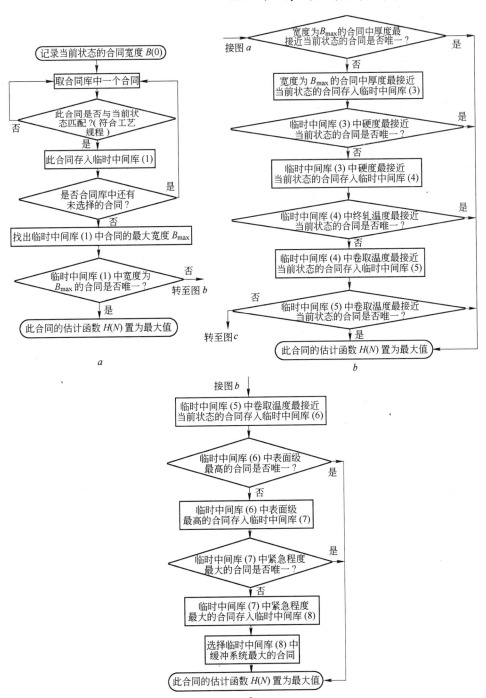

图5-8 考虑各因素确定启发信息 $H(N)$ 的流程图

a—根据宽度确定估计函数 $H(N)$ 的值；b—根据属性跳跃优先级确定估计函数的值；

c—根据表面级、紧急程度和缓冲系数确定估计函数 $H(N)$ 的值

B 属性跳跃的优先级因素

算子 No. 18（多个符合跳跃规程的合同选择）不同于其他算子，它的内容是如何选择算子，其实质是算子的算子，属于控制性知识，它解决的是这样一个计划编制中常见的问题，如果同时存在多个合同都满足工艺规程的要求，都可以作为下一个合同编入计划，如何在其中做出选择，也就是所谓"冲突消解"。实际上搜索主要都是围绕这一问题，算子 No. 18 协助这一问题的解决，根据这一算子，各属性跳跃的优先级为宽度、厚度、硬度、终轧温度、卷取温度，其含义是编制计划时应尽量优先选择与上一个合同的宽度不同、其他属性相同的合同，然后是选择厚度不同、其他相同的合同，依此类推，再依次考虑硬度、温度、卷取温度。

因此，属性跳跃的优先级也是一个重要的启发信息，按优先级递减的次序，估计函数 $H(N)$ 的值也递减，具体见图 5 – 8b。

C 表面级因素

前面已提到"表面的最大计算公里数"的概念，即在刚更换工作辊既可生产表面级高的产品（例如 1 级表面），也可以生产表面级低的产品（但尽量先编排表面级高的产品）。但一段时间后，由于工作辊表面已经磨损，就只能生产表面级低的产品，这也是算子 No. 17 的内容。

如果供选择的合同的宽度、厚度、硬度、终轧温度、卷取温度都相同，则表面高的合同被赋予大的 $H(N)$ 值优先编入计划，以便充分发挥工作辊的表面性能（图 5 – 8c）。

D 交货期因素

交货期限是计划编制中必须考虑的一个因素，作为生产作业计划编制的已知信息，旬计划中已经考虑了交货期限的因素，把需要本旬生产的合同列入了旬计划，在作业计划编制过程中希望尽可能优先生产交货期限紧的合同。一般分为很紧急、较紧急、不紧急、不做计划四类。交货期限所决定的合同的"紧急程度"属性可取"很紧急"、"较紧急"。紧急程度不同于合同的其他属性，它的值不是固定的，随着时间的推移，它会不断变化。为此，在作业计划编制中，每次在对合同进行输入、修改或查询时，都将根据当前日期和合同中的交货期限自动判断此合同的紧急程度，并把得到的值写入合同库的相应字段中。

图 5 – 9 为输入某合同时的屏幕显示。其下部方框中是计算机自动显示的当前日期和紧急程度。

合同的紧急程度同样是启发式搜索的重要启发信息，在其他条件相同的前提下，搜索应尽量向着紧急程度较大的合同进行。

E 缓冲系数因素

为评价连铸和轧制之间的物流关系，设置了缓冲系数 β，轧制节奏的计算公

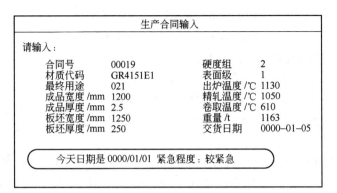

图 5-9 输入某合同时的屏幕显示

式为：

$$f_T = \frac{t}{nL_f/(B + \Delta B)} \tag{5-5}$$

式中，t 为加热时间；n 为开动炉数；L_f 为炉长；B 为板坯宽度；ΔB 为板坯间距。

连铸节奏的计算公式为：

$$f_c = L_s/mv_c \tag{5-6}$$

式中，L_s 为板坯长度；m 为流数；v_c 为拉速（连铸速度）。

缓冲系数 β 的计算公式为：

$$\beta = 1 - f_T/f_c \tag{5-7}$$

因为 β 的计算公式中的各系数（板坯长度、板坯宽度、拉速等）都是生产合同的属性，因此，对每个合同都可以计算出其 β 值。

β 的作用是在编制计划时，用于设计入坑缓冲量。

$\beta > 0$ 时，说明连铸速度小于加热炉速度，需要提前浇铸，提前入坑。

$\beta = 0$ 时，说明连铸速度等于加热炉速度，不需要入坑缓冲。

$\beta < 0$ 时，说明连铸速度大于加热炉速度，需要入坑缓冲。

对 β 值的计算及其作用举例说明如下：

（1）和（2）两个合同，板坯宽度分别为 1600mm 和 1550mm，长度都为 8m，加热炉开动炉数为 3 炉，炉长为 50m，板坯间距为 50mm，连铸流数为 4 流。在生产中以上参数是确定的，一般不能随便调整。

若两个合同的加热时间分别为 2h 20min 和 2h 40min。拉速（即连铸速度）分别为 1.1m/min 和 1.2m/min，则根据式（5-5），其加热炉节奏分别为：

$$f_T(1) = 140/[3 \times 50/(1.60 + 0.05)] = 1.54\text{min}$$

$$f_T(2) = 160/[3 \times 50/(1.55 + 0.05)] = 1.71\text{min}$$

根据式（5-6），其连铸节奏分别为：

$$f_c(1) = 8/(4 \times 1.1) = 1.82min$$
$$f_c(2) = 8/(4 \times 1.2) = 1.67min$$

因此两合同的缓冲系数分别为：

$$\beta(1) = 0.154$$
$$\beta(2) = -0.024$$

可见，$|\beta(2)| < |\beta(1)|$，因此，其他条件相同时，优先选择合同（2）编入计划。

另外，从以上节奏计算可看出，合同（1）的连铸节奏慢于加热节奏，生产时需要提前浇注，板坯入保温坑等待，而合同（2）的加热节奏慢于连铸节奏，连铸坯需要入保温坑缓冲。在计划编制时，可注明这些对生产的时间要求。

在执行计划时可利用 β 来调整加热时间 t 和拉速 v_c，以保证物流通畅。

5.4.2.4 子系统的划分

热送热装生产计划编制的主要难点之一就是合同属性多达 20 个，信息量大，不但用传统优化方法会产生"组合爆炸"问题，即使是使用了启发式搜索方法，如果是直接对一旬内的全部合同进行搜索，仍会出现计算量大、运算时间长的问题，难以实现全面的优化。

针对这一问题，采用了分解协调的方法，把一旬内的上百个合同逐级划入多个子系统中，使得每次搜索只在某个子系统内部进行，这样大大减少了冗余工作量。

如前所述，在轧机支撑辊及工作辊更换后的不同阶段，只能生产宽度、厚度、硬度在一定范围内的产品，对于不在此范围内的合同，在搜索时不必考虑，因此，可以根据支撑辊及工作辊使用周期来作为子系统划分的标准。

首先把一旬内的生产合同划分为主体材和烫辊材两个一级子系统，划分的依据是算子 No.1 和 No.2。

烫辊材都是较窄、较软、易生产的产品，而且在计划单元中占的比例较小，因此不必对烫辊材做进一步的划分，一旬的合同大部分是主体材，应继续划分为更小的子系统。

根据算子 No.21、No.22，支撑辊分为三个使用阶段（表 5-6）。支撑辊更换后的轧制量小于 4.5 万吨为第一阶段，允许任意编排合同；4.5~8 万吨为第二阶段，只允许编排厚度大于 1.5mm、宽度小于 1400mm、硬度组小于或等于 5 的合同；8 万吨以上为第三阶段，不允许编排厚度小于 2.0mm 的合同。可以根据这一工艺要求把主体材划分为三个二级子系统，分别称作支撑辊第一阶段子系统、支撑辊第二阶段子系统和支撑辊第三阶段子系统。支撑辊的更换周期大约为一周。这样，每个使用阶段约为 2 天的时间，每个二级子系统包含的是大约 2 天内要生产的产品。

表5-6 支撑辊使用周期的阶段划分

工艺段序号	厚度 h/mm	宽度 b/mm	硬度 HB	支撑辊更换后的轧制量/万吨
第3阶段	$h \geqslant 2.0$	且 $b < 1400$	且 HB $\leqslant 5$	>8
第2阶段	$h \geqslant 1.5$	且 $b < 1400$	且 HB $\leqslant 5$	4.5~8
第1阶段	任意			<4.5

根据合同的成品宽度、厚度和最终用途,轧制计划可分为窄、中、宽薄和宽厚四种类型,生产时在同一个支撑辊更换周期内,总是希望先生产宽薄和宽厚类型,然后再依次生产中和窄的类型,这是因为成品越宽就越难生产,需要在支撑辊更换后不久,工作状态较好时生产。

这样,可以按照轧制计划类型的划分标准,把每个二级子系统分为四个三级子系统,分别称作窄、中、宽薄和宽厚计划类型子系统(实际上,二级子系统中只有支撑辊第一阶段子系统中的合同的宽度、厚度范围能覆盖窄、中、宽薄和宽厚全部四种计划类型)。

每个三级子系统中的合同量大约为一天的生产量,这样,旬计划已经被细化为日一级的计划,继续对每个三级子系统中的合同进行搜索排序,就得到所需要的生产作业计划。可见,从旬计划到日计划是一个分类的过程,而从日计划到生产作业计划是一个排序的过程。子系统的划分见图5-10。

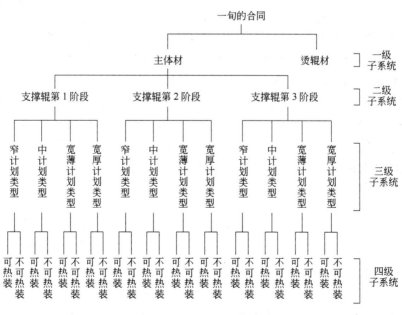

图5-10 子系统的划分

经过这样划分子系统后,每次编制生产作业计划的搜索排序只需要在当前三级子系统中进行，大大减小了搜索所需工作量，举例说明如下：设当前日期是支撑辊更换后的第二天，则在二级子系统中的位置是支撑辊第一阶段，假设宽厚、宽薄类型的合同已编制完毕，则在三级子系统中的位置是中计划类型，搜索只须在这个三级子系统中进行。中计划类型编制完毕后，继续对支撑辊第一阶段的窄计划类型进行编制，搜索范围仍然是在一个三级子系统内部。

可以估算一下这样划分子系统使搜索工作量减小的程度。一旬内的生产合同拆为约 360 个炉次，烫辊材和主体材的比例约为 1∶5，即大约 60 炉∶300 炉，可认为三个二级子系统中包含三级子系统的数目分别为 4、3、2，因此主体材共划分为 9 个三级子系统，平均每个三级子系统包含 33 炉，因此对主体材的搜索始终是在 33 炉的范围内进行（这只是估算的平均值，实际会有一些上下波动），可能的组合是 33!，约为 8.7×10^{36}，而如果不划分子系统，对主体材的搜索是在 300 炉中进行，可能的组合是 300!，约为 3.0×10^{614}，工作量增加了 10577 倍，可见，划分子系统极大地加快了搜索的速度。

一个炉次是指炼钢炉一次所炼的钢水，约为 300t，一个生产合同一般需要多个炉次，如一个 3000t 的合同，就需要 10 炉钢水。显然，在热送热装的情况下，需要以炉次为单位来组织生产（冷装以板坯为单位，不强调一炉钢水的连贯性，作业计划编制要容易得多）。

如果生产状况是热送热装和冷装并存，则还需要对每个三级子系统做进一步的划分，方法是根据钢种分为"可热送热装"和"不可热送热装"两类四级子系统，因为有些钢种只能冷装生产才能得到良好的组织。在合同属性中有"可否热送热装"一项，可以作为划分子系统的依据。

5.4.2.5 局部择优搜索法

启发式搜索方法有多种类型，本书选用了局部择优搜索法，其基本思想是以估计函数 $H(N)$ 为择优标准，在正被考察的结点的全部子结点范围内搜索前进。这种搜索方法有一个形象的别名——近视眼爬山法。这是因为其搜索过程犹如一个近视眼的人在爬山，他一方面可以准确地看清脚下的地形，判断哪个方向是上升的，另一方面还可以模糊地看到远处的山峰，大致地把握总体方向。

局部择优法的流程图见图 5 – 11。

局部择优法在许多简单情况下十分有效，特别是一维参数问题中的单极值情况（只有一个解存在）。但在多维问题中，"地形"往往很复杂，局部择优法会遇到诸多困难。下面介绍常见的几种困难。

A 小丘问题

如果问题存在多个解，类似多个山头并立，有一个最高峰（最佳解）和多个次高峰甚至小丘（非最佳解）。我们的目标是要登上最高峰，但"近视眼"有可能登上一个小丘后就宣告成功了，此问题的解决方法是提高"近视眼"的视

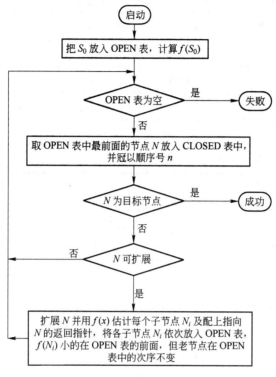

图 5 - 11 局部择优法流程

力，注意观察远处的山峰，把握总体方向，也就是要增强启发信息 $H(N)$ 的作用，考察长期效应。

B 山脊问题

如果"近视眼"正站在一条从东北到西南走向的刀峰般的山脊上，他的标准试探法是东、西、南、北各测一点，结论是"各个方向都是下坡路，我已到达最高峰"，其实该点连一个小丘都不是。此问题的解决方法是适当增加测试点，即让每个结点有更多的分支。

C 平地问题

一块平地把各个孤立的山峰分开，"近视眼"正站在平地中央，无论他如何测试，都无法找到登高的线索，失去了继续前进的方向。这是最难处理的一个问题，较好的一个方法是适当增加"近视眼"的视力，使其看到更大的范围。

下面举一个局部择优搜索法在生产作业计划编制问题中的应用实例。例子中对状态空间的表示方法同前所述，每个状态中只列出了合同的宽度、厚度、硬度组、表面级四项属性。

为简单起见，设供选择的有五个炉次，有两炉是相同的，见表 5 - 7。运用局部择优搜索法进行主体材部分的生产作业计划编制时产生的搜索树见图 5 - 12。

表 5-7　局部择优搜索法应用实例

炉次编号	炉数/炉	宽度/mm	厚度/mm	硬度组	表面级
Q_1	1	1250	3.02	1	1
Q_2	1	1250	2.82	2	1
Q_3	2	1030	2.93	2	1
Q_4	1	1210	3.42	1	1
总计	5				

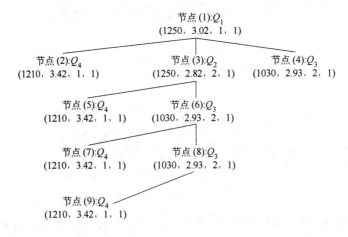

图 5-12　局部择优搜索法搜索树

搜索过程如下：

第 1 步，找出 5 炉中宽度最大者 Q_1，作为主体材部分的开始，即节点（1）。

第 2 步，剩下的炉次为 Q_2、Q_3、Q_4，即节点（1）可展开 3 个节点，分别为节点（3）（Q_2）、节点（4）（Q_3）和节点（2）（Q_4）。根据工艺规程，Q_2、Q_3、Q_4 都可与 Q_1 相邻，需要根据估计函数 $H(N)$ 来在三者中做出选择。

第 3 步，Q_2、Q_3、Q_4 中宽度最大的是 Q_2，而宽度因素是启发信息中最首要的因素，因此 Q_2 的 $H(N)$ 被赋予最大值，选中 Q_2 作为与 Q_1 相邻的下一个合同。

第 4 步，删除节点（4）（Q_3）和节点（2）（Q_4）。这是因为局部择优搜索法只考察直接子节点，当前选中的是 Q_2，因此下面只考察节点（3）（Q_2）所展开的子节点，而对于节点（4）（Q_3）和节点（2）（Q_4）的子节点不予考察，以减少计算量（但可能丢掉更优的解）。

第 5 步，剩下的炉次为 Q_3、Q_4，即节点（3）展开两个节点，分别为节点

（5）（Q_4）和节点（6）（Q_3）。Q_4 与 Q_2 的厚度差太大，违背了厚度跳跃规程，因此 Q_4 不能作为与 Q_2 相邻的下一个合同，而 Q_3 各属性都符合工艺规程，被选中排入计划。

第 6 步，删除节点（5）。原因同第 4 步，局部择优搜索法只考察直接子节点。

第 7 步，剩下的炉次是 Q_3、Q_4，因此节点（6）展开为两个节点：节点（7）（Q_4）和节点（8）（Q_3）。（注意：Q_3 有 2 炉，其中一炉已经作为节点（6）被选中，排入了计划。现在的节点（8）是 Q_3 的第 2 炉）。节点（7）（Q_4）的宽度为 1210mm，大于节点（6）（Q_3）的宽度 1030mm，而工艺规程规定主体材部分的宽度不允许反跳，因此节点（7）（Q_4）被删除，而节点（8）（Q_3）的各项属性都符合工艺规程要求，被选中排入计划。

第 8 步，节点（8）的子节点为节点（9）（Q_4）。与第 7 步类似，由于工艺规程规定主体材部分的宽度不允许反跳，节点（9）（Q_4）被删除。

至此，作业计划单元全部编制完毕，得到的计划单元中的炉次顺序依次为 Q_1、Q_2、Q_3、Q_4，而 Q_4 未被排入此计划单元，留待编制下一计划单元时被选用。

5.4.2.6 搜索效率的评价

一个搜索过程的搜索效率决定于它的启发能力和其他许多与被解问题有关的属性，迄今没有一个成熟的方法来评价它。目前已经发展出一些定量计算的方法，可以比较同一个问题的不同搜索方法的效率。其中一种度量是外显率 P（penetrance），它反映朝着目标搜索时的搜索宽度，被定义为：

$$P = L/T \qquad (5-8)$$

式中，L 为到达目标的长度；T 为在整个搜索过程中产生的节点总数；$P \leqslant 1$。

效率最高的搜索为 $P = 1$，其启发能力最强。而启发能力最弱的搜索为 $P \ll 1$。P 还和问题的难度有关，一般是 L 越小的简单问题，P 越高；反之，则 P 越低。

前面的例子中，$L = 4$，$T = 9$，则 $P = 4/9 = 0.444$，即在搜索树中前进 4 步涉及了 9 个节点。

作为对比，如果不采用局部择优的启发式搜索方法，而直接在全部状态空间中搜索，则被删除的节点（2）、（4）、（5）、（7）、（9）都分别展开各级子节点，节点总数 T 约为 4!，即 24，而 L 仍为 4，则 $P = 4/24 = 0.167$，其效率明显低于局部择优法。这里只有 5 个炉次，实际生产中是在约 33 个炉次中搜索，这时局部择优法的优势会体现得更明显。

由此看见，热送热装生产作业计划的编制是一个隐式图的搜索过程，根据计划编制过程中的宽度等一些启发信息，可以计算各个状态的估计函数以确定搜索方向，把一旬内的合同划分为三级子系统，运用局部择优法求较优解，并用外显率以评价搜索效率，据此就可编程，进行具体实施作业计划的编制了。

5.4.3 程序编制

基于上述思想编制了程序，程序功能包括：

(1) 生产合同的输入、查询、修改和删除；

(2) 为生产合同添加工艺信息；

(3) 组炉，把每个生产合同拆分为多个炉次，并对余量进行优化处理；

(4) 生产作业计划编制；

(5) 生产作业计划的查询、输出和修改。

系统菜单－程序运行后，出现系统菜单（图 5－13），其中合同输入时，出现如图 5－14 的屏幕显示。

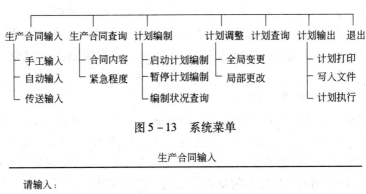

图 5－13　系统菜单

生产合同输入

请输入：

合同号	00019	硬度组	2
材质代码	GR4151E1	表面级	1
最终用途	021	出炉温度 /℃	1130
成品宽度 /mm	1200	精轧温度 /℃	1050
成品厚度 /mm	2.5	卷取温度 /℃	610
板坯宽度 /mm	1250	重量 /t	1163
板坯厚度 /mm	250	交货日期 /0000－01－05	

今天日期是 0000－01－01　　　紧急程度：较紧急

图 5－14　生产合同输入时屏幕显示

生产作业计划编制分为以下几个子模块：为生产合同添加工艺信息；划分子系统；判断当前所处子系统；组炉；启发式搜索生成作业计划。下面做简单介绍。

5.4.3.1 为生产合同添加工艺信息

如前所述，原始生产合同没有包含全部工艺信息，为进行作业计划编制，需添加一些信息。例如，图 5－14 的生产合同添加信息后，则如图 5－15 所示。

生产合同(含工艺信息)

_____

原有的合同属性:

合同号	00019	硬度组	2
材质代码	GR4151E1	表面级	1
最终用途	021	出炉温度/℃	1130
成品宽度/mm	1200	精轧温度/℃	1050
成品厚度/mm	2.5	卷取温度/℃	610
板坯宽度/mm	1250	重量/t	1163
板坯厚度/mm	250	交货日期/	0000-01-05
紧急程度:	较紧急		

添加的工艺信息:

精炼方式:	KIP	可否连续浇铸4炉:	可
连铸速度/m·min⁻¹	1.1	可否热装生产:	可
可否作为开浇钢种:	否	是否DDQ材:	否
可否作为终浇钢种:	否	是否新试钢种:	否

图 5-15 添加工艺信息后的生产合同

5.4.3.2 划分子系统

将一旬内要生产的合同划分为4级子系统。第一级子系统是将要生产的合同分别归入烫辊材库和主体材库。主体材库被继续划分为3个二级子系统,分别是支撑辊第一、第二、第三阶段库。每个二级子系统继续按窄宽、中宽、宽薄、宽厚划分三级子系统。每个三级子系统继续按可否热装划分为2个四级子系统。

5.4.3.3 组炉

一个炉次是炼钢炉一次所生产的钢液,约300t,而一个生产合同往往需要多炉钢液,如合同为3000t,就需10炉钢液才能生产出来,故需组炉。

每个生产合同要求的重量都不同,而转炉容量则有一个恒定范围,如何将不同重量的合同拆成整数的炉次,并尽量减小余量,是组炉算法的核心,具体算法见图5-16。

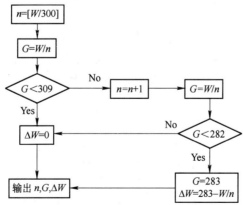

图 5-16 组炉算法

5.4.3.4 判断当前所处子系统

如前所述，计划编制的搜索范围缩小在三级或四级子系统中进行，因此，在作业计划编制开始，首先要判断当前处在哪个子系统中。

首先进行主体材计划编制，并需判断当前处于哪个二级、三级、四级子系统，其判断方法见图 5 - 17。如当前处于二级子系统，需知更换支撑辊以来的生产量，确定当前处于三级子系统的原则是要考虑轧件的宽、厚情况。

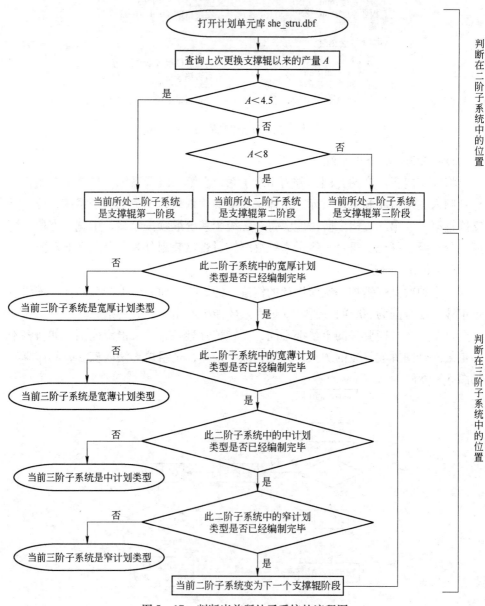

图 5 - 17 判断当前所处子系统的流程图

5.4.3.5 作业计划的编制

作业计划的编制的流程图如图 5-18 所示。

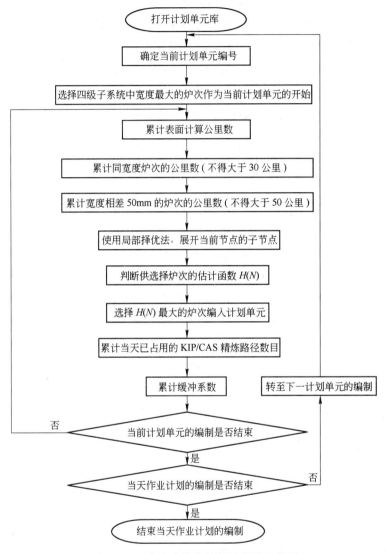

图 5-18 启发式作业计划编制的流程图

（1）确定当前计划单元编号。从计划单元库查知已编制最后一个计划单元的编号为 N，则 $N+1$ 为当前计划单元编号。

（2）累计已编入炉次的公里数。

（3）计算估计函数。根据组炉原则，用局部择优搜索法进行搜索，并对每个供选择的炉次，计算其估计函数 $H(N)$。

（4）保证冶、轧的物流平衡。为此需统计当天计划已占用的 KIP 和 CAS 精炼路径的数目，KIP 最多不超过 20 炉，CAS 最多不超过 36 炉。

（5）当前计划单元的结束。下列情况可导致当前计划单元的结束：

1）当前 4 级子系统合同已全部编入计划；

2）当前 4 级子系统合同中，没有符合选择条件的合同；

3）当前计划单元的计算公里数已达到规定的最大长度；

4）当前计划单元结束，不仅要具备上述三个条件之一，同时还需满足前述算子 19 的限制，即当前计划单元已编制炉次的总重已达 1000t。

5.5 冶－铸－轧一体化作业计划的实例

运用基于上述思想所编制的程序，进行了现场作业计划的编制（图 5－18）。除计划编制外，程序还具有合同输入、查询、修改和删除功能，为合同添加工艺信息功能，组炉功能，以及计划的输出、查询、修改等功能。

把程序运行所生成的作业计划与实际生产中的计划比较，可以判定程序质量优劣。因此选用了某厂的热装计划作为对比材料。

某厂的热装计划中使用一台连铸机和一座加热炉，连铸两流同宽，一共浇铸了 6 个炉次，组成一个计划单元，前 3 炉的出钢记号都为 AP1562E1，共 39 块板坯，更换 CAST 后，浇铸后 3 炉，后 3 炉出钢记号都为 AN1150C5，共 32 块板坯，整个计划单元共 71 块板坯。

其热装计划连铸流的构成见表 5－8，所编制的轧制计划见表 5－9。

表 5－8　连铸流的构成

出钢记号	总计块数/块	板坯宽度/mm	炉次	炉次序号	连铸流 1 板坯数/块	连铸流 2 板坯数/块
AP1562E1	39	1050	第 1 炉	00001	6	7
			第 2 炉	00002	7	7
			第 3 炉	00003	6	7
AN1150C5	32	1250	第 4 炉	00004	5	5
			第 5 炉	00005	5	6
			第 6 炉	00006	6	5

表 5－9　轧制计划的构成

轧制生产序号	规格/mm×mm	块数/块	出钢记号	硬度组
第 1 批	1020×3.14	16	AP1562E1	1
第 2 批	1250×3.02	16	AN1150C5	1
第 3 批	1250×2.82	16	AN1150C5	1

轧制生产序号	规格/mm×mm	块数/块	出钢记号	硬度组
第4批	1030×2.93	8	AP1562E1	1
第5批	1020×3.14	5	AP1562E1	1
第6批	1020×3.34	10	AP1562E1	1

为检验程序的质量，把此次某厂热装计划中的6个炉次作为旬计划的一部分输入程序中（以下称这6个炉次为"实际项"），并另外构造了9个炉次作为干扰项，同样也作为旬计划的一部分输入程序中，以检验程序是否能排除这些干扰，编制出符合实际生产要求的作业计划。

表5－10列出了这9个作为干扰项的炉次。

表5－10　干扰项的炉次

炉次序号	成品宽度/mm	成品厚度/mm	硬度组	最终用途	表面级
00007	1500	1.0	1	016	1
00008	1200	5.0	2	023	2
00009	1000	1.1	1	019	3
00010	1210	4.3	3	040	1
00011	1300	4.4	3	029	1
00012	650	3.0	1	041	1
00013	700	3.1	1	036	2
00014	690	2.5	2	041	1
00015	630	2.6	1	033	1

由运行过程及运行结果来检验作业计划编制方法以及程序编制是否正确。

首先判断实际项的6个炉次所处的子系统：

（1）所处二级子系统。由于这6个炉次的宽度都小于1400mm，厚度都大于2.0mm，硬度组都小于5，因此所处二级子系统是支撑辊第三阶段。

（2）所处三级子系统。6个炉次的宽度都为600～1900mm，厚度都为2.01～4.50mm，因此所处的三级子系统都是宽厚计划类型。

（3）所处四级子系统。由于是热送热装生产，所处四级子系统显然都是"可热送热装"。

9个干扰项炉次中，00007号炉次应划入支撑辊第一阶段二级子系统，00008号炉次应划入宽厚计划类型三级子系统，只有剩下的00009～00015号炉次和实际项的6个炉次处于同样的三级子系统，启发式搜索应在这13个炉次的范围内进行。

搜索过程中，由于00009、00010、00011号炉次与实际项6个炉次的厚度差太大，违反了厚度跳跃规程，不应该被编入当前计划单元。同样的，00012～00015号炉次与实际项6个炉次的宽度差太大，违反了宽度跳跃规程，也不应该被编入当前计划单元。因此，最终程序运行所生成的当前计划单元中不应出现00007～00015号这9个干扰项炉次。

程序实际运行所生成计划单元中的炉次排列见表5-11。

表5-11 程序实际运行所生成计划单元中的炉次排列

炉次序号	规格/mm × mm	块数/块	出钢记号	硬度组
00001	1020 × 3.14	12	AP1562E1	1
00004	1250 × 3.02	10	AN1150C5	1
00005	1250 × 3.02	11	AN1150C5	1
00006	1250 × 2.82	11	AN1150C5	1
00002	1020 × 3.14	14	AP1562E1	1
00003	1020 × 3.34	13	AP1562E1	1

与现场实际比较表明，程序运行所生成计划单元与实际作业计划基本吻合。二者之间的某些差异是由于现场编制作业计划时对一些炉次进行了拆分造成的。

特别应当指出的是，程序运行时间仅为8s，这使在线应用成为可能。

5.6 冶-铸-轧一体化作业计划的动态变更

生产作业计划调整是生产过程管理中实施控制阶段的工作，包括在线作业计划调整和离线生产计划变更。所谓在线作业计划调整是指作业计划执行过程中，根据生产现场具体情况而做出修改；离线生产计划变更是指根据在执行作业计划的调整结果对未执行的作业计划进行变更，以及更高层生产计划的相应变动。

由于连铸-连轧生产的高度综合化、连续化，冶、铸、轧各生产工序在生产节奏和操作时序上需要稳定地协调和配合，而影响连铸-连轧匹配的因素十分复杂而且具有不确定性，这在前面已经分析过了。因此，要做到连铸-连轧生产的顺利进行，就需要使设备的操作运转参数能够相互协调，以及工艺及生产时序调度能使物流顺畅。所以，生产过程中根据现场情况对生产作业计划进行动态调整是必不可少的。

生产作业计划在线调整的基本内容包括调整时机的掌握、调整位置和调整变量（合同、设备速度、生产路径等）的选择，以及调整幅度的控制。

冶金一体化生产系统在线计划调整的目的是，消除或削弱生产过程中的设备故障、质量问题、订货合同临时插入或吊销等突发情况（以下统称故障）的扰动作用，维持过程的稳定与平衡。根据前述系统调控路线，结合冶金生产系统的特点，这里提出一个在线计划调整原则，即小范围的局部调整优先于大范围的整体变更。具体解释如下：

首先，尽量使调整范围限制在故障所在工序内，利用工艺约束中有限的余地进行调整；同时整条冶铸轧生产线上只进行相应节奏的变化。

其次，若上述方法不足以消除故障影响时，配合以故障所在工序相邻的柔性缓冲环节的调用，如中间库存等来进行调整，同时整个作业计划进行相应的部分内容修正。

再次，将故障所在工序与相邻某工序视为一个工序，重复上述过程。

最后，若故障严重，上述过程发展为整体作业计划的变更，如吊销当前计划，转换计划类型（包括冷、热计划的转换，正常轧制变为极限轧制等）。

依据这一系列原则可以制定出冶、铸、轧一体化生产作业线的故障调整措施。对生产全线的故障调整措施，这里不再介绍，有文献［55］可资参考。仅以轧制为例，说明其调整策略。当轧线出现故障时，首先要看能否继续轧制，如不能，则返回加热炉待轧，如可继续轧制，则需根据故障发生具体位置和情况（见图 5 – 19）做出相应的调整。

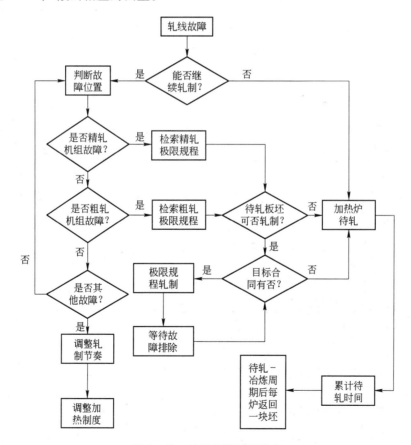

图 5 – 19　轧线故障调整策略

5.7 简单小结

随着生产过程一体化、高速化以及按合同组织生产，生产计划等一些生产管理的问题，仅用经验的方法已不能解决了。必须以生产管理学、系统工程学等为基础，科学地解决这些问题，并且能在高速生产条件下用于实务操作。

生产计划特别是作业计划编制是其核心内容，我们首次以排序理论为基础，用启发式搜索方法，实现了计划编制的理论化、快速化，不仅可以迅速编制计划，而且可以快速地进行动态调整，并做出评价。

6 解释结构模型——钢管生产的质量控制

人类在20世纪取得了巨大成就，生产力高度发展。质量管理大师 J. M. 朱兰[56]认为，"20世纪是效率的世纪，而21世纪将是质量的世纪"。用户对产品质量提出更多、更新、更高的要求，因此必须更加关注产品质量，进行科学的质量管理。

质量管理的产生与发展经历了三个阶段：产品质量检验阶段，统计质量管理阶段，全面质量管理阶段。关于全面质量管理的方法、实施、数学工具等，已结合轧制生产做过详细的论述[55]，这里不做过多的讨论。下面以钢管生产质量问题为例，对生产产生的质量问题及其控制方法进行分析和探讨。

6.1 无缝钢管生产的质量分析

6.1.1 无缝钢管生产工艺流程

我国某无缝钢管厂有一套 $\phi100mm$ 三辊轧管机组，设计能力为年产量6万吨，主要产品有流体输送管、碳钢和合金结构管、锅炉管、轴承管、钻探管、轴套管等，规格为 $\phi22 \sim 102mm \times 20mm \times (2000 \sim 12000)\,mm$，管坯为 $\phi100mm$；主要设备有加热炉、曼氏穿孔机、快开型 Assel 轧管机、再加热炉、18 架集中差速传动三辊张力减径机，其工艺流程如图 6-1 所示。

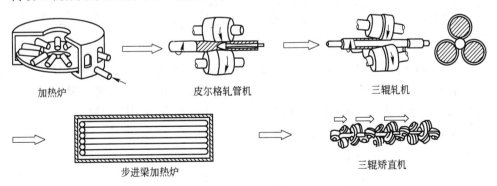

加热炉　　　　　　皮尔格轧管机　　　　　　三辊轧机

步进梁加热炉　　　　　　　三辊矫直机

图 6-1 $\phi100mm$ 三辊轧管机组工艺流程图

6.1.2 钢管质量分析

壁厚精度是无缝钢管最重要的质量指标，它对钢管的使用性能及加工成本均有非常重要的影响。国标规定的各种轧制方法生产无缝钢管的壁厚偏差如表6-1所示。

表6-1 不同轧制方法生产无缝钢管的壁厚偏差

机组名称	偏差值/±%	机组名称	偏差值/±%
单孔自动轧管机组	8~10	顶管机组	7~8
多孔自动轧管机组	12.5	CPE 机组	5
周期轧管机组	10~12.5	三辊轧管机组	5
全浮式连轧管机组	8~10	狄塞尔轧管机组	5
半浮式连轧管机组	5~8	Accu Roll 轧管机组	5
限动式连轧管机组	5~8	挤压机组	8~10

在生产和科研中，为了生产控制和精度研究的方便，采用以下质量指标：

（1）平均壁厚，钢管某横截面上的厚度平均值。

（2）壁厚不均（又称壁厚偏差），分为纵向壁厚不均和横向壁厚不均，纵向壁厚不均是指钢管前后端的平均壁厚差，横向壁厚不均是指同一截面上最大壁厚值与最小壁厚值之差，有时还用其相对值的形式来表示。

6.1.2.1 壁厚不均的特征

经过对现场实物的测量表明，斜轧穿孔后毛管的主要壁厚不均是偏心螺旋形壁厚不均，而由斜轧导致的斜轧螺旋纹更使壁厚不均形态趋于复杂，如图6-2所示[57]。

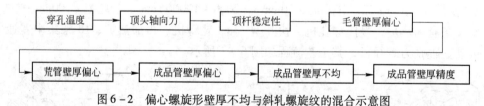

图6-2 偏心螺旋形壁厚不均与斜轧螺旋纹的混合示意图

纵轧延伸工序所产生的荒管上的壁厚不均是对称型壁厚不均，对自动轧管机和连轧管机带芯棒的纵轧过程，沿荒管周向会出现如图6-3所示的厚壁区和薄壁区[58]，对于张减径这样的空心纵轧过程，其典型横向不均是内棱（图6-4）[59]。

6.1.2.2 壁厚不均产生的机理

对于壁厚不均产生的机理曾有一些研究。一些研究者[60~62]分析了某些不正确的轧机调整、工具的精度、错位、磨损等对横向壁厚不均的影响。

对于斜轧无缝管偏心螺旋型壁厚不均产生的机理研究较少，卢于述[57]、三原丰等[63]曾进行过一些研究。

对于无缝管斜轧螺旋纹的产生机理有不少研究（如文献［64］、［65］），但缺少实际生产中应用的报道。

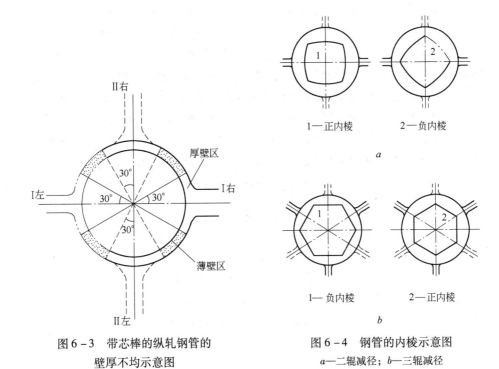

图6-3 带芯棒的纵轧钢管的
　　　壁厚不均示意图

图6-4 钢管的内棱示意图
a—二辊减径；b—三辊减径

　　钢管在减径过程中产生内棱的机理首先由 A. A. 舍甫琴科[66] 提出，并提出了消除内棱的一些措施。热轧无缝管在减径过程中经常出现的另一缺陷是青线，该缺陷位于钢管的外表面，呈对称或不对称的纵向轧痕。过去对此研究得较少。

　　对于纵向壁厚不均，目前可以实现有效在线控制；但对横向壁厚不均，由于其复杂性尚难控制。为实现有效控制，应对横向壁厚不均的影响因素做综合分析，故需开发数据分析方法，并进行全过程的质量控制。

　　总之，对壁厚不均问题尚需做进一步深入研究。

6.2　无缝钢管壁厚不均的特征及其演变规律[67,68]

　　在无缝钢管的轧制过程中，需经穿孔、轧管、张减三个主要变形工序，所以要寻找无缝钢管壁厚不均的原因，首先要研究穿孔后毛管、轧管后荒管和张减后成品管的壁厚不均特点，并分析这些特点之间的遗传关系，这是进一步深入分析壁厚不均产生机理的基础。

6.2.1　壁厚不均的特征

　　对三种典型规格的毛管、荒管和成品管的壁厚进行了现场测量，通过作壁厚分布曲线和上、下壁厚偏差分布曲线，分析了钢管在三个主变形工序后的壁厚不均特征。

选用轧制 $\phi85mm \times 15mm$（$D/S = 5.67$）、$\phi76mm \times 6mm$（$D/S = 12.67$）、$\phi57mm \times 3.5mm$（$D/S = 16.28$）三种典型规格进行实验。在正常生产的情况下，取穿孔后毛管、轧管后荒管、张减后成品管进行分析，各机组的轧制如表 6-2 ～表 6-4 所示。所用钢种为 20 号钢，采取轧卡的方法取样，分别在轧卡件的毛管区和荒管区以及成品管的中间部分截取一段钢管，将其沿截面的圆周方向划 n 等分线，据此沿纵向画出 n 条纵向线，再沿纵向每隔一定的间距画一条圆周线，在线上标号后，测量交点处的壁厚值，作壁厚分布曲线。另外，三种规格的壁厚分布曲线采用了相同的刻度比例，这就为三种规格之间的比较提供了可能。

表 6-2　穿孔机轧制

| 成品规格 /mm × mm | 管坯规格 /mm | 穿孔毛管/mm | | 轧辊距 /mm | 导板距 /mm | 送入角 /(°) | 顶头/mm | | | 压下量 | | 延伸系数 |
		外径	壁厚				直径	长度	位置	绝对 /mm	相对 /%	
$\phi85 \times 15$	100	104	18.8	92	101	8.0	62.0	162	65	8.0	8.0	1.56
$\phi76 \times 6$	100	100	13.2	88	99	7.0	67.0	167	116	12.0	12.0	2.18
$\phi57 \times 3.5$	100	107	12.3	87	102	7.5	76.0	176	108	13.0	13.0	2.15

表 6-3　三辊轧管机轧制

| 成品规格 /mm × mm | 荒管规格 /mm | | Assel 台肩 /mm | | 减壁量 /mm | 芯棒直径 /mm | 牌坊转角 /(°) | 送进角 /(°) | 垫片厚度 /mm | | 延伸系数 | 电机转速 /r·min⁻¹ |
	外径	壁厚	高度	位置					入口	出口		
$\phi85 \times 15$	85.7	14.70	4.0	140	4.10	55.0	10.0	6.0	12.8	16.8	1.53	600
$\phi76 \times 6$	82.2	6.25	8.5	90	6.95	63.5	13.5	7.0	39.4	39.4	2.41	600
$\phi57 \times 3.5$	98.8	3.64	8.5	90	8.66	74	15.5	7.5	34.4	31.8	3.36	700

表 6-4　张减机轧制

| 成品规格 /mm × mm | 延伸系数 | 孔型系列 | 机架数目 | 电机转速/r·min⁻¹ | |
				基速	叠加
$\phi85 \times 15$	1.03	B	6	1500	200
$\phi76 \times 6$	1.33	B	9	1500	200
$\phi57 \times 3.5$	1.85	A	15	1500	1100

6.2.1.1　毛管壁厚不均的特征

图 6-5 所示为三种规格毛管的四条纵向线中任意两条相对纵向线上的壁厚分布曲线，其波动状况是毛管多种壁厚不均特征的综合体现。其中，上方的两条曲线对应的毛管规格为 $\phi104mm \times 18.8mm$，中间的两条曲线对应的毛管规格为 $\phi100mm \times 13.2mm$，下方的两条曲线对应的毛管规格为 $\phi107mm \times 12.3mm$。

由图可以看出，三种规格毛管的壁厚分布有一个共同的特点，即壁厚值沿纵向线的分布呈明显的周期性大波浪状；而且，相对 180°纵向线上的壁厚分布重叠在一起时，其波形的相位正好相差 π。也就是说，在管体的同一横截面上，最大

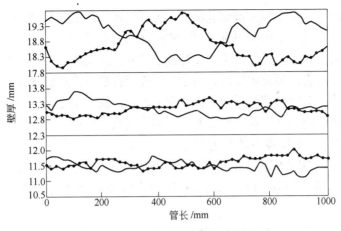

图 6-5 三种规格的毛管壁厚分布图

壁厚与最小壁厚正好处在相对 180°的位置上。不难理解，毛管壁厚不均中必然存在一种"偏心螺旋型"壁厚不均，而且从波形状况来看，这种"偏心螺旋型"壁厚不均在毛管的壁厚不均中占有相当大的比例，是毛管壁厚不均的主要特征。

比较三种规格毛管壁厚波动的大小可以看出，壁厚为 18.8mm 的毛管的"偏心螺旋型"壁厚不均较严重，壁厚为 13.2m 和 12.3mm 的毛管的"偏心螺旋型"壁厚不均明显较小，这说明穿孔机变形量的大小对于毛管的壁厚偏心有较明显的影响。

如果定义"上绝对壁厚偏差"为横截面上最大壁厚与同管平均壁厚差值，"下绝对壁厚偏差"为横截面上最小壁厚与同管平均壁厚的差值，三种规格毛管的上、下绝对壁厚偏差的波动情况如图 6-6 所示。可以看出，三种规格毛管的上、下壁厚偏差的波动的一个共同特点是上、下曲线之间形成了一个糖葫芦状的空间。也就是说，在毛管的每一个横截面上，当上偏差较大时，相应的下偏差也较大。这种葫芦状壁厚不均也呈周期性变化，但其周期长度不同于偏心螺旋形壁

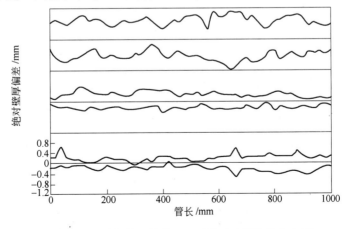

图 6-6 三种规格毛管的上、下绝对壁厚偏差分布图

厚不均的周期，它是由顶杆偏离轧制线、顶杆甩动、轧机的振动和轧辊的偏心运转等造成的，在生产中无法识别，是不规则状的壁厚不均。

此外，由于在穿孔过程中毛管以螺旋前进的方式脱离顶头辗轧带，因此不可避免的是在毛管表面形成螺旋纹，由于是二辊穿孔机，因此螺旋纹是双导型的。

综上所述，毛管的壁厚不均主要体现为偏心螺旋型壁厚不均、双导螺旋纹和不规则状壁厚不均，其中偏心螺旋型壁厚不均是其主要特征。

6.2.1.2 荒管壁厚不均的特征

图6-7a、b所示分别是三种规格荒管的壁厚分布曲线和上、下绝对壁厚偏差的分布曲线。由图6-7a可知，荒管的壁厚不均主要体现为偏心螺旋型壁厚不均。

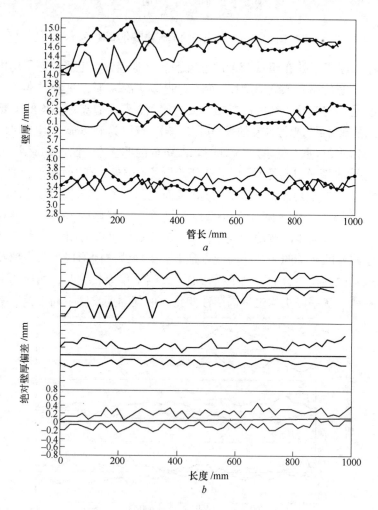

图6-7 荒管壁厚分布和绝对壁厚偏差分布

a—三种规格荒管的壁厚分布；b—上、下绝对壁厚偏差分布

但是，荒管壁厚分布的大波浪形状不像毛管的那样单纯，其他壁厚不均的特征比毛管复杂，而且影响程度也较大。图6-7b为上、下绝对壁厚偏差的波动情况，三种规格有一个共同特点，即上、下曲线之间形成一个葫芦状空间，并呈周期性波动，这可能与轧管过程中芯棒甩动有关。此外，轧管时荒管以螺旋前进的方式脱离变形区碾轧带，故荒管表面有螺旋纹，由于是三辊斜轧，故体现为三导螺旋纹。因此，荒管壁厚不均表现为偏心螺旋型壁厚不均、三导螺旋纹和不规则状壁厚不均，其中偏心螺旋型壁厚不均是其主要特征。

6.2.1.3　成品管壁厚不均的特征

成品管的壁厚不均主要体现为五个特征。由图6-8可以看出，其中三个特征是遗传了荒管的壁厚不均，即偏心螺旋型壁厚不均、三导螺旋纹和不规则状壁厚不均。另外两个特征是由张力减径过程引起的内棱和青线。

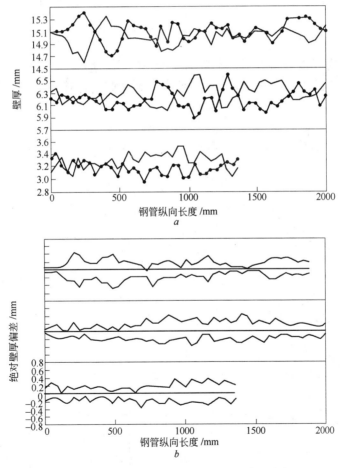

图6-8　成品管壁厚分布和绝对壁厚偏差分布

a—三种规格成品管的壁厚分布；b—上、下绝对壁厚偏差分布

6.2.2 壁厚不均特征的演变

壁厚不均沿三个主要变形工序的演变过程如图6-9所示。对三个工序的壁厚不均特征及其众多影响因素，已做了理论的和定量的分析[68]。图6-10所示为各因素对毛管壁厚偏心的影响曲线。通过曲线分析，可得出以下结论。

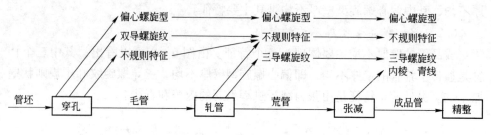

图6-9 壁厚不均演变过程

由于影响因素众多，对轧管工序、张减工序的影响，这里就不多加介绍了。壁厚精度的影响因素如表6-5所示。对它们的计算和分析，可参阅文献[67]。

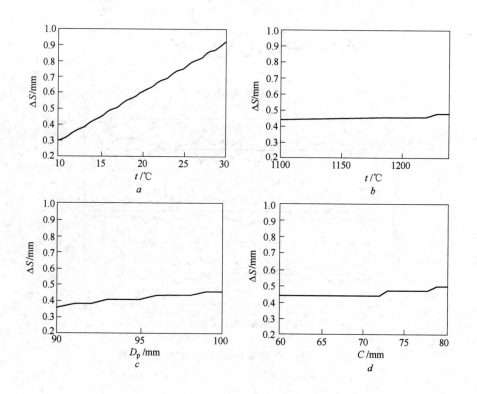

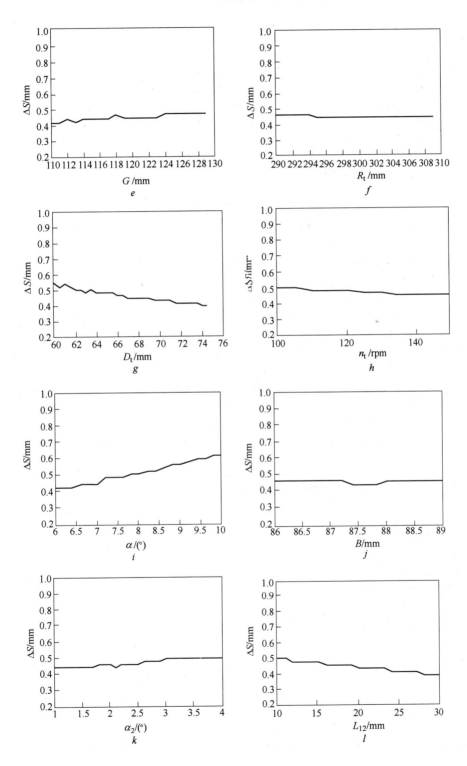

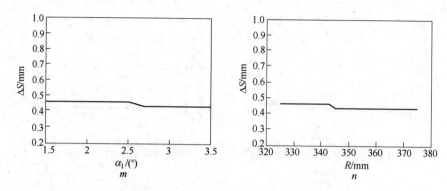

图 6-10 各因素对毛管壁厚偏心的影响曲线

a—管坯温度偏心对毛管壁厚偏心的影响；b—管坯温度对毛管壁厚偏心的影响；

c—管坯直径对毛管壁厚偏心的影响；d—顶头位置对毛管壁厚偏心的影响；

e—顶头参数 G 对毛管壁厚偏心的影响；f—顶头参数 R_t 对毛管壁厚偏心的影响；

g—顶头直径对毛管壁厚偏心的影响；h—轧辊转速对毛管壁厚偏心的影响；

i—轧辊送进角对毛管壁厚偏心的影响；j—辊距对毛管壁厚偏心的影响；

k—轧辊出口锥角对毛管壁厚偏心的影响；l—轧辊过渡带长度对毛管壁厚偏心的影响；

m—轧辊入口锥角对毛管壁厚偏心的影响；n—轧辊半径对毛管壁厚偏心的影响

说明：1. 管坯温度偏心值对毛管壁厚偏心影响最大，而且二者基本呈线性关系。

2. 顶头直径和轧辊送进角对毛管壁厚偏心有影响，但影响程度比温度偏心值要小，

送进角大，偏心值也大，而直径增大，偏心值减小。

3. 管坯直径、轧辊转速、轧辊出口锥角、轧辊过渡带长度仅有轻微影响。

4. 顶杆的稳定性对毛管壁厚偏心也有重要影响，而其稳定性与其尺寸有关。

5. 毛管螺旋纹的形成与穿孔机变形区中碾轧带缝隙的平行性密切相关。

表 6-5 壁厚精度的影响因素

序 号	影 响 因 素	序 号	影 响 因 素
1	成品管壁厚精度	12	三辊轧管机活动牌坊转角
2	成品管平均壁厚	13	荒管在张减机上的壁厚变化
3	成品管壁厚不均	14	荒管壁厚偏心
4	张减机张力系数	15	荒管三导螺旋纹
5	荒管平均壁厚	16	荒管不规则状壁厚不均
6	成品管壁厚偏心	17	张减机总减径率
7	成品管三导螺旋纹	18	张减机轧制温度
8	成品管不规则状壁厚不均	19	荒管径壁比
9	成品管内棱	20	张减机孔型设计
10	成品管青线	21	张减机机架装配
11	三辊轧管机轧辊压下	22	毛管壁厚偏心

序 号	影 响 因 素	序 号	影 响 因 素
23	毛管温度偏心	38	管坯加热控制
24	三辊轧管机减径区纠偏作用	39	管坯直径
25	芯棒甩动	40	毛管壁厚值
26	毛管双导螺旋纹	41	毛管内径
27	毛管不规则状壁厚不均	42	顶杆稳定性
28	管坯温度偏心	43	穿孔机轧辊间距
29	顶头直径	44	顶头位置
30	穿孔机轧辊送进角	45	顶杆外径
31	毛管径壁比	46	顶杆内径
32	三辊轧管机减径量	47	顶杆支撑长度
33	三辊轧管机轧辊转速	48	顶头轴向力
34	芯棒直径	49	穿孔温度
35	芯棒防甩装置	50	穿孔机轧辊转速
36	顶头辗轧段锥角设计	51	穿孔机导板距
37	穿孔机顶杆抱紧装置		

6.3 解释结构模型

影响无缝钢管壁厚精度的因素非常多，而且各因素之间又有着复杂的内在联系，这就使得从整体上认识无缝钢管壁厚精度的影响机理尤为困难，如何给出无缝钢管壁厚精度影响机理的总体图景，为无缝钢管壁厚精度的综合控制（人工或自动）提供依据，就成为重要课题了。为此，在了解与无缝钢管壁厚精度相关的重要的或较重要的诸因素基础上，建立壁厚精度的解释结构模型，以解决无缝钢管壁厚精度的控制问题。

6.3.1 解释结构模型基本性质

解释结构模型（interpretative structural model）是 J. 华费尔特教授作为分析复杂的社会经济系统有关问题的一种方法而开发的。其特点是把复杂的系统分解为若干子系统（或要素），利用人们的实践经验和知识以及计算机的帮助，最终将系统构造成一个多级递阶的结构模型[69]。它有以下基本性质：

（1）它是一种几何模型，是由节点和有向边构成的图或树图来描述一个系统的结构。图中，节点用来表示系统的要素，而有向边则表示要素间所存在的关系。

（2）它是一种以定性分析为主的模型，通过它可以分析系统的要素选择得是否合理，还可以分析系统要素及其相互关系变化时对系统总体的影响等问题。

（3）它除了可用有向连接图描述外，还可以用矩阵形式来描述。因此，如果要进一步研究各要素之间的关系，就能通过矩阵形式的演算使定性分析和定量分析相结合。

由于解释结构模型具有上述这些基本性质，所以通过解释结构模型对复杂系统进行分析，往往能够抓住问题的本质，并找到解决问题的有效对策。

6.3.2 基本步骤

一般来说，建立解释结构模型要经过以下几个基本步骤：

（1）设定问题；

（2）选择构成系统的要素；

（3）建立全部所选系统要素的邻接矩阵；

（4）对邻接矩阵进行矩阵运算，建立可达矩阵；

（5）对可达矩阵进行分解后建立结构模型；

（6）在结构模型的要素上，填入相应的要素名称，即为解释结构模型。

6.3.3 邻接矩阵

邻接矩阵 A（adjacency matrix）描述了系统各要素两两之间的直接关系，其元素 a_{ij} 可以定义为：

$a_{ij} = 1$，表示要素 S_i 与要素 S_j 有直接关系；

$a_{ij} = 0$，表示要素 S_i 与要素 S_j 没有直接关系。

这里所说的关系，根据分析对象的不同会有不同的定义，对于质量控制系统来说，自然应该是因果关系，因为只有因果关系的存在，才能使控制行为成为可能。同时，从控制论的角度来看，这种因果关系也不可能是系统中所有的因果关系，而是重要的和对质量控制有用的关系。

根据各要素之间的直接因果关系，该系统（这里举例，设为六个要素 $S_1 \sim S_6$，见图 6-11）的邻接矩阵可以表示为：

$$
A = \begin{array}{c} \\ S_1 \\ S_2 \\ S_3 \\ S_4 \\ S_5 \\ S_6 \end{array}
\begin{array}{c} \begin{matrix} S_1 & S_2 & S_3 & S_4 & S_5 & S_6 \end{matrix} \\
\left[\begin{matrix}
0 & 0 & 0 & 0 & 0 & 0 \\
0 & 0 & 1 & 0 & 0 & 0 \\
1 & 1 & 0 & 0 & 0 & 0 \\
0 & 0 & 1 & 0 & 1 & 1 \\
1 & 0 & 0 & 0 & 0 & 0 \\
1 & 0 & 0 & 0 & 0 & 0
\end{matrix} \right] \end{array}
\qquad (6-1)
$$

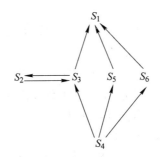

图 6 – 11 六要素系统的有向连接图

邻接矩阵有以下特性：

（1）矩阵的元素全为零的行所对应的节点称作汇点，即只有有向边进入而没有离开该节点，如图中的 S_1。

（2）矩阵的元素全为零的列所对应的节点称作源点，即只有有向边离开而没有进入该节点，如图中的 S_4。

（3）对应每一节点的行中，其元素值为 1 的数量，就是离开该节点的有向边数；而且，对应的列要素即为该行要素直接影响的要素。例如，式（6 – 1）所示的矩阵中 S_4 行在 S_3、S_5、S_6 列的元素值分别为 1，说明离开 S_4 节点的有向边数为 3，且 S_4 所直接影响的要素为 S_3、S_5、S_6。

（4）对应每一节点的列中，其元素值为 1 的数量，就是进入该节点的有向边数。例如，式（6 – 1）所示的矩阵的 S_5 列只有 S_4 行的值为 1，说明只有一条有向边进入 S_5 节点，且直接影响 S_5 的要素为 S_4。

总的来说，邻接矩阵描述了经过长度为 1 的通路后各节点两两之间的可达程度。

6.3.4 可达矩阵

可达矩阵 R（reachability matrix）是指用矩阵形式来描述有向连接图各节点之间经过一定长度的通路后可以到达的程度。

可达矩阵有一个重要特性，即推移律特性。当 S_i 经过长度为 1 的通路到达 S_k，而 S_k 经过长度为 1 的通路到达 S_j，那么 S_i 经过长度为 2 的通路必可到达 S_j。利用推移律进行演算，这就是矩阵演算的特点。可达矩阵可以应用邻接矩阵 A 加上单位矩阵 I，并经过一定的演算后求得。

令 $A_1 = A + I$，则矩阵 A_1 描述了各节点间经过长度不大于 1 的通路后的可达程度（要素对自身可达的通路长度为 0）。再令 $A_2 = (A + I)^2$，则矩阵 A_2 描述了各节点间经过长度不大于 2 的通路后的可达程度。再令 $A_3 = (A + I)^3$，…，如此依次运算。

如果

$$A_l \neq A_2 \neq \cdots \neq A_{r-1} = A_r \quad r \leqslant n-l \tag{6-2}$$

式中，n 为矩阵阶数，也即节点个数。

则

$$A_{r-1} = (A+I)^{r-1} = R \tag{6-3}$$

矩阵 R 称为可达矩阵，它表明各节点间经过长度不大于 $n-l$ 的通路可以到达的程度。仍以图 6-11 所示有向连接图为例，经过运算得 A_1、A_2、A_3，又因 $A_3 = A_2$，所以 $R = A_2$，其可达矩阵为：

$$R = \begin{array}{c} \\ S_1 \\ S_2 \\ S_3 \\ S_4 \\ S_5 \\ S_6 \end{array} \begin{array}{c} \begin{array}{cccccc} S_1 & S_2 & S_3 & S_4 & S_5 & S_6 \end{array} \\ \left[\begin{array}{cccccc} 1 & 0 & 0 & 0 & 0 & 0 \\ 1 & 1 & 1 & 0 & 0 & 0 \\ 1 & 1 & 1 & 0 & 0 & 0 \\ 1 & 1 & 1 & 1 & 1 & 1 \\ 1 & 0 & 0 & 0 & 1 & 0 \\ 1 & 0 & 0 & 0 & 0 & 1 \end{array} \right] \end{array} \tag{6-4}$$

6.3.5 级间划分

级间划分就是对可达矩阵进行分解，即将系统中所有要素以可达矩阵为准则，划分成不同级次，进而建立结构模型。具体做法是将与要素 S_i 有关的要素集中起来，并定义为要素 S_i 的可达集，用 $R(S_i)$ 表示。它是可达矩阵中第 S_i 行中所有矩阵元素为 1 的列所对应的要素集合。

类似地，将到达要素 S_i 的要素集合定义为要素 S_i 的前因集，用 $A(S_i)$ 表示。它由可达矩阵中第 S_i 列中所有矩阵元素为 1 的行所对应的要素组成。

然后，根据可达集 $R(S_i)$ 和前因集 $A(S_i)$ 就可以划分等级。一个多级递阶结构的最高级要素集，是指没有比它再高级别的要素集可以到达，其可达集 $R(S_i)$ 中只包含它本身的要素集。而前因集 $A(S_i)$ 中，除包含要素 S_i 本身外，还包含可以到达它下一级的要素。

所以，若 $R(S_i) = R(S_i) \cap A(S_i)$，则 $R(S_i)$ 即为最高级要素集。

找到最高级要素后，即可将其从可达矩阵中划去相应的行和列。然后再从剩下的可达矩阵中继续寻找新的最高级要素。依此类推，可以找出各级所包含的最高级要素集。若用 L_1，L_2，$\cdots$，L_k 表示从上到下的级次，则有 k 个级次的系统，其级间划分可以用下式来表示：

$$\Pi_k(S) = [L_1, L_2, \cdots, L_k] \tag{6-5}$$

仍以六要素系统为例，进行分级，其过程如下：

全部要素的 $R(S_i)$、$A(S_i)$ 和 $R(S_i) \cap A(S_i)$ 列入表 6-6，由表可知，S_1 满

足 $R(S_i) = R(S_i) \cap A(S_i)$ 的条件，故 S_1 为最高级要素。

将式（6-4）所示的可达矩阵中的 S_1 行和 S_1 列删除，进一步进行分级，可得 $S_2 - S_6$ 的 $R(S_i)$、$A(S_i)$ 和 $R(S_i) \cap A(S_i)$，见表6-7。由表可知，要素 S_2、S_3、S_5、S_6 满足 $R(S_i) = R(S_i) \cap A(S_i)$ 的条件，所以是该表中的最高级要素，也是整个系统的第二级要素。

表6-6 六个要素的可达集与前因集

S_i	$R(S_i)$	$A(S_i)$	$R(S_i) \cap A(S_i)$
1	1	1, 2, 3, 4, 5, 6	1
2	1, 2, 3	2, 3, 4	2, 3
3	1, 2, 3	2, 3, 4	2, 3
4	1, 2, 3, 4, 5, 6	4	4
5	1, 5	4, 5	5
6	1, 6	4, 6	6

表6-7 要素 $S_2 \sim S_6$ 的可达集与前因集

S_i	$R(S_i)$	$A(S_i)$	$R(S_i) \cap A(S_i)$
2	2, 3	2, 3, 4	2, 3
3	2, 3	2, 3, 4	2, 3
4	2, 3, 4, 5, 6	4	4
5	5	4, 5	5
6	6	4, 6	6

将 S_2、S_3、S_5、S_6 对应的行和列从矩阵中删除，得到 S_4 单元素矩阵。据此可得 S_4 的 $R(S_i)$、$A(S_i)$ 和 $R(S_i) \cap A(S_i)$，见表6-8。显然，S_4 满足 $R(S_i) \cap A(S_i)$ 的条件，故为第三级要素，也是最后一级要素。至此可得级间划分如下：

$$\Pi_k(S) = [L_1, L_2, L_3] = [S_1, S_2, S_3, S_5, S_6, S_4] \tag{6-6}$$

表6-8 要素 S_4 的可达集与前因集

S_i	$R(S_i)$	$A(S_i)$	$R(S_i) \cap A(S_i)$
4	4	4	4

6.3.6 建立结构模型

将系统中各要素按级间划分依次排列，然后再依次找到各级要素之间的关系，画出各要素之间的有向边，整个系统的结构模型即可建成。将上面分级运算得到的三级要素按照邻接关系用有向边连接，即可得到如图6-11所示的结构模型。然后，在结构模型的要素上填入相应的要素名称，即为解释结构模型。

6.4 无缝钢管壁厚精度的解释结构模型

研究无缝钢管壁厚精度的影响机理，可将其视为一个系统，每一个与壁厚精度有关的因素都可视作一个系统要素，在实验研究和理论分析的基础上，选取了与无缝钢管壁厚精度相关的重要或比较重要的 51 个因素（表 6-5），据此建立无缝钢管壁厚精度的解释结构模型。在表中，各因素的序号没有特别的含义，对最终建立的结构模型不会有影响。而且，在因素选择上，有些因素主要起加强解释的作用，例如成品管壁厚不均（在表中的序号为 3），它实际上是成品管壁厚偏心（6）、成品管三导螺旋纹（7）、成品管不规则状壁厚不均（8）、成品管内棱（9）和成品管青线（10）等五种壁厚不均的总称，但为了加强结构模型的解释功能，也把它作为一个系统要素，这不会影响解释结构模型的实质内容。

对于无缝钢管这样的工程系统来说，壁厚精度系统要素是根据一定的工艺机理相组合的，其邻接矩阵比较容易得到。因此，要建立无缝钢管壁厚精度的解释结构模型，首先要建立系统要素的邻接矩阵。就像系统要素的选择那样，邻接矩阵中的邻接关系也应该选择重要或比较重要的、有实际意义的关系。根据这一邻接关系的确定原则，可建立表 6-5 中 51 个系统要素的邻接矩阵（见图 6-12）。矩阵上侧和左侧是系统要素的序号，与原表中要素序号一致，当左侧序号与上侧序号交点处的矩阵元素为 1 时，表明与左侧序号对应的系统要素和与上侧序号对应的系统要素有邻接的因果关系，否则，表明这两个系统要素之间没有邻接的因果关系。例如，S_{51} 所对应的行与 S_{48} 所对应的列交点处的元素值为 1，表明 S_{51} 对 S_{48} 有直接影响，对照原表可知其含义为穿孔机导板距对顶头轴向力有直接影响。

将该邻接矩阵转化为可达矩阵，转化后的可达矩阵见图 6-13。在该矩阵中，当左侧序号与上侧序号交点处的矩阵元素为 1 时，表明与左侧序号对应的系统要素和与上侧序号对应的系统要素有可达的因果关系，否则表明这两个系统要素之间没有可达的因果关系。例如，S_{49} 所对应的行与 S_3 所对应的列交点处的元素值为 1，表明 S_{49} 对 S_3 有可达的影响关系，对照表 6-5，可知其含义为顶头直径对成品管壁厚不均有影响。

从邻接矩阵得到可达矩阵后，就可对所有系统要素进行级间划分。按分级次序重新排列后得到的新的可达矩阵见图 6-14。显然，按级间排列的可达矩阵是一个左下角矩阵，表明级间的关系是从下级到上级的关系。将因素序号按级间排列，并按邻接关系连线后，可以得到如图 6-15 所示的结构模型。在各序号处填上相应的要素名称，就得到了无缝钢管壁厚精度的解释结构模型（图 6-16）。

```
    01 02 03 04 05 06 07 08 09 10 11 12 13 14 15 16 17 18 19 20 21 22 23 24 25 26 27 28 29 30 31 32 33 34 35 36 37 38 39 40 41 42 43 44 45 46 47 48 49 50 51
01|  0  0  0  0  0  0  0  0  0  0  0  0  0  0  0  0  0  0  0  0  0  0  0  0  0  0  0  0  0  0  0  0  0  0  0  0  0  0  0  0  0  0  0  0  0  0  0  0  0  0  0
02|  1  0  0  0  0  0  0  0  0  0  0  0  0  0  0  0  0  0  0  0  0  0  0  0  0  0  0  0  0  0  0  0  0  0  0  0  0  0  0  0  0  0  0  0  0  0  0  0  0  0  0
03|  1  0  0  0  0  0  0  0  0  0  0  0  0  0  0  0  0  0  0  0  0  0  0  0  0  0  0  0  0  0  0  0  0  0  0  0  0  0  0  0  0  0  0  0  0  0  0  0  0  0  0
04|  0  1  0  0  0  0  0  1  1  0  0  0  0  0  0  0  0  0  0  0  0  0  0  0  0  0  0  0  0  0  0  0  0  0  0  0  0  0  0  0  0  0  0  0  0  0  0  0  0  0  0
05|  0  1  0  0  0  0  0  0  0  0  0  0  1  0  0  0  0  0  0  0  0  0  0  0  0  0  0  0  0  0  0  0  0  0  0  0  0  0  0  0  0  0  0  0  0  0  0  0  0  0  0
06|  0  0  1  0  0  0  0  0  0  0  0  0  0  0  0  0  0  0  0  0  0  0  0  0  0  0  0  0  0  0  0  0  0  0  0  0  0  0  0  0  0  0  0  0  0  0  0  0  0  0  0
07|  0  0  1  0  0  0  0  0  0  0  0  0  0  0  0  0  0  0  0  0  0  0  0  0  0  0  0  0  0  0  0  0  0  0  0  0  0  0  0  0  0  0  0  0  0  0  0  0  0  0  0
08|  0  0  1  0  0  0  0  0  0  0  0  0  0  0  0  0  0  0  0  0  0  0  0  0  0  0  0  0  0  0  0  0  0  0  0  0  0  0  0  0  0  0  0  0  0  0  0  0  0  0  0
09|  0  0  1  0  0  0  0  0  0  0  0  0  0  0  0  0  0  0  0  0  0  0  0  0  0  0  0  0  0  0  0  0  0  0  0  0  0  0  0  0  0  0  0  0  0  0  0  0  0  0  0
10|  0  0  1  0  0  0  0  0  0  0  0  0  0  0  0  0  0  0  0  0  0  0  0  0  0  0  0  0  0  0  0  0  0  0  0  0  0  0  0  0  0  0  0  0  0  0  0  0  0  0  0
11|  0  0  0  0  1  0  0  0  0  0  0  1  0  0  0  0  0  0  0  0  0  0  0  0  0  0  0  0  0  0  0  0  0  0  0  0  0  0  0  0  0  0  0  0  0  0  0  0  0  0  0
12|  0  0  0  1  0  0  0  0  0  0  0  1  0  0  0  0  0  0  0  0  0  0  0  0  0  0  0  0  0  0  0  0  0  0  0  0  0  0  0  0  0  0  0  0  0  0  0  0  0  0  0
13|  0  0  0  0  1  1  1  0  0  0  0  0  0  0  0  0  0  0  0  0  0  0  0  0  0  0  0  0  0  0  0  0  0  0  0  0  0  0  0  0  0  0  0  0  0  0  0  0  0  0  0
14|  0  0  0  0  1  0  0  0  0  0  0  0  0  0  0  0  0  0  0  0  0  0  0  0  0  0  0  0  0  0  0  0  0  0  0  0  0  0  0  0  0  0  0  0  0  0  0  0  0  0  0
15|  0  0  0  0  0  1  0  0  0  0  0  0  0  0  0  0  0  0  0  0  0  0  0  0  0  0  0  0  0  0  0  0  0  0  0  0  0  0  0  0  0  0  0  0  0  0  0  0  0  0  0
16|  0  0  0  0  0  0  1  0  0  0  0  0  0  0  0  0  0  0  0  0  0  0  0  0  0  0  0  0  0  0  0  0  0  0  0  0  0  0  0  0  0  0  0  0  0  0  0  0  0  0  0
17|  0  0  0  0  0  0  0  1  0  0  0  0  0  0  0  0  0  0  0  0  0  0  0  0  0  0  0  0  0  0  0  0  0  0  0  0  0  0  0  0  0  0  0  0  0  0  0  0  0  0  0
18|  0  0  0  0  0  0  0  1  0  0  0  0  0  0  0  0  0  0  0  0  0  0  0  0  0  0  0  0  0  0  0  0  0  0  0  0  0  0  0  0  0  0  0  0  0  0  0  0  0  0  0
19|  0  0  0  0  0  0  0  1  0  0  0  0  0  0  0  0  0  0  0  0  0  0  0  0  0  0  0  0  0  0  0  0  0  0  0  0  0  0  0  0  0  0  0  0  0  0  0  0  0  0  0
20|  0  1  0  0  0  0  0  1  1  0  0  0  0  0  0  0  0  0  0  0  0  0  0  0  0  0  0  0  0  0  0  0  0  0  0  0  0  0  0  0  0  0  0  0  0  0  0  0  0  0  0
21|  0  0  0  0  0  0  0  0  1  0  0  0  0  0  0  0  0  0  0  0  0  0  0  0  0  0  0  0  0  0  0  0  0  0  0  0  0  0  0  0  0  0  0  0  0  0  0  0  0  0  0
22|  0  0  0  0  0  0  0  0  0  0  0  0  1  0  0  0  0  0  1  0  0  0  0  0  0  0  0  0  0  0  0  0  0  0  0  0  0  0  0  0  0  0  0  0  0  0  0  0  0  0  0
23|  0  0  0  0  0  0  0  0  0  0  0  0  1  0  0  0  0  0  0  0  0  0  0  0  0  0  0  0  0  0  0  0  0  0  0  0  0  0  0  0  0  0  0  0  0  0  0  0  0  0  0
24|  0  0  0  0  0  0  0  0  0  0  0  0  1  0  0  0  0  0  0  0  0  0  0  0  0  0  0  0  0  0  0  0  0  0  0  0  0  0  0  0  0  0  0  0  0  0  0  0  0  0  0
25|  0  0  0  0  0  0  0  0  0  0  0  0  0  0  0  0  1  0  0  0  0  0  0  0  0  0  0  0  0  0  0  0  0  0  0  0  0  0  0  0  0  0  0  0  0  0  0  0  0  0  0
26|  0  0  0  0  0  0  0  0  0  0  0  0  0  0  1  0  0  0  0  0  0  0  0  0  0  0  0  0  0  0  0  0  0  0  0  0  0  0  0  0  0  0  0  0  0  0  0  0  0  0  0
27|  0  0  0  0  0  0  0  0  0  0  0  0  0  0  1  0  0  0  0  0  0  0  0  0  0  0  0  0  0  0  0  0  0  0  0  0  0  0  0  0  0  0  0  0  0  0  0  0  0  0  0
28|  0  0  0  0  0  0  0  0  0  0  0  0  0  0  0  0  0  1  1  0  0  0  0  0  0  0  0  0  0  0  0  0  0  0  0  0  0  0  0  0  0  0  0  0  0  0  0  0  0  0  0
29|  0  0  0  0  0  0  0  0  0  0  0  0  0  0  0  0  0  1  0  0  0  0  0  0  0  0  0  0  0  0  0  0  0  0  0  1  0  0  0  0  1  0  0  0  0  0  0  0  0  0  0
30|  0  0  0  0  0  0  0  0  0  0  0  0  0  0  0  0  0  1  0  0  0  1  0  0  0  0  0  0  0  0  0  0  0  0  0  0  0  0  0  0  0  0  0  0  0  0  1  0  0  0  0
31|  0  0  0  0  0  0  0  0  0  0  0  0  0  0  0  0  0  1  0  0  0  0  0  0  0  0  0  0  0  0  0  0  0  0  0  0  0  0  0  0  0  0  0  0  0  0  0  0  0  0  0
32|  0  0  0  0  0  0  0  0  0  0  0  0  0  0  0  0  0  1  0  0  0  0  0  0  0  0  0  0  0  0  0  0  0  0  0  0  0  0  0  0  0  0  0  0  0  0  0  0  0  0  0
33|  0  0  0  0  0  0  0  0  0  0  0  0  0  0  0  0  0  0  0  0  1  0  0  0  0  0  0  0  0  0  0  0  0  0  0  0  0  0  0  0  0  0  0  0  0  0  0  0  0  0  0
34|  0  0  0  0  0  0  0  0  0  0  0  0  0  0  0  0  0  0  0  0  1  0  0  0  0  0  0  0  0  0  1  0  0  0  0  0  0  0  0  0  0  0  0  0  0  0  0  0  0  0  0
35|  0  0  0  0  0  0  0  0  0  0  0  0  0  0  0  0  0  0  0  0  1  0  0  0  0  0  0  0  0  0  0  0  0  0  0  0  0  0  0  0  0  0  0  0  0  0  0  0  0  0  0
36|  0  0  0  0  0  0  0  0  0  0  0  0  0  0  0  0  0  0  0  0  0  1  0  0  0  0  0  0  0  0  0  0  0  0  0  0  0  0  0  0  0  0  0  0  0  0  0  0  0  0  0
37|  0  0  0  0  0  0  0  0  0  0  0  0  0  0  0  0  0  0  0  0  0  0  0  1  0  0  0  0  0  0  0  0  0  0  0  0  0  0  0  0  1  0  0  0  0  0  0  0  0  0  0
38|  0  0  0  0  0  0  0  0  0  0  0  0  0  0  0  0  0  0  0  0  0  0  0  0  1  0  0  0  0  0  0  0  0  0  0  0  0  0  0  0  0  0  0  0  0  0  0  0  0  0  0
39|  0  0  0  0  0  0  0  0  0  0  0  0  0  0  0  0  0  0  0  0  0  0  0  0  0  1  0  0  0  0  0  0  0  0  0  1  0  0  0  0  0  0  0  0  0  0  0  0  0  0  0
40|  0  0  0  0  0  0  0  0  0  0  0  0  0  0  0  0  0  0  0  0  0  0  0  0  0  1  0  0  0  0  0  0  0  0  0  1  0  0  0  0  0  0  0  0  0  0  0  0  0  0  0
41|  0  0  0  0  0  0  0  0  0  0  0  0  0  0  0  0  0  0  0  0  0  0  0  0  0  0  0  0  1  0  0  0  0  0  0  0  0  0  0  0  0  0  0  0  0  0  0  0  0  0  0
42|  0  0  0  0  0  0  0  0  0  0  0  0  0  0  0  0  0  0  0  0  0  1  0  0  0  0  0  0  0  0  0  0  0  0  0  0  0  0  0  0  0  0  0  0  0  0  0  0  0  0  0
43|  0  0  0  0  0  0  0  0  0  0  0  0  0  0  0  0  0  0  0  0  0  0  0  0  0  0  0  0  0  0  0  0  0  0  1  0  0  0  0  0  0  1  0  0  0  0  0  0  0  0  0
44|  0  0  0  0  0  0  0  0  0  0  0  0  0  0  0  0  0  0  0  0  0  0  0  0  0  0  0  0  0  0  0  0  0  0  1  0  0  0  0  0  0  1  0  0  0  0  0  0  0  0  0
45|  0  0  0  0  0  0  0  0  0  0  0  0  0  0  0  0  0  0  0  0  0  0  0  0  0  0  0  0  0  0  0  0  0  0  0  0  0  1  0  0  0  0  0  0  0  0  0  0  0  0  0
46|  0  0  0  0  0  0  0  0  0  0  0  0  0  0  0  0  0  0  0  0  0  0  0  0  0  0  0  0  0  0  0  0  0  0  0  0  0  1  0  0  0  0  0  0  0  0  0  0  0  0  0
47|  0  0  0  0  0  0  0  0  0  0  0  0  0  0  0  0  0  0  0  0  0  0  0  0  0  0  0  0  0  0  0  0  0  0  0  0  0  1  0  0  0  0  0  0  0  0  0  0  0  0  0
48|  0  0  0  0  0  0  0  0  0  0  0  0  0  0  0  0  0  0  0  0  0  0  0  0  0  0  0  0  0  0  0  0  0  0  0  0  0  1  0  0  0  0  0  0  0  0  0  0  0  0  0
49|  0  0  0  0  0  0  0  0  0  0  0  0  0  0  0  0  0  0  0  0  0  0  0  0  0  0  0  0  0  0  0  0  0  0  0  0  0  0  0  1  0  0  0  0  0  0  0  0  0  0  0
50|  0  0  0  0  0  0  0  0  0  0  0  0  0  0  0  0  0  0  0  0  0  0  0  0  0  1  0  0  0  0  0  0  0  0  0  0  0  0  0  0  0  0  0  0  0  1  0  0  0  0  0
51|  0  0  0  0  0  0  0  0  0  0  0  0  0  0  0  0  0  0  0  0  0  0  0  0  0  0  0  0  0  0  0  0  0  0  0  0  0  0  0  0  0  0  0  0  0  1  0  0  0  0  0
```

图 6-12　无缝钢管系统要素的邻接矩阵

```
   01 02 03 04 05 06 07 08 09 10 11 12 13 14 15 16 17 18 19 20 21 22 23 24 25 26 27 28 29 30 31 32 33 34 35 36 37 38 39 40 41 42 43 44 45 46 47 48 49 50 51
01  1  0  0  0  0  0  0  0  0  0  0  0  0  0  0  0  0  0  0  0  0  0  0  0  0  0  0  0  0  0  0  0  0  0  0  0  0  0  0  0  0  0  0  0  0  0  0  0  0  0  0
02  1  1  0  0  0  0  0  0  0  0  0  0  0  0  0  0  0  0  0  0  0  0  0  0  0  0  0  0  0  0  0  0  0  0  0  0  0  0  0  0  0  0  0  0  0  0  0  0  0  0  0
03  1  0  1  0  0  0  0  0  0  0  0  0  0  0  0  0  0  0  0  0  0  0  0  0  0  0  0  0  0  0  0  0  0  0  0  0  0  0  0  0  0  0  0  0  0  0  0  0  0  0  0
04  1  1  1  1  0  0  0  1  1  0  0  0  0  0  0  0  0  0  0  0  0  0  0  0  0  0  0  0  0  0  0  0  0  0  0  0  0  0  0  0  0  0  0  0  0  0  0  0  0  0  0
05  1  1  1  0  1  1  0  0  0  0  0  1  0  0  0  0  0  0  0  0  0  0  0  0  0  0  0  0  0  0  0  0  0  0  0  0  0  0  0  0  0  0  0  0  0  0  0  0  0  0  0
06  1  0  1  0  0  1  0  0  0  0  0  0  0  0  0  0  0  0  0  0  0  0  0  0  0  0  0  0  0  0  0  0  0  0  0  0  0  0  0  0  0  0  0  0  0  0  0  0  0  0  0
07  1  0  1  0  0  0  1  0  0  0  0  0  0  0  0  0  0  0  0  0  0  0  0  0  0  0  0  0  0  0  0  0  0  0  0  0  0  0  0  0  0  0  0  0  0  0  0  0  0  0  0
08  1  0  1  0  0  0  0  1  0  0  0  0  0  0  0  0  0  0  0  0  0  0  0  0  0  0  0  0  0  0  0  0  0  0  0  0  0  0  0  0  0  0  0  0  0  0  0  0  0  0  0
09  1  0  1  0  0  0  0  0  1  0  0  0  0  0  0  0  0  0  0  0  0  0  0  0  0  0  0  0  0  0  0  0  0  0  0  0  0  0  0  0  0  0  0  0  0  0  0  0  0  0  0
10  1  0  1  0  0  0  0  0  0  1  0  0  0  0  0  0  0  0  0  0  0  0  0  0  0  0  0  0  0  0  0  0  0  0  0  0  0  0  0  0  0  0  0  0  0  0  0  0  0  0  0
11  1  1  1  0  1  1  1  0  0  0  1  0  0  1  1  0  0  0  0  0  0  0  0  0  0  0  0  0  0  0  0  0  0  0  0  0  0  0  0  0  0  0  0  0  0  0  0  0  0  0  0
12  1  1  1  0  1  1  1  0  0  0  0  1  0  1  1  0  0  0  0  0  0  0  0  0  0  0  0  0  0  0  0  0  0  0  0  0  0  0  0  0  0  0  0  0  0  0  0  0  0  0  0
13  1  0  1  0  0  1  1  1  0  0  0  0  1  0  0  0  0  0  0  0  0  0  0  0  0  0  0  0  0  0  0  0  0  0  0  0  0  0  0  0  0  0  0  0  0  0  0  0  0  0  0
14  1  0  1  0  0  1  0  0  0  0  0  1  0  1  0  0  0  0  0  0  0  0  0  0  0  0  0  0  0  0  0  0  0  0  0  0  0  0  0  0  0  0  0  0  0  0  0  0  0  0  0
15  1  0  1  0  0  0  1  0  0  0  0  0  1  0  1  0  0  0  0  0  0  0  0  0  0  0  0  0  0  0  0  0  0  0  0  0  0  0  0  0  0  0  0  0  0  0  0  0  0  0  0
16  1  0  1  0  0  0  0  1  0  0  0  0  0  1  0  1  0  0  0  0  0  0  0  0  0  0  0  0  0  0  0  0  0  0  0  0  0  0  0  0  0  0  0  0  0  0  0  0  0  0  0
17  1  0  1  0  0  0  0  0  1  0  0  0  0  0  0  0  1  0  0  0  0  0  0  0  0  0  0  0  0  0  0  0  0  0  0  0  0  0  0  0  0  0  0  0  0  0  0  0  0  0  0
18  1  0  1  0  0  0  0  0  1  0  0  0  0  0  0  0  0  1  0  0  0  0  0  0  0  0  0  0  0  0  0  0  0  0  0  0  0  0  0  0  0  0  0  0  0  0  0  0  0  0  0
19  1  0  1  0  0  0  0  0  1  0  0  0  0  0  0  0  0  0  1  0  0  0  0  0  0  0  0  0  0  0  0  0  0  0  0  0  0  0  0  0  0  0  0  0  0  0  0  0  0  0  0
20  1  1  1  0  0  0  0  1  1  0  0  0  0  0  0  0  0  0  1  0  0  0  0  0  0  0  0  0  0  0  0  0  0  0  0  0  0  0  0  0  0  0  0  0  0  0  0  0  0  0  0
21  1  0  1  0  0  0  0  0  1  0  0  0  0  0  0  0  0  0  0  0  1  0  0  0  0  0  0  0  0  0  0  0  0  0  0  0  0  0  0  0  0  0  0  0  0  0  0  0  0  0  0
22  1  0  1  0  0  1  0  0  0  0  0  1  0  0  0  0  0  0  0  0  0  1  0  1  0  0  0  0  0  0  0  0  0  0  0  0  0  0  0  0  0  0  0  0  0  0  0  0  0  0  0
23  1  0  1  0  0  0  1  0  0  0  0  0  1  0  0  0  0  0  0  0  0  0  1  0  0  0  0  0  0  0  0  0  0  0  0  0  0  0  0  0  0  0  0  0  0  0  0  0  0  0  0
24  1  0  1  0  0  0  0  0  1  0  0  0  0  0  0  0  1  0  0  0  0  0  0  1  0  0  0  0  0  0  0  0  0  0  0  0  0  0  0  0  0  0  0  0  0  0  0  0  0  0  0
25  1  0  1  0  0  0  0  1  0  0  0  0  0  0  0  0  1  0  0  0  0  0  0  0  1  0  0  0  0  0  0  0  0  0  0  0  0  0  0  0  0  0  0  0  0  0  0  0  0  0  0
26  1  0  1  0  0  0  0  0  1  0  0  0  0  0  0  0  1  0  0  0  0  0  0  0  0  1  0  0  0  0  0  0  0  0  0  0  0  0  0  0  0  0  0  0  0  0  0  0  0  0  0
27  1  0  1  0  0  1  0  0  0  0  0  1  0  0  0  0  0  0  0  0  0  1  0  0  0  0  1  0  0  0  0  0  0  0  0  0  0  0  0  0  0  0  0  0  0  0  0  0  0  0  0
28  1  0  1  0  0  1  0  0  0  0  0  1  0  0  0  0  0  0  1  1  1  0  0  0  0  0  0  1  0  0  0  0  0  0  0  0  0  0  0  0  0  0  0  0  0  0  0  0  0  0  0
29  1  0  1  0  0  1  0  0  0  0  0  1  0  0  0  0  0  0  1  0  1  0  0  0  0  0  1  0  1  1  0  0  0  0  0  0  0  1  1  1  0  0  1  0  0  0  0  0  0  0  0
30  1  0  1  0  0  1  0  1  0  0  0  0  0  1  0  1  0  0  0  0  1  0  1  0  1  0  0  0  1  0  0  0  0  0  0  0  0  0  1  0  0  0  0  0  1  0  0  0  0  0  0
31  1  0  1  0  0  1  0  0  0  0  0  1  0  0  0  0  0  0  1  0  0  0  0  0  0  1  0  0  0  0  1  0  0  0  0  0  0  0  0  0  0  0  0  0  0  0  0  0  0  0  0
32  1  0  1  0  0  1  0  0  0  0  0  1  0  0  0  0  0  0  0  0  1  0  0  0  0  0  0  1  0  0  0  1  0  0  0  0  0  0  0  0  0  0  0  0  0  0  0  0  0  0  0
33  1  0  1  0  0  0  1  0  0  0  0  0  1  0  0  0  0  0  1  0  0  0  0  0  0  1  0  0  0  0  0  0  1  0  0  0  0  0  0  0  0  0  0  0  0  0  0  0  0  0  0
34  1  0  1  0  0  1  0  1  0  0  0  1  0  0  0  0  0  1  0  1  0  0  0  0  0  0  1  1  0  0  0  0  0  1  0  1  0  0  0  0  0  0  0  0  0  0  0  0  0  0  0
35  1  0  1  0  0  0  0  1  0  0  0  0  0  0  0  0  1  0  0  0  0  0  0  0  1  0  0  0  0  0  0  0  0  0  1  0  0  0  0  0  0  0  0  0  0  0  0  0  0  0  0
36  1  0  1  0  0  0  0  0  1  0  0  0  0  0  0  1  0  0  0  0  0  0  0  0  0  1  0  0  0  0  0  0  0  0  0  1  0  0  0  0  0  0  0  0  0  0  0  0  0  0  0
37  1  0  1  0  0  1  0  1  0  0  0  0  0  1  0  1  0  0  0  0  1  0  1  0  0  1  0  0  1  0  0  0  0  0  0  0  1  0  0  0  0  1  0  0  0  0  0  0  0  0  0
38  1  0  1  0  0  1  0  0  0  0  1  0  0  0  0  0  0  0  1  1  1  0  0  0  1  0  0  0  1  0  0  0  0  0  0  0  0  1  0  0  0  0  0  0  0  0  0  0  0  0  0
39  1  0  1  0  0  1  0  0  0  0  0  1  0  0  0  0  0  0  0  0  1  0  0  0  0  0  0  1  1  0  0  0  0  0  0  0  1  0  1  0  0  0  0  0  0  0  0  0  0  0  0
40  1  0  1  0  0  1  0  0  0  0  0  1  0  0  0  0  0  0  0  0  1  0  0  0  0  0  0  1  1  0  0  0  0  0  0  0  1  1  0  0  0  0  0  0  0  0  0  0  0  0  0
41  1  0  1  0  0  1  0  0  0  0  0  1  0  0  0  0  0  0  0  0  1  0  0  0  0  0  0  1  0  0  0  0  0  0  0  0  1  0  0  0  1  0  0  0  0  0  0  0  0  0  0
42  1  0  1  0  0  1  0  0  0  0  0  1  0  0  0  0  0  0  1  0  1  0  0  0  0  0  0  0  0  0  0  0  0  0  0  0  1  0  0  0  0  1  0  0  0  0  0  0  0  0  0
43  1  0  1  0  0  1  0  0  0  0  0  1  0  0  0  0  0  0  1  0  1  0  0  0  0  0  0  1  1  0  0  0  0  0  0  0  1  1  1  1  0  0  1  0  0  0  1  0  0  0  0
44  1  0  1  0  0  1  0  0  0  0  0  1  0  0  0  0  0  0  1  0  1  0  0  0  0  0  0  1  1  0  0  0  0  0  0  0  1  1  1  0  1  0  0  0  1  0  0  0  0  0  0
45  1  0  1  0  0  1  0  0  0  0  0  1  0  0  0  0  0  0  1  0  1  0  1  0  0  0  0  0  0  0  0  0  0  0  0  0  0  1  0  0  1  0  0  0  0  0  0  0  0  0  0
46  1  0  1  0  0  1  0  0  0  0  0  1  0  0  0  0  0  0  1  0  1  0  1  0  0  0  0  0  0  0  0  0  0  0  0  0  0  1  0  0  0  1  0  0  0  0  0  0  0  0  0
47  1  0  1  0  0  1  0  0  0  0  0  1  0  0  0  0  0  0  1  0  1  0  1  0  0  0  0  0  0  0  0  0  0  0  0  0  1  0  0  0  0  1  0  0  0  0  0  0  0  0  0
48  1  0  1  0  0  1  0  0  0  0  0  1  0  0  0  0  0  0  1  0  1  0  1  0  0  0  0  0  0  0  0  0  0  0  0  0  0  1  0  0  0  0  1  0  0  0  0  0  0  0  0
49  1  0  1  0  0  1  0  0  0  0  0  1  0  0  0  0  0  0  1  0  1  0  1  0  0  0  0  0  0  0  0  0  0  0  0  0  0  1  0  0  0  0  1  1  0  0  0  0  0  0  0
50  1  0  1  0  0  1  0  1  0  0  0  0  0  1  0  1  0  0  0  0  1  0  1  0  0  1  0  0  0  0  0  0  0  0  0  0  0  1  0  0  0  0  1  0  1  0  0  0  0  0  0
51  1  0  1  0  0  1  0  0  0  0  1  0  0  0  0  0  0  0  1  0  1  0  0  0  0  0  0  0  0  0  0  0  0  0  0  0  0  1  0  0  0  0  1  0  0  0  1  0  0  0  1
```

图6-13 无缝钢管系统要素的可达矩阵

```
     01 02 03 06 07 08 09 10 04 13 14 15 16 17 18 19 20 21 05 23 24 25 26 27 11 12 22 31 32 33 35 36 28 34 41 42 37 38 39 40 45 46 47 48 29 30 43 44 49 50 51
01 | 1  0  0  0  0  0  0  0  0  0  0  0  0  0  0  0  0  0  0  0  0  0  0  0  0  0  0  0  0  0  0  0  0  0  0  0  0  0  0  0  0  0  0  0  0  0  0  0  0  0  0
02 | 1  1  0  0  0  0  0  0  0  0  0  0  0  0  0  0  0  0  0  0  0  0  0  0  0  0  0  0  0  0  0  0  0  0  0  0  0  0  0  0  0  0  0  0  0  0  0  0  0  0  0
03 | 1  0  1  0  0  0  0  0  0  0  0  0  0  0  0  0  0  0  0  0  0  0  0  0  0  0  0  0  0  0  0  0  0  0  0  0  0  0  0  0  0  0  0  0  0  0  0  0  0  0  0
06 | 1  0  1  1  0  0  0  0  0  0  0  0  0  0  0  0  0  0  0  0  0  0  0  0  0  0  0  0  0  0  0  0  0  0  0  0  0  0  0  0  0  0  0  0  0  0  0  0  0  0  0
07 | 1  0  1  0  1  0  0  0  0  0  0  0  0  0  0  0  0  0  0  0  0  0  0  0  0  0  0  0  0  0  0  0  0  0  0  0  0  0  0  0  0  0  0  0  0  0  0  0  0  0  0
08 | 1  0  1  0  0  1  0  0  0  0  0  0  0  0  0  0  0  0  0  0  0  0  0  0  0  0  0  0  0  0  0  0  0  0  0  0  0  0  0  0  0  0  0  0  0  0  0  0  0  0  0
09 | 1  0  1  0  0  0  1  0  0  0  0  0  0  0  0  0  0  0  0  0  0  0  0  0  0  0  0  0  0  0  0  0  0  0  0  0  0  0  0  0  0  0  0  0  0  0  0  0  0  0  0
10 | 1  0  1  0  0  0  0  1  0  0  0  0  0  0  0  0  0  0  0  0  0  0  0  0  0  0  0  0  0  0  0  0  0  0  0  0  0  0  0  0  0  0  0  0  0  0  0  0  0  0  0
04 | 1  1  1  0  0  0  1  1  1  0  0  0  0  0  0  0  0  0  0  0  0  0  0  0  0  0  0  0  0  0  0  0  0  0  0  0  0  0  0  0  0  0  0  0  0  0  0  0  0  0  0
13 | 1  0  1  1  1  1  0  0  0  1  0  0  0  0  0  0  0  0  0  0  0  0  0  0  0  0  0  0  0  0  0  0  0  0  0  0  0  0  0  0  0  0  0  0  0  0  0  0  0  0  0
14 | 1  0  1  1  0  0  0  0  0  0  1  0  0  0  0  0  0  0  0  0  0  0  0  0  0  0  0  0  0  0  0  0  0  0  0  0  0  0  0  0  0  0  0  0  0  0  0  0  0  0  0
15 | 1  0  1  0  0  1  0  0  0  0  0  1  0  0  0  0  0  0  0  0  0  0  0  0  0  0  0  0  0  0  0  0  0  0  0  0  0  0  0  0  0  0  0  0  0  0  0  0  0  0  0
16 | 1  0  1  0  0  1  0  0  0  0  0  0  1  0  0  0  0  0  0  0  0  0  0  0  0  0  0  0  0  0  0  0  0  0  0  0  0  0  0  0  0  0  0  0  0  0  0  0  0  0  0
17 | 1  0  1  0  0  0  1  0  0  0  0  0  0  1  0  0  0  0  0  0  0  0  0  0  0  0  0  0  0  0  0  0  0  0  0  0  0  0  0  0  0  0  0  0  0  0  0  0  0  0  0
18 | 1  0  1  0  0  0  1  0  0  0  0  0  0  0  1  0  0  0  0  0  0  0  0  0  0  0  0  0  0  0  0  0  0  0  0  0  0  0  0  0  0  0  0  0  0  0  0  0  0  0  0
19 | 1  0  1  0  0  0  1  0  0  0  0  0  0  0  0  1  0  0  0  0  0  0  0  0  0  0  0  0  0  0  0  0  0  0  0  0  0  0  0  0  0  0  0  0  0  0  0  0  0  0  0
20 | 1  1  1  0  0  0  1  1  0  0  0  0  0  0  0  0  1  0  0  0  0  0  0  0  0  0  0  0  0  0  0  0  0  0  0  0  0  0  0  0  0  0  0  0  0  0  0  0  0  0  0
21 | 1  0  1  0  0  0  0  1  0  0  0  0  0  0  0  0  0  1  0  0  0  0  0  0  0  0  0  0  0  0  0  0  0  0  0  0  0  0  0  0  0  0  0  0  0  0  0  0  0  0  0
05 | 1  1  1  1  0  0  0  0  0  1  0  0  0  0  0  0  0  0  1  0  0  0  0  0  0  0  0  0  0  0  0  0  0  0  0  0  0  0  0  0  0  0  0  0  0  0  0  0  0  0  0
23 | 1  0  1  1  0  0  0  0  0  1  0  0  0  0  0  0  0  0  0  1  0  0  0  0  0  0  0  0  0  0  0  0  0  0  0  0  0  0  0  0  0  0  0  0  0  0  0  0  0  0  0
24 | 1  0  1  1  0  0  0  0  0  1  0  0  0  0  0  0  0  0  0  0  1  0  0  0  0  0  0  0  0  0  0  0  0  0  0  0  0  0  0  0  0  0  0  0  0  0  0  0  0  0  0
25 | 1  0  1  0  0  1  0  0  0  0  0  1  0  0  0  0  0  0  0  0  0  1  0  0  0  0  0  0  0  0  0  0  0  0  0  0  0  0  0  0  0  0  0  0  0  0  0  0  0  0  0
26 | 1  0  1  0  0  1  0  0  0  0  0  1  0  0  0  0  0  0  0  0  0  0  1  0  0  0  0  0  0  0  0  0  0  0  0  0  0  0  0  0  0  0  0  0  0  0  0  0  0  0  0
27 | 1  0  1  0  0  1  0  0  0  0  1  0  0  0  0  0  0  0  0  0  0  0  0  1  0  0  0  0  0  0  0  0  0  0  0  0  0  0  0  0  0  0  0  0  0  0  0  0  0  0  0
11 | 1  1  1  1  0  0  0  0  0  1  1  0  0  0  0  0  0  1  0  0  0  0  0  0  1  0  0  0  0  0  0  0  0  0  0  0  0  0  0  0  0  0  0  0  0  0  0  0  0  0  0
12 | 1  1  1  1  0  0  0  0  0  1  1  0  0  0  0  0  0  1  0  0  0  0  0  0  0  1  0  0  0  0  0  0  0  0  0  0  0  0  0  0  0  0  0  0  0  0  0  0  0  0  0
22 | 1  0  1  1  0  0  0  0  0  1  0  0  0  0  0  0  0  0  0  1  0  0  0  0  0  0  1  0  0  0  0  0  0  0  0  0  0  0  0  0  0  0  0  0  0  0  0  0  0  0  0
31 | 1  0  1  1  0  0  0  0  0  1  0  0  0  0  0  0  0  0  0  0  1  0  0  0  0  0  0  1  0  0  0  0  0  0  0  0  0  0  0  0  0  0  0  0  0  0  0  0  0  0  0
32 | 1  0  1  1  0  0  0  0  0  1  0  0  0  0  0  0  0  0  0  0  1  0  0  0  0  0  0  0  1  0  0  0  0  0  0  0  0  0  0  0  0  0  0  0  0  0  0  0  0  0  0
33 | 1  0  1  0  0  1  0  0  0  0  1  0  0  0  0  0  0  0  0  0  0  1  0  0  0  0  0  0  0  1  0  0  0  0  0  0  0  0  0  0  0  0  0  0  0  0  0  0  0  0  0
35 | 1  0  1  0  0  1  0  0  0  0  1  0  0  0  0  0  0  0  0  0  0  1  0  0  0  0  0  0  0  0  1  0  0  0  0  0  0  0  0  0  0  0  0  0  0  0  0  0  0  0  0
36 | 1  0  1  0  0  1  0  0  0  0  1  0  0  0  0  0  0  0  0  0  0  0  1  0  0  0  0  0  0  0  0  1  0  0  0  0  0  0  0  0  0  0  0  0  0  0  0  0  0  0  0
28 | 1  0  1  1  0  0  0  0  0  1  0  0  0  0  0  0  0  1  1  0  0  0  0  1  0  0  0  0  0  0  1  0  1  0  0  0  0  0  0  0  0  0  0  0  0  0  0  0  0  0  0
34 | 1  0  1  1  0  1  0  0  0  0  1  0  0  0  0  0  0  0  1  1  0  0  0  0  0  0  0  0  1  0  0  0  0  1  0  0  0  0  0  0  0  0  0  0  0  0  0  0  0  0  0
41 | 1  0  1  1  0  0  0  0  0  1  0  0  0  0  0  0  0  0  1  0  0  0  0  0  0  0  0  1  0  0  0  0  0  0  1  0  0  0  0  0  0  0  0  0  0  0  0  0  0  0  0
42 | 1  0  1  1  0  0  0  0  0  1  0  0  0  0  0  0  0  0  1  0  0  0  0  0  0  0  1  0  0  0  0  0  0  0  0  1  0  0  0  0  0  0  0  0  0  0  0  0  0  0  0
37 | 1  0  1  1  0  1  0  0  0  0  1  0  1  0  0  0  0  0  0  1  0  0  1  0  0  1  0  0  1  0  0  0  0  0  0  1  1  0  0  0  0  0  0  0  0  0  0  0  0  0  0
38 | 1  0  1  1  0  0  0  0  0  1  0  0  0  0  0  0  0  0  1  1  0  0  0  0  0  1  0  0  0  0  1  0  0  0  1  0  0  1  0  0  0  0  0  0  0  0  0  0  0  0  0
39 | 1  0  1  1  0  0  0  0  0  1  0  0  0  0  0  0  0  0  0  0  0  1  0  0  0  0  0  1  1  0  0  0  0  0  1  0  0  0  1  0  0  0  0  0  0  0  0  0  0  0  0
40 | 1  0  1  1  0  0  0  0  0  1  0  0  0  0  0  0  0  0  0  0  1  0  0  0  0  0  0  1  1  0  0  0  0  0  1  0  0  0  0  1  0  0  0  0  0  0  0  0  0  0  0
45 | 1  0  1  1  0  0  0  0  0  1  0  0  0  0  0  0  0  0  1  0  0  0  0  0  0  0  1  0  0  0  0  0  0  0  1  0  0  0  0  0  1  0  0  0  0  0  0  0  0  0  0
46 | 1  0  1  1  0  0  0  0  0  1  0  0  0  0  0  0  0  0  1  0  0  0  0  0  0  0  1  0  0  0  0  0  0  0  1  0  0  0  0  0  0  1  0  0  0  0  0  0  0  0  0
47 | 1  0  1  1  0  0  0  0  0  1  0  0  0  0  0  0  0  0  1  0  0  0  0  0  0  0  1  0  0  0  0  0  0  0  1  0  0  0  0  0  0  0  1  0  0  0  0  0  0  0  0
48 | 1  0  1  1  0  0  0  0  0  1  0  0  0  0  0  0  0  0  1  0  0  0  0  0  0  0  1  0  0  0  0  0  0  0  1  0  0  0  0  0  0  0  0  1  0  0  0  0  0  0  0
29 | 1  0  1  1  0  0  0  0  0  1  0  0  0  0  0  0  0  0  1  0  0  0  0  0  0  1  1  1  0  0  0  0  1  1  0  0  0  1  0  0  0  0  0  1  1  0  0  0  0  0  0
30 | 1  0  1  1  0  1  0  0  0  0  1  0  1  0  0  0  0  0  1  0  1  0  0  0  1  0  0  0  1  0  0  0  0  0  0  1  0  0  0  0  0  0  1  0  0  1  0  0  0  0  0
43 | 1  0  1  1  0  0  0  0  0  1  0  0  0  0  0  0  0  0  1  0  0  0  0  0  0  1  1  1  0  0  0  0  1  1  0  0  0  1  0  0  0  1  0  0  0  0  1  0  0  0  0
44 | 1  0  1  1  0  0  0  0  0  1  0  0  0  0  0  0  0  0  1  0  0  0  0  0  0  1  1  1  0  0  0  0  1  1  0  0  0  1  0  0  0  1  0  0  0  0  0  1  0  0  0
49 | 1  0  1  1  0  0  0  0  0  1  0  0  0  0  0  0  0  0  1  0  0  0  0  0  0  1  0  0  0  0  0  0  1  0  0  0  0  0  0  1  0  0  0  0  0  0  0  0  1  0  0
50 | 1  0  1  1  0  1  0  0  0  0  1  0  1  0  0  0  0  0  1  0  0  1  0  0  1  0  0  0  1  0  0  0  0  0  0  1  0  0  0  0  0  0  1  0  0  0  0  0  0  1  0
51 | 1  0  1  1  0  0  0  0  0  1  0  0  0  0  0  0  0  0  1  0  0  0  0  0  0  1  0  0  0  0  0  0  1  0  0  0  0  0  0  1  0  0  0  0  0  0  0  0  1  0  1
```

图6-14　系统要素按级间划分的可达矩阵

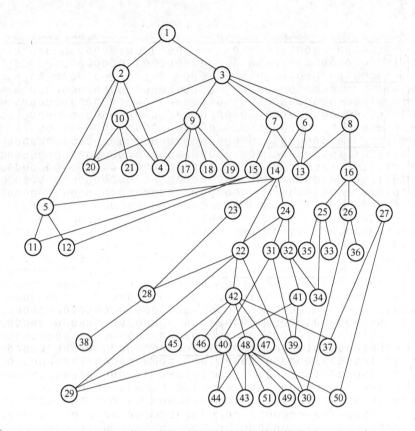

图 6 – 15 无缝钢管壁厚精度系统结构模型

图 6 – 16 所示的无缝钢管壁厚精度的解释结构模型比较清楚、直观地描述了无缝钢管壁厚精度的总的影响机理。图中框线较粗的 25 个元素只有有向边离开而没有有向边进入，在此把这些元素定义为源点元素。这些源点元素在实际生产中能人为（有意识）地对其进行直接或间接操纵，它们的合理与否对于无缝钢管壁厚精度的好坏有着非常重要的影响。从源点元素到成品管壁厚精度的每一条路径都代表着一种影响机理，在此把这些路径定义为影响链。例如，穿孔温度对成品管壁厚精度的一条影响链如图 6 – 17 所示。它清楚地描述了穿孔温度对成品管壁厚精度的影响机理。

显然，图 6 – 17 所示的模型是研究、分析、控制无缝钢管壁厚精度的基础。

据此，即可采取用源点元素改善壁厚精度的措施。

根据无缝钢管壁厚精度的解释结构模型以及生产实践知识，总结出各源点元素对壁厚精度的主要影响机理以及相应的改进措施（表 6 – 9），可作为无缝钢管壁厚精度控制的直接依据。

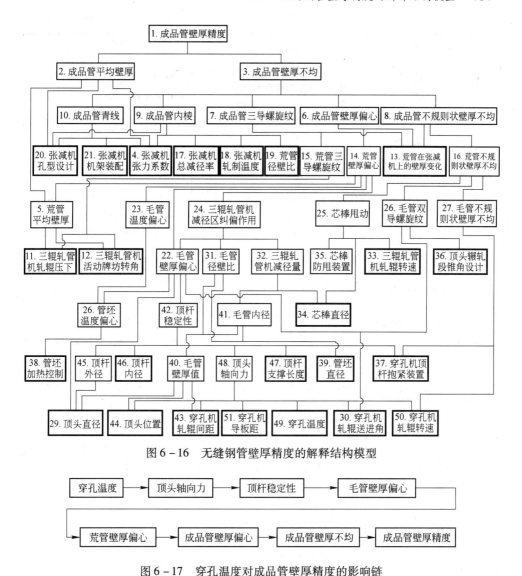

图 6-16 无缝钢管壁厚精度的解释结构模型

图 6-17 穿孔温度对成品管壁厚精度的影响链

表 6-9 源点元素（序号同表 6-5）对无缝钢管壁厚精度的主要影响机理及相应的改进措施

序号	元素名称	主要影响机理	改进措施
4	张减机张力系数（叠加转速）	张力系数增大有利于避免成品管出现内棱和青线，但同时又会使荒管平均壁厚减薄，造成荒管原有的壁厚不均在成品管上得到恶化	在保证成品管上不出现内棱或青线的前提下，张力系数应尽量取小值

序号	元素名称	主要影响机理	改进措施
11	三辊轧管机轧辊压下	一方面对荒管壁厚有决定性作用,另一方面调整不当也会造成荒管上出现严重的三导螺旋纹	应严格按照本书提出的三辊轧管机调整参数的计算模型进行调整
12	三辊轧管机活动牌坊转角	一方面对荒管壁厚值有影响,另一方面其值过大也容易造成荒管出现三导螺旋纹	在满足一定生产率的情况下,牌坊转角应尽量取小值,可对荒管壁厚值进行微调
13	荒管在张减机上的壁厚变化	增壁会使荒管的壁厚不均在成品管上得到改善,减壁会使荒管的壁厚不均在成品管上得到恶化	在满足成品管规格要求及不出现内棱和青线缺陷的情况下,应尽量采用增壁变形或轻微减壁变形
17	张减机总减径率	总减径率大时,容易造成成品管出现内棱	当总减径量较大时,应适当增加机架数,以减小单机架减径量
18	张减机轧制温度	轧制温度降低,会使正内棱增大,负内棱减小	来料荒管 D/S 较大时(参考临界值为17.2~20.8),轧制温度应高一些,反之,则轧制温度应低一些
19	荒管径壁比	荒管 D/S 值适当,有利于消除或减小成品管内棱,其值偏大易于形成正内棱,偏小易于形成负内棱	应尽量按上述参考值进行设计,但不宜作为主要因素来考虑
20	张减机孔型设计	对成品管壁厚、内棱和青线均有影响,但主要应考虑对内棱和青线的影响	薄壁管宜采用椭圆孔形,中、厚壁管宜采用圆孔形,圆孔形的辊缝圆角不宜太小
21	张减机机架装配	机架装配或搭配不当容易使成品管出现青线	要保证机架装配正确,新旧机架搭配合理
29	顶头直径	顶头直径大时,一方面直接有利于减小毛管壁厚偏心,另一方面又因使顶头直径增大而增加顶杆的稳定性,进而减小毛管的壁厚偏心	在工艺设计时,顶头直径应尽可能取大值
30	穿孔机轧辊送进角	对毛管壁厚偏心、顶杆稳定性和毛管双导螺旋纹均有影响,而且三者均表现为轧辊送进角较小时有利	在满足一定生产率的情况下,其值应尽量取小值
33	三辊轧管机轧辊转速	转速较大时,芯棒甩动严重,会使荒管不规则状壁厚不均增大	在满足一定生产率的情况下,其值应尽量取小值

序号	元素名称	主要影响机理	改进措施
34	芯棒直径	芯棒直径较大时，一方面有利于减小芯棒甩动，另一方面又使毛管在轧管机上的减径量减小，不利于减径段壁厚纠偏作用的发挥	对于厚壁毛管应选用较小直径芯棒，以充分发挥轧管机减径段的壁厚纠偏作用；对于较薄壁毛管则应选用较大直径芯棒，以减轻芯棒甩动
35	芯棒防甩装置	对于防止芯棒甩动有重要作用	应选用合理的装置（如抱心辊），同时要保证其动作的有效性
36	顶头辗轧段锥角设计	设计不合理会使毛管出现明显的双导螺旋纹	应严格按照本书提供的算法设计顶头辗轧段锥角
37	穿孔机顶杆抱紧装置	对保证顶杆稳定性有非常重要的作用	在生产中应精心调整，以保证其动作精确有效
38	管坯加热控制	对管坯温度偏心有重要影响，进而影响毛管的壁厚偏心	选择合理炉型，改善加热制度
39	管坯直径	通过影响毛管尺寸影响到轧管机的壁厚纠偏效果，但两条影响链存在自相矛盾	主要根据成品管规格和供坯条件选择，在壁厚精度控制中可不作为主要因素考虑
43	穿孔机轧辊间距	一方面通过影响毛管尺寸影响轧管机的壁厚纠偏效果，另一方面又通过影响顶头轴向力而影响顶杆稳定性	在满足工艺条件的前提下，可尽量取得大一些
44	顶头位置	一方面通过影响毛管尺寸影响轧管机的壁厚纠偏效果，另一方面又通过影响顶头轴向力而影响顶杆稳定性	在满足工艺条件的前提下，可尽量取得靠后一些
46	顶杆内径	其值越小越有利于顶杆稳定，从而有利于减小毛管的壁厚偏心	在保证顶头冷却水畅通的情况下，顶杆内径应尽量设计得小一些
47	顶杆支撑长度	其值较大时不利于顶杆稳定，从而使毛管壁厚偏心增大	在顶杆抱心装置设计和毛管长度设计时，应使最大顶杆支撑长度最小
49	穿孔温度	穿孔温度高时有利于减小顶头轴向力，从而提高顶杆稳定性	在满足钢管内部质量的前提下，穿孔温度可选得高一些
50	穿孔机轧辊转速	轧辊转速较高时对毛管壁厚偏心和不规则状壁厚不均均有不利影响	在满足一定生产率的情况下，轧辊转速应尽量取得小一些
51	穿孔机导板距	导板距适当放宽，有利于减小顶头轴向力，从而有利于顶杆的稳定性	在保证穿孔过程稳定的情况下，导板距可适当调得大一些

由此可见，解释结构模型可将复杂系统构造成一个多级递阶的结构模型，通过它对复杂系统进行分析，能够抓住问题的本质，并找到解决问题的有效对策；无缝钢管壁厚精度系统可用解释结构模型来描述，用它可以直观、清楚地表达无缝钢管壁厚精度影响机理的总体图景；解释结构模型可以为研究无缝钢管壁厚精度的控制方法提供依据，同时也可以作为无缝钢管壁厚精度自动控制与决策的推理模型。

6.5 无缝钢管壁厚精度的控制

6.5.1 无缝钢管壁厚精度控制系统的结构

要对无缝钢管的壁厚精度实施控制，首先要对无缝钢管壁厚精度控制系统的结构有一个全面的了解。由质量控制基本理论可知，质量控制系统由三部分组成[70]，即司控系统、受控系统和它们之间的相互作用。质量控制系统的控制功能就是通过司控系统与受控系统之间的这种相互作用实现的。

对于无缝钢管壁厚精度控制系统来说，首先，无缝钢管的壁厚精度是在管坯经过加热、穿孔、轧管到张减的具体加工工艺中形成的，生产线的设备和工艺状况决定了最终成品管的壁厚状况，这是由它们内在的物理关系所决定的。这样的过程仅仅是一个物理过程，还谈不上控制，从质量控制的角度来看，可以视其为质量控制系统中的受控系统，也可以称为产品质量形成的执行系统。其次，人或自动控制系统通过检测成品管或在制管的壁厚状况或管坯的加热状况，做出相应的判断，并调节有关设备或工艺参数，以便使成品管壁厚精度满足要求，这就形成了控制。在这里，人或自动控制装置就是质量控制系统中的司控系统，起着接受信息、处理信息和发出调整指令的作用。再次，司控系统与受控系统之间的作用是指受控系统对司控系统的反馈作用和司控系统对受控系统的控制作用。在无缝钢管壁厚精度控制系统中，人工或自动测量成品管或在制管的壁厚状况或管坯的加热状况是反馈作用，而经过对反馈信息的分析之后对设备或工艺参数进行人工或自动调整，这就是控制作用。无缝钢管壁厚精度控制系统如图6-18所示。

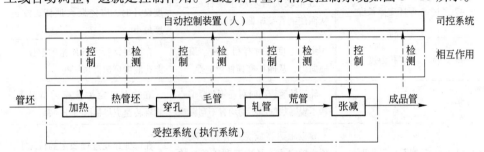

图6-18 无缝钢管壁厚精度控制系统结构图

6.5.2 无缝钢管壁厚精度的控制环节

现代全面质量管理的思想把产品质量的产生、形成和实现中的各种影响因素和环节均纳入了质量控制的视野，它所实施的是全过程的质量控制[71]，其总的过程如图 6 – 19 所示。

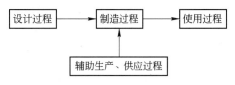

图 6 – 19　全过程的质量控制

从无缝钢管生产工艺技术的角度来看，我们更为关注设计和制造这两个环节，所以重点探讨设计过程和制造过程的质量控制。

6.5.2.1　设计过程的质量控制

设计过程的质量控制是指产品研制设计和工艺设计过程的质量控制，是设计和技术部门的质量控制。根据"三次设计"的设计方法[72]，要进行系统设计、参数设计和容差设计。对此不做过多讨论，有文献［67］可供参考。

6.5.2.2　制造过程的质量控制

制造过程的质量控制也称线内质量控制，是质量形成过程的重要组成部分，是实现产品质量的中心环节。由于制造过程质量控制的重点在生产车间现场，所以也称车间的质量控制或现场质量控制。该过程的主要工作内容包括组织质量检验、组织和促进文明生产、组织质量分析和掌握质量动态以及组织工序质量控制等。其中，对工序质量控制是更为关键，也是工艺技术人员更为关心的问题。

总的来说，从实际生产出发，无缝钢管壁厚精度控制的实施应主要抓三个环节：系统设计、参数设计和工序控制。

6.5.3 无缝钢管壁厚精度的控制因素分析

无缝钢管壁厚精度的影响因素从控制的角度来说也可称控制因素。根据它们对壁厚精度的影响特点，可将它们分为三大类：一是随机因素，如管坯尺寸和化学成分的波动、室温的变化等，这些因素对壁厚精度的影响比较小，其作用规律也还不清楚（或者没有必要弄清楚），随机因素带来的壁厚精度波动是不可避免的，所以也称不可避免的因素。二是系统因素，如加热炉炉型、轧机形式等，这些因素对壁厚精度影响较大且呈现一定的规律性。系统因素是产品质量的决定性因素，它们带来的产品质量问题大多是可以避免的，但有的却不可避免，例如圆管坯在环形加热炉中加热后会出现偏心型温度不均，这是由系统原因造成的，但通常又是不可避免的。三是异常因素，它们是在特殊情况下产生的，如操作违规、设备损坏等，它们是不易事先控制的，需要在具体生产中特殊处理，这类因素造成的质量问题是可以避免的。另外，从质量控制的角度来看，影响壁厚精度的因素又可分为可控因素和不可控因素。上述可避免的系统因素是可控因素，而随机因素和不可避免的系统因素是不可控因素。异常因素作为一类特殊因素，应从生产管理入手，严格杜绝，这里不做可控与不可控之分。无缝钢管壁厚精度控制系统如图 6 - 20 所示。

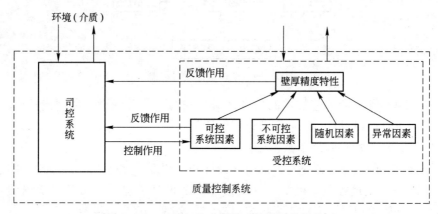

图 6 - 20 无缝钢管壁厚精度控制系统结构图

对无缝钢管壁厚精度进行控制，就是要根据预定的壁厚精度目标对那些可控系统因素施加影响，使无缝钢管生产系统有能力排除向非目标状态转化的种种可能而向预期控制的壁厚精度目标状态转化。上面总结出的 25 个源点元素就可作为无缝钢管壁厚精度控制的主要可控系统因素，它们有的可以在一个控制环节中发挥作用，有的则可以同时在多个控制环节中发挥作用。这些源点元素与三个主要控制环节的对应关系如表 6 - 10 所示，表中的阴影表示相应因素在相应控制环节中可以发挥作用。

表 6 - 10 可控制系统因素（源点元素）与控制环节的对应关系

序号	因素名称	控制环节		
		系统设计	参数设计	工序控制
4	张减机张力系数（叠加转速）		▓▓▓▓	▓▓▓▓
11	三辊轧管机轧辊压下		▓▓▓▓	▓▓▓▓
12	三辊轧管机活动牌坊转角		▓▓▓▓	▓▓▓▓
13	荒管在张减机上的壁厚变化		▓▓▓▓	▓▓▓▓
17	张减机总减径率		▓▓▓▓	▓▓▓▓
18	张减机轧制温度		▓▓▓▓	▓▓▓▓

序号	因 素 名 称	控 制 环 节		
		系统设计	参数设计	工序控制
19	荒管径壁比		▨	
20	张减机孔型设计		▨	
21	张减机机架装配			▨
29	顶头直径		▨	
30	穿孔机轧辊送进角		▨	▨
33	三辊轧管机轧辊转速		▨	▨
34	芯棒直径		▨	
35	芯棒防甩装置	▨		
36	顶头辗轧段锥角设计		▨	
37	穿孔机顶杆抱紧装置	▨		
38	管坯加热控制	▨	▨	▨
39	管坯直径		▨	
43	穿孔轧辊间距		▨	
44	顶头位置		▨	
46	顶杆内径	▨		
47	顶杆支撑长度	▨	▨	
49	穿孔温度		▨	▨
50	穿孔机轧辊转速		▨	▨
51	穿孔机导板距		▨	▨

6.6 无缝钢管壁厚精度的工序控制（无目标值的质量控制技术）

工序控制是无缝钢管壁厚精度控制中一项面广量大的主要控制活动，它要求对无缝钢管轧制过程进行连续、完备和有效的控制，使其始终处于"受控"状态。这一过程可以靠自动控制装置来完成，也可以由人工来实现，但从控制方法论的角度来看，它们是一致的。由于控制图对超差有比较科学的界定，故用控制图来实现其质量控制。

6.6.1 控制点

这是指在对生产过程各工序进行全面分析的基础上，把在一定时期内，一定条件下，需要特别加强和控制的重点工序或重点部位，明确为质量控制的重点对象，对它使用各种必要的手段和方法，加强管理。建立控制点的目的是使制造过程的质量控制工作明确重点，有的放矢，使生产处于一定作业标准下的控制状态中，保证工序质量的稳定、良好。

无缝钢管壁厚精度控制点可以定义为生产过程中在制管或成品管的壁厚精度特性或壁厚精度相关特性与各控制因素的对应关系，以及它们在生产线上的相应位置。只有明确了这种对应关系及它们在生产线上的相应位置，才能对无缝钢管的壁厚精度实施有效的控制。综合图 6 - 9、表 6 - 5 和表 6 - 10，并将成品管和荒管的平均壁厚考虑在内，工序控制阶段无缝钢管壁厚精度特性或相关特性与控制因素的对应关系如图 6 - 21 所示。

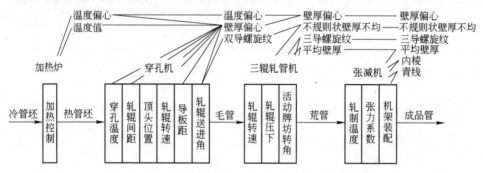

图 6 - 21　无缝钢管壁厚精度与控制因素的对应关系

由图可以看出：

（1）成品管平均壁厚取决于张减机张力系数和三辊轧管机调整，若在一定范围内控制成品管的平均壁厚，单独调节张力系数或单独调整三辊轧管机都可以满足要求，但考虑到三辊轧管机调整范围大，且荒管在生产中检测方便，而通过张力系数改变壁厚值的能力有限，且成品管在生产中检测不方便，所以采用以三辊轧管机控制为主、张力系数控制为辅的方式，即对荒管的平均壁厚进行严格检查和控制，对成品管进行抽查并用张力系数进行微调。

（2）成品管壁厚偏心完全是遗传了毛管的壁厚偏心，所以这一壁厚缺陷的控制可提前到穿孔工序。但由于毛管一般不切头尾，所以可以将偏心检测点放在荒管切头尾的位置。这样，成品管壁厚偏心的控制采用以荒管检测为主、毛管检测为辅，重点控制穿孔机和加热炉的方式。

（3）成品管不规则状壁厚不均主要来自荒管的遗传。在工序控制阶段，这一壁厚缺陷的控制主要考虑三辊轧管机轧辊的转速。在实际生产中，若因钢管壁厚不均而不能满足精度要求时，可以考虑降低三辊轧管机转速。

（4）成品管三导螺旋纹完全来自荒管的遗传因素，应通过精心调整三辊轧管机来避免。

（5）成品管内棱是在张减工序上产生的，所以只能通过检测成品管来判断。对内棱有影响的各控制因素中，张力系数是非常重要的因素，所以在工序控制中，可用张力系数作为消除内棱的主要控制手段。

（6）成品管青线若在生产过程中突然出现，应重点考虑机架是否松动歪斜，轧辊是否发生轴向窜动，新旧机架搭配是否合理，这要靠生产人员的经验来进行及时的控制。

（7）由于荒管壁厚值越小，荒管壁厚偏心越小，而荒管在张减机增壁又有利于改善荒管上的壁厚不均，所以在实际生产中，在张力系数足以避免成品管出现内棱的前提下，三辊轧管机与张减机之间的减壁量分配应尽量偏向于三辊轧管机。

无缝钢管壁厚精度控制在工序控制阶段的质量特性或质量相关特性的检测点及其向相应控制因素的信息反馈如图 6 - 22 所示。

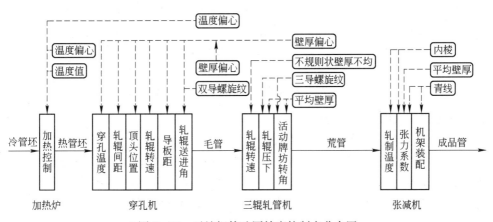

图 6 - 22　无缝钢管壁厚精度控制点分布图

图中，每一个圆角矩形代表一个检测点，从它引出的虚线所指向的各因素是与它相对应的控制因素，这就构成了一个控制点。

6.6.2　控制图

采用直观控制图和统计控制图的方法来控制无缝钢管壁厚精度。一般来说，统计控制图比直观控制图在理论上更严密一些，但由于运算较复杂，所以不太适合于人工控制方式，而适用于具有自动检测与控制功能的控制系统。

无缝钢管壁厚精度控制在采用统计控制图时，应充分考虑无缝钢管壁厚精度特征值自身的特点：

（1）一般的控制图针对的是单一的质量特征，而无缝钢管横截面上测量的一系列壁厚值则是一组质量特征，它至少有三方面的质量特征，即平均壁厚值、最大壁厚值和最小壁厚值。如果将三个特征值分别作控制图，会使控制图多且直观性差，不宜在现场应用。

（2）在实际生产中，生产人员对无缝管壁厚精度的控制更注重最大和最小壁厚与公差界限的比较，这就需要将最大和最小壁厚值标在有公差界限的图上。这会使无缝钢管壁厚精度控制图更容易被接受并在生产中推广，而且这样一种组合更直观地体现了平均壁厚、最大壁厚和最小壁厚三者之间的内在联系。

综上所述，无缝钢管壁厚精度的统计控制图可以采用如图 6 - 23 所示的形式。

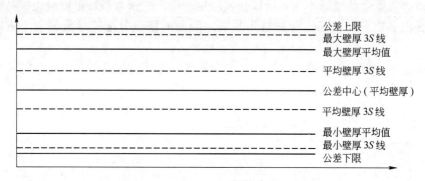

图 6 - 23 无缝钢管壁厚精度的统计控制图

该控制图有以下三个特点：

（1）它是三个质量特征控制图的组合。

（2）平均壁厚控制图的中心线可以是壁厚的平均值，也可以是公差中心。当用于在线控制时，适用于后者，当用于工序分析时，适用于前者。另外，当无缝钢管壁厚精度控制图仅用于工序分析时，也可以不画公差界限。

（3）在控制图中加入了公差界限，实现了统计控制图和直观控制图的综合，可以更全面、直观地体现生产状况。

在上述无缝钢管壁厚精度控制包含的三个质量特性的控制图中，平均壁厚控制图是最重要的，只有在这个控制图正常或有好的异常的前提下，再去判断其他两个控制是否正常，这是由无缝钢管壁厚的特点所决定的。综合以前的分析结果，可以将无缝钢管壁厚精度控制图的分析方法及相应的生产系统调节手段总结在表 6 - 11 中。

6.6.3 应用实例

下面以 $\phi35.5\text{mm} \times 3.2\text{mm}$ GCr15 轴承管在 100mm 三辊轧管机组上进行轧制作为具体实例来说明如何用控制图对无缝钢管壁厚精度进行控制的。

所用管坯直径为 90mm，长 1.1m，三个主变形工序的轧制如表 6 - 12 ~ 表 6 - 14 所示。

表6-11 无缝钢管壁厚精度控制图的分析及控制因素的调整

异常现象		平均值控制图（双侧界限）	最大值控制图（单侧界限）	最小值控制图（单侧界限）
出现7点链	上侧	调整与平均壁厚有关的控制因素，使平均壁厚值减小，调整量为7点平均值与公差中心的差值	调整与壁厚不均有关的控制因素，使壁厚不均值减小，直到消除异常	好的异常
	下侧	调整与平均壁厚有关的控制因素，使平均壁厚值增大，调整量为7点平均值与公差中心的差值	好的异常	调整与壁厚不均有关的控制因素，使壁厚不均值减小，直到消除异常
多点在中心线一侧出现	上侧	调整与平均壁厚有关的控制因素，使平均壁厚值减小，调整量为多点平均值与公差中心的差值	调整与壁厚不均有关的控制因素，使壁厚不均值减小，直到消除异常	好的异常
	下侧	调整与平均壁厚有关的控制因素，使平均壁厚值增大，调整量为多点平均值与公差中心的差值	好的异常	调整与壁厚不均有关的控制因素，使壁厚不均值减小，直到消除异常
出现7点倾向	上升	调整与平均壁厚有关的控制因素，使平均壁厚值减小，调整量为7点中最大最小差值的1/2	调整与壁厚不均有关的控制因素，使壁厚不均值减小，直到消除异常	好的异常
	下降	调整与平均壁厚有关的控制因素，使平均壁厚值增大，调整量为7点中最大最小差值的1/2	好的异常	调整与壁厚不均有关的控制因素，使壁厚不均值减小，直到消除异常
出现周期性变化		综合分析整个生产线，看是否有明显的周期性波动环节，如轧制节奏	综合分析整个生产线，看是否有明显的周期性波动环节，如轧制节奏	综合分析整个生产线，看是否有明显的周期性波动环节，如轧制节奏

异常现象		平均值控制图 （双侧界限）	最大值控制图 （单侧界限）	最小值控制图 （单侧界限）
点子出现 在控制界限 附近	上限	调整与平均壁厚有关的控制因素，使平均壁厚值减小，调整量为靠近界限那几点的平均值与公差中心差值的1/2	调整与壁厚不均有关的控制因素，使壁厚不均值减小，直到消除异常	好的异常
	下限	调整与平均壁厚有关的控制因素，使平均壁厚值减小，调整量为靠近界限那几点的平均值与公差中心差值的1/2	好的异常	调整与壁厚不均有关的控制因素，使壁厚不均值减小，直到消除异常
大部分点子在中心线附近		好的异常	好的异常	好的异常

表 6 – 12　穿孔机轧制

管坯规格 /mm	穿孔毛管/mm		轧辊距 /mm	导板距 /mm	送入角 /(°)	顶头/mm			轧辊转速 /r · min⁻¹
	外径	壁厚				直径	长度	位置	
90	96	11.5	79	92	8	62.0	162	102	136

表 6 – 13　三辊轧管机轧制

荒管规格/mm		Assel 台肩/mm		减壁量 /mm	芯棒直径 /mm	牌坊转角 /(°)	送进角 /(°)	垫片厚度/mm		电机转速 /r · min⁻¹
外径	壁厚	高度	位置					入口	出口	
80	3.5	8.0	90	8.0	60.0	14	7	28.7	28.7	700

表 6 – 14　张减机轧制

孔型系列	机架数目	电机转速/r · min⁻¹	
		基　速	叠　加
A	13	1500	950

　　控制点选在三辊轧管机后荒管切尾处和张减机后成品管切尾处，检测与控制均采用人工方式。荒管测量部位在距尾端约400mm处，每根管沿横截面测量6个点的壁厚值，取其最大壁厚值和最小壁厚值画在直观控制图上，进行分析。成品管测量部位在距尾端3m处，每根管沿横截面测量12个点的壁厚值，取其最大壁厚值和最小壁厚值画在直观控制图上，进行分析。轴承管的壁厚3.2mm及公差要求为 +15% 及 – 0%，所以成品管直观控制图的控制上限取为 $3.2 \times (1 +$

15%）=3.68mm，控制下限取为 3.2×（1+0%）=3.2mm。荒管直观控制图的上、下控制界限应依据成品管处直观控制图的上、下控制界限而定。根据生产经验，当张减机叠加电机转速为 950r/min 时，该规格钢管在张减机上减壁 0.1m，所以荒管处控制图的控制界限中心应比成品管控制图的控制界限中心大 0.1mm，即（3.2+3.68）/2+0.1=3.54mm。另外，为留出荒管壁厚精度在张减机上的波动余量，荒管的控制界限应比成品管严格一些，定为 +12% 和 −0%，这就相当于 3.54+6% 及 −6%，此时荒管直观控制图的上控制界限为 3.54×（1+6%）=3.75mm，下控制界限为 3.54×（1−6%）=3.33mm。两个控制图的控制顺序为先满足荒管处控制，再满足成品管处控制，但最终要以满足后者为准。

轧制头四根荒管的最大壁厚值和最小壁厚值在直观控制图上的分布如图 6−24 中的横坐标序号 1~4 所示。可以看出，最大壁厚值均超过控制上限，最小壁厚值均超过控制下限，说明荒管壁厚不能满足精度要求，且主要表现为横向壁厚的不均太大。观察所测管段，切口断面无特别严重的偏心，内壁螺旋纹也不明显，所以应考虑减小不规则状壁厚不均。

从前面讨论可知，荒管不规则状壁厚不均的改善在实时生产控制中，可采用减小轧辊转速的方法，所以决定将三辊轧管机电机转速从 700r/min 减至 500r/min。调整后所轧 4 根荒管的最大壁厚值与最小壁厚值如图 6−24 中的序号 5~8 所示。可以看出，荒管最大壁厚值和最小壁厚值均落在控制界限之内，说明采取降低三辊轧管机轧辊转速的方法来提高荒管壁厚精度的方法有效。

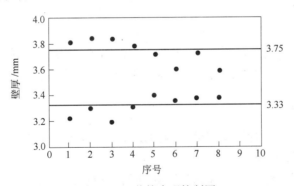

图 6−24 荒管直观控制图

然后，观察成品管的直观控制图（图 6−25），第 5~8 号成品管的壁厚偏差比前 4 根要小一些，这与前面荒管壁厚不均的减小有关，但壁厚精度仍不能满足公差要求，具体表现为壁厚平均值和壁厚不均偏大。观察成品管切口断面可以发现，成品管上出现明显内棱，说明荒管在张减机产生了新的壁厚不均。从前面讨论可知，减小平均壁厚和消除内棱均可通过提高张力系数来实现，故将张减机叠加电机转速从 950r/min 提高到 1200r/min，调整后的 4 根成品管的最大壁厚值和最小壁厚值在控制图上的分布见图中序号 9~12。可以看出，成品管壁厚偏差明显减小，同时管端切口上的内棱也消失了，但平均壁厚值又因张力系数过大而低于公差中心。为避免减小张力系数使内棱重新出现，决定通过增大荒管壁厚来调整成品管平均壁厚，调整量约为成品管平均壁厚与公差中心的差值，现场测定约为0.3mm。根据三辊轧管机调整特性的分析可知，通过减小三辊轧管机活动牌坊转角来微调荒管壁厚，所以将活动牌坊转角从14°调整到12.5°。由于这种微调对荒管的壁厚不均不会有什么影响，所以直接分析调整后成品管的最大壁厚与最小壁厚在直观控制图上的分布情况。如图中序号13～16所示，成品管最大壁厚值和最小壁厚值已完全落在公差界限内。

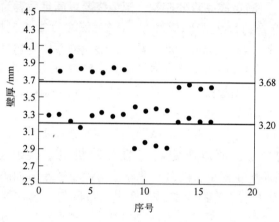

图6-25 成品管直观控制图

上面采用实例和人工测试方法说明了在无目标值或无一一对应因果关系的情况下，如何进行质量控制，并在此基础上，编制相应程序，与有关的检测手段和调整手段衔接，就可实现在线控制。这种控制方法称为无目标值质量控制方法。

6.7 简单小结

（1）影响无缝钢管壁厚精度的因素众多，对其进行控制是一个复杂的系统工程，对此做了详尽的研究。

（2）建立了无缝钢管壁厚精度的解释结构模型，它可直观地描述无缝钢管壁厚精度的影响机理，有利于壁厚精度的控制。

（3）生产应用表明该方法可有效地实现无缝钢管壁厚精度的控制。

（4）除无缝钢管壁厚精度控制外，该方法还可应用于其他一些控制。

7 面向对象技术——型钢孔型设计

型钢孔型设计由于设计参数众多，影响因素复杂，是一个经验性很强的工作，给定同一个孔型系统，设计人员会设计出不同的孔型系列，从而得出不同的设计结果。同时，设计工作是一个计算量很大的工作，因此设计时往往进行简化，更使结果各异，因此，如何更科学地进行设计，就成为一个亟待解决的课题。

7.1 型材轧制生产中的不确定性和模糊性问题

人们在建立数学模型时，都力求建立一个准确的数学模型，但在实际应用时，就会遇到一些难以解决的问题。例如，轧制温度，是一个很重要的参数，对力能有重大影响，然而构建模型时却遇到许多困难，例如，模型精度难以确定，模型的应用范围难以确定（它可能在某一情况下适用，而在另一情况下不能适用）等。

如果用模糊论方法去考察、研究实际生产过程，就会了解产生上述问题的原因[73]。下面就用一些实际数据来考察这种情况[74]。

表7-1和表7-2是从两个钢厂实际生产中所采集的实测数据，每组温度都

表7-1 某型材车间生产过程中的实测温度

架次	轧制道次	轧制温度/℃											
		第一组			第二组		第三组		第四组			第五组	
1	1	1030	1020	1020	1150	1130	1050	1040	1030	1020	1040	1030	1030
	2	1030	1020	1030	1160	1150	1060	1050	1040	1030	1050	1040	1050
	3	1020	1030	1030	1160	1150	1070	1050	1050	1040	1040	1050	1050
	4	1020	1020	1030	1150	1140	1050	1140	1050	1030	1030	1040	1040
	5	1020	1020	1030	1140	1130	1040	1040	1030	1020	1030	1030	1030
	6	1010	1010	1020	1140	1130	1040	1020	1020	1010	1020	1020	1020
	7	1010	1020	1020	1130	1120	1020	1020	1020	1010	1000	1000	1000
	8	1000	1000	1020	1200	1200	1020	1020	1020	1010	1000	1000	1000
	9	1000	1000	1020	1200	1200	1020	1020	1020	1020	1020	1000	1000
	10	1000	1000	1000	1200	1200	1000	1000	1000	1000	1000	980	980
	11	1000	1000	1000	1100	1100	980	990	1000	1000	1010	980	980
	12	1000	990	980	1100	1080	980	980	980	980	1000	—	—
	13	1000	980	975	1080	1070	—	—	980	980	1000	—	—

架次	轧制道次	轧制温度/℃										
		第一组			第二组		第三组		第四组			第五组	
2	1	980	960	950	1060	1050	960	970	960	970	880	970	980
	2	—	—	—	—	—	960	960	960	960	980	970	970
	3	—	—	—	—	—	950	960	960	960	970	970	970
3	1	950	940	930	1030	1020	930	940	940	950		960	950

注: 1. 轧机为 φ650mm×3mm，横列式，坯料为 305mm×305mm/245mm×245mm×1020mm 钢锭；第一架孔型公用。

2. 每组的温度在同一个班的生产中测得。

3. 各组产品的规格、钢种不同，见附表。

附表：各组产品的规格、钢种

组 别	一	二	三	四	五
钢种	20CrMoA	GCr15	27SiMn	27SiMn	45 号
规格	95mm×95mm	95mm×95mm	φ90mm	φ100mm	φ100mm

是在同一班次且未对辊缝做任何调整时测得的。由此可以看出：

（1）每道次轧制温度并未保持不变，而是在一定范围内波动；

（2）同一道次中每根钢的温度也有差异，可见其温降不一样；

（3）在实测中，找不出轧制时轧件随时间温度下降的规律。

同样，在同一孔型、同一辊缝、单根轧制的情况下，同一道次的实测电流也不是常值，而是在一定范围内波动（表 7 - 3）。

表 7 - 2 φ450mm 机组生产实测温度

轧制道次	轧制温度/℃			
1	1150	1130	1150	1140
2	1100	1140	1120	1110
3	1130	1100	1130	1120
4	1030	1080	1100	1070
5	1070	1080	1080	1060
6	1050	1040	1070	1060
7	970	1020	1040	1040
8	1100	1040	1050	1050
9	980	1040	1040	1030
10	1030	1050	1030	1000
11	1050	1030	980	1010

表 7 - 3 某型材车间生产实测电流

轧制道次	电流/kA		
1	180	190	190
2	240	200	200
3	180	190	220
4	220	210	220
5	300	340	340
6	260	260	250
7	260	280	—
8	270	300	340
9	260	300	320
10	270	280	240
11	230	240	—

为什么会出现这种现象呢，如果我们考虑到轧制生产是一个不确定系统，就不难得到解答。例如轧制温度，那么在设计时它是指什么温度呢？实际上轧件表面与中心的温度不同，甚至头、尾温度也有差异，设计时一般是指平均温度，而实测只能测得表面温度，就连外部气候环境也有影响，这就使得温度必然是一个波动的不确定量。

还有一些参数，理论上是确定性的，例如轧制压力，但由于受众多实际因素的影响，因而也是不确定的。

此外，还必须考虑生产中的测不准因素，测试过程也会带来一定的误差。

在这种情况下，进行孔型设计以及建立 CAE 系统时，必然会遇到以下一些问题：

（1）模糊量的定量问题。实际工程计算中，必须选定确切的数值，否则无法进行计算，因此必须对模糊量进行定量。

（2）工艺参数之间的模糊关系。生产受诸多因素影响，而它们之间又相互影响，无法确定各参数之间相互影响的定量关系。

（3）生产中人的因素。人是生产中最活跃的因素，但人的技术水平、精神状态等是难以量化的。

（4）生产设备和工艺条件。它们也是一些模糊因素。

在这种情况下，仅用建立在数学分析基础上的数学模型和公式，就必然遇到问题。为了解决这一问题，我们采用了面向对象技术。下面就对面向对象技术做些简单的介绍。

7.2 面向对象技术

面向对象技术也就是通常所说的"OO（object – oriented）技术"，它萌芽于20 世纪 70 年代系统工程领域。随着多种大型的、复杂的操作系统、编译系统等软件系统陆续出现，但其可靠性却难以保证，于是出现了所谓的"软件危机"，此时大家认识到程序设计不应是问题各个部分的简单叠加，而应从系统的角度来看待问题，从而 OO 方法出现了，并迅速发展起来，成为计算机领域的一个热点[75]。OO 被认为是一种程序设计的新范型、一种思想、一种方法论、一门新科学。它得到了广泛应用，并将给软件行业带来一次革命[76]。

7.2.1 什么是对象[77]

对象通常作为计算机模拟思维，表示真实世界的抽象。一个对象像一个软件构造块，完全包含了数据结构和提供相关的行为，对象本身可为用户提供一系列服务，可以改变对象状态、测试、传递消息等，用户无须知道实现任务的任何细节，操作完全是封闭的，如图 7 – 1 所示。

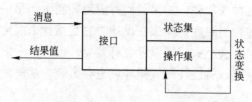

图 7 - 1　对象的动态自动机

对象具有以下几个特点：

（1）对象是程序所涉及的事物。从简单的数据运算到更复杂的一项工程，都可以看作对象。对象概念有很强的描述与表达能力，现实世界中的事物都可抽象为逻辑世界中的一个对象。

（2）对象是程序设计中包含数据与操作的相对独立的模块化单元。对象具有状态，这种状态是通过数据来描述的，同时对象的状态又是可以改变的，改变对象的状态是通过对象本身所具有的方法，数据和方法被封装于对象这个统一体内，它们具有同样的重要性。现行的结构化程序设计方法将数据与操作相分离，由于其操作为大家共享，数据只是操作的符号，因此在进行极其复杂问题的设计时，很难对数据和操作及它们之间的关系进行准确有效的描述。

（3）对象具有唯一的识别功能。在众多定义的对象中，这种识别功能可以识别出特指的对象，并且在其整个生命周期内，其识别符号保持不变。

7.2.2　面向对象技术的特点

面向对象技术具有区别于其他编程技术的以下特点：

（1）模块性。一个对象是系统中最基本的运行实体，其内部状态不受或很少受外界的影响，它具有模块化的最重要的特性——抽象和信息隐蔽。模块反映了数据和对象的抽象，是设计良好软件系统的基本属性，每一模块都是程序可单独编址的元素。

（2）封装性。封装是一种信息隐蔽技术，就是把数据和加工数据的操作封装在一起，构成一个有类型的实例，即对象。

（3）继承性。即子类可以继承父类的特性，系统的处理能力可以通过对象的继承性实现共享。

（4）动态连接。程序设计中，对象功能的执行是在运行时、消息传递时确定的，因此可以实现对象间的动态连接，比较灵活，故有利于建立类库，便于重用和扩充。

（5）多态性。即在一个类等级中，可以使用相同函数多个版本。

（6）抽象性。人类具有很好的概括、分类和抽象的能力，抽象可以帮助我们从无序的事物中提取共同信息，找出规律，故抽象是一个过程，也是一种结果。

（7）易维护性。正是上述这些特点，使得面向对象技术得到广泛应用。

7.2.3 面向轧制设计

针对现有的一些缺点，我们提出了面向轧制设计（object – oriented design for rolling，OODFR）的观点。它有以下特点：

（1）面向轧制过程。这是面向对象技术的具体应用，也与计算机技术中的现代编程采用 OOP 技术相一致。

（2）结合专家系统对知识处理的功能编程。传统 CAD 是"数据 + 算法 + 绘图"的模式，是自上而下的单线式的运行方式，而现在是"知识处理 + 绘图"的模式，专家系统应用于设计过程。

（3）设计分析一体化。传统 CAD 是设计与分析分离，设计分析一体化提高了设计自动化的程度。

（4）易维护性和开放性。由于采用 OOP 技术，使对象实现了抽象和封装，使可能的错误局限于自身，不易传播，易于查找和修正，同时利用对象的继承性，可使系统功能不断地根据需要进行扩充，故程序结构具有高度透明性、开放性和可扩充性。

上述 OODFR 的观点将在下面介绍的基于知识的 CAE 系统中得以具体实现。

7.3 型钢孔型设计——基于知识的 CAE 系统

在说明了型钢孔型设计的特征并简明地介绍了面向对象技术之后，就可着手型钢孔型设计了。

7.3.1 专家系统概述

所谓基于知识就说明它是一个专家系统。专家系统不同于一般软件系统，其特点在于：

（1）知识信息处理。数值信息处理，依靠知识表达技术。

（2）知识利用系统。建立知识库及其管理系统，利用专家知识和经验，求解专门的问题。

（3）知识推理能力。系统工作是一个推理过程，而不是在固定程序控制下的指令执行过程。

（4）咨询解释能力。不仅对用户提问给出解释，而且对答案的推理过程做出解释，提供答案的可信度估计。

理想的专家系统（图 7 – 2）包括一个用户与系统交换信息的语言处理模块，一块记录中间结果的黑板，一个由事实、启发式计划与问题求解规则组成的知识库，一个推理机，一个控制规则处理顺序的调动模块，一个一致性检查模块，一个说明系统行为并使其合理化的说明验证模块[78]。对于其所使用的技术、知识规则表达方法等细节，这里不再论述。

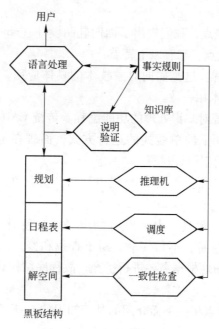

图7-2 理想的专家系统

7.3.2 数据处理

CAE是一个典型的复杂问题求解过程，它不仅包括大量的推理判断工作，还涉及大量的数据处理任务，还要进行图像、表格等复杂的数据采集、解析、逻辑拼接等工作。因此，数据处理已被看做是CAE系统中的一个相对独立的项目。但过去涉及这方面的工作很少，为此我们做了大量的工作[74]，包括数据的论述、算法的特点和设计规则、与CAE系统的连接等都给出了详细的方案。该方法具有编程代码少、兼容性高等优点。

7.3.3 CAE系统的建立

该系统由知识库、推理机、知识获取和用户接口四部分组成。其中知识库的建立是非常重要的环节，专家系统通过推理机利用知识库中的知识，控制推理过程，通过与用户的联系，达到所要求的目标。

知识分为两类：一类是事实，一类是规则。推理方式采用假设推理方式，即如果某规则存在，当规则的前提为真时，则认为规则的结论也为真。控制策略采用正反向混合推理策略（图7-3）。冲突消解，即推理机要从被激活的多条知识中，从中挑选一个的策略，本书使用了上、下文限制策略。在对上面问题说明之后，就可讨论 CAE 系统的结构、功能和具体实现的问题了。

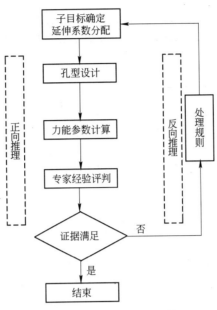

图 7-3 正反向混合推理策略

7.3.3.1 功能

系统功能如图 7-4 所示。

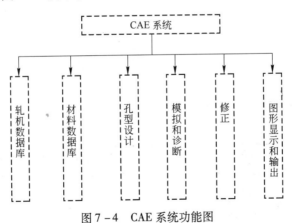

图 7-4 CAE 系统功能图

系统按以下方式工作：先为孔型设计准备静态事实库（如轧机数据库、材料数据库），在孔型设计部分，存储了有关孔型设计的知识，所得出的设计数据，传给模拟系统，模拟的结果进行诊断，做出评价，如需修正，改变设计的特征量（如延伸系数、轴比等），以得到合理的孔型参数。程序过程框图如图 7-5 所示。

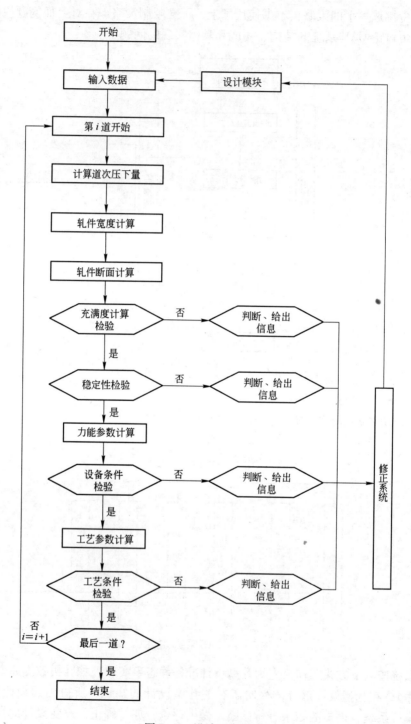

图7-5 设计程序框图

7.3.3.2 结构

一个完整且功能齐备的 CAE 系统，必须具有开放性、可扩充性等。一个知识型 CAE 系统的结构如图 7-6 所示。

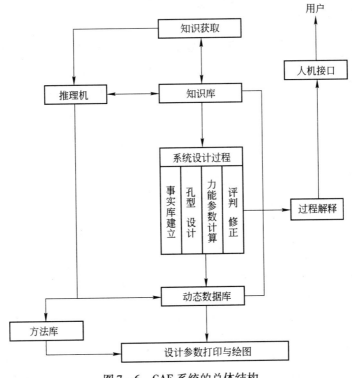

图 7-6　CAE 系统的总体结构

7.3.3.3 知识库组成

知识库的建立要求用适当的知识表示，便于检索、增删与修正，根据实际需要，建立了事实库、规则库、模型库和方法库。

A　事实库

一般指静态知识和可以通过窗口改变的事实，包括：

（1）轧机的全部技术特性。如类型、技术参数、电机、加热炉参数、各机座的间距等。

（2）孔型设计所需的全部原始参数。如轧件原始尺寸、道次、最终尺寸等。

（3）原始工艺参数。如钢号、技术要求等。

B　规则库

一般指设计、判断等方面的知识。

（1）设计规则。按设计流程调用模型、工艺要求的规则，它与推理机共同控制流程。

（2）默认规则。当设计中某个参数或公式没有确定的取值方法时，按专家经验取值进行设计，在后续设计中，所得结果可能要改变，此时需用默认规则。

（3）评判规则。对设计结果审查、评判，如咬入角过大等。

（4）修正规则。根据评判规则结果进行修正。

C 模型库

它包括孔型设计模型、延伸系数分配模型、宽展模型、力能参数模型、变形抗力模型、设备校核模型、温度模型、咬入角模型、稳定性模型等，这里不做介绍，有许多资料[11,74]可供参考。这里仅对孔型设计时尚需校核的咬入角模型、稳定性模型做一介绍。

a 咬入角模型

通常最大允许咬入角 α_{max} 凭经验确定，其误差较大。我们则采用公式计算，B. A. 史洛夫（Шилов）[79]对 15 个冶金厂，40 个大、中、小型型钢和线材轧机采样，经回归得出的 α_{max} 与各工艺因素之间的关系式：

$$\alpha_{max} = k_\alpha \alpha \qquad (7-1)$$

式中，α_{max} 为最大允许咬入角；k_α 为咬入系数；α 为允许咬入角。

$$\alpha = \frac{100}{a_0 + a_1 v^2 + a_2 \mu + a_3 M + a_4 t \times 10^{-3} + a_5 B}$$

式中　v——轧制速度；

μ——轧辊表面状态系数，对于铸铁，$\mu = 1.0$，对于无刻痕的钢辊，$\mu = 1.25$，对于有刻痕的钢辊，$\mu = 1.45$；

M——轧制钢种系数，对于碳钢，$M = 1.0$，对于合金钢，$M = 1.4$；

t——轧制温度，℃；

a_j——实验常数（$j = 1$，2，3，4，5）。

如表 7-4、表 7-5 所示，对于不同孔型系统和轧机布置形式，a_j 的取值不同，B 的含义也不一样。表中，δ_0 为轧件在上一道次的充满度；$\delta_0 = H_0/H_1$，R/H 为圆弧半径与孔型高度之比；B/b_K 为入口轧件宽度与孔型槽底宽度之比。

表 7-4　跟踪式和横列式轧机咬入角模型的实验常数

实验常数 ＼ 孔型系统	箱－箱	方－箱	椭－方	方－六角	六角－方	圆－椭	椭－圆
a_0	6.87	29.10	15.50	10.30	13.70	23.14	18.14
a_1	0.007	0.0313	0.0218	0.004	0.0104	0.0263	0.0065
a_2	-0.830	-8.570	3.980	-0.653	-0.77	0.440	-0.440
a_3	1.050	0.048	3.980	0.070	0.230	0.183	0.240
a_4	-1.62	-12.60	-8.59	-2.22	-3.56	-11.80	-6.43

实验常数 孔型系统	箱-箱	方-箱	椭-方	方-六角	六角-方	圆-椭	椭-圆
a_5	-1.47	-0.407	-5.70	-1.78	-5.1	0.78	-6.20
B	1.050	R/H_1	δ_0	B/b_k	δ_0	δ_0	δ_0
K_α	1.25	1.29	1.25	1.14	1.11	1.22	1.25

表 7-5 连轧机咬入角模型的实验常数

实验常数 孔型系统	椭-方	方-椭	椭-圆	圆-椭
a_0	16.00	19.10	27.74	23.54
a_1	0.0198	0.0235	0.0046	0.00153
a_2	-0.377	-1.030	-0.440	-0.440
a_3	2.700	2.670	2.150	0.374
a_4	-6.76	-13.70	-19.80	-12.10
a_5	-7.65	-0.138	-3.98	-5.22
B	δ_0	R/H_1	δ_0	δ_0
k_ε	1.25	1.30	1.25	1.33

同时，作者对 k_α 给出相应于各种轧制方式和孔型的数值（表 7-6）。

表 7-6 k_α 的统计数值

轧制方式		k_α	轧制方式		k_α
连续式轧制	方→椭	1.20	横列式轧制	方→箱	1.25
	椭→方	1.25		椭→方	1.25
	方→椭	1.30		方→椭	1.29
	六角→方	1.17		菱→方，方→菱，菱→菱	1.11
	方→六角	1.23		椭→圆	1.25
	菱→方，方→菱，菱→菱	1.20		椭→立椭	1.15
	椭→圆	1.25		立椭→椭，圆→椭	1.22
	椭→立椭	1.12		平椭→圆	1.20
	立椭→椭，圆→椭	1.13		方→平椭	1.17
	平椭→圆	1.15			

b 稳定性模型[80]

轧件在孔型中轧制的稳定性一般用孔型轴比来衡量，B. A. 史洛夫将现场采样，经回归得出的 α_{max} 与各工艺因素之间的关系式[79]：

$$\alpha_{max} = k_\alpha \alpha \tag{7-2}$$

虽然史洛夫给出的式（7-2）与式（7-1）在外形上完全一样，但其含义却不同。式中，α_{max} 为最大允许轴比；k_α 为轴比系数；α 为允许轴比。同样，他也给出相应参数的一些实验资料，这里就不一一介绍了[74,55]。

c 方法库

方法库中主要存放打印结果的格式知识等内容。

d 推理机的实现

按照子任务的执行进行推理，推理过程如图7-7所示。

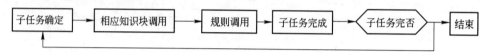

图 7-7 系统推理机的实现

对于系统开发环境、硬件配置、软件接口设计等问题，这里不详细介绍。

7.4 设计实例

该 CAE 系统是专为我国一些钢厂设计的，得到了实际应用。举例如下。

7.4.1 实例1——圆钢生产孔型系统

我国某钢厂的中小型车间，采用三个六架连轧系统，从意大利达涅利公司引进，设备为 $\phi600mm \times 4$、$\phi500mm \times 9$、$\phi380mm \times 5$ 一列布置，由 160mm × 160mm 坯料生产 $\phi16mm$ 圆钢，第一个六架连轧孔型系统为"箱-方箱-平椭-圆-椭-圆"，后两个六架连轧均采用"椭-圆"系统。

主轧机的特性参数如表7-7所示。

表 7-7 主轧机的特性参数

轧制道次	孔型形状	孔型槽底宽 /mm	孔型槽口宽 /mm	孔型槽深度 /mm	孔型高度 /mm	内圆弧半径 /mm	外圆弧半径 /mm	辊缝 /mm
1	箱型孔	167.98	187.74	49.94	114.88	15.70	8.40	15.00
2	箱方孔	116.82	135.78	55.73	126.46	17.10	9.10	15.00
3	平椭圆	156.32	157.68	33.79	82.59	36.20	14.50	15.00
4	圆型孔	—	108.46	44.62	104.24	52.12	8.72	15.00
5	椭圆孔		130.58	25.15	60.30	94.78	18.24	10.00
6	圆型孔		81.13	33.00	76.00	38.00	6.84	10.00

轧制道次	孔型形状	孔型槽底宽/mm	孔型槽口宽/mm	孔型槽深度/mm	孔型高度/mm	内圆弧半径/mm	外圆弧半径/mm	辊缝/mm
7	椭圆孔	—	96.63	17.44	43.58	75.66	19.12	8.71
8	圆型孔	—	58.60	23.11	54.37	27.18	5.43	8.15
9	椭圆孔	—	72.93	12.42	31.04	58.27	14.25	6.21
10	圆型孔	—	43.60	17.20	40.45	20.22	4.44	6.06
11	椭圆孔	—	54.17	9.48	23.69	43.44	10.73	4.73
12	圆型孔	—	33.73	13.30	23.69	15.64	3.13	4.69
13	椭圆孔	—	42.38	7.68	18.48	33.11	8.26	3.14
14	圆型孔	—	27.12	10.50	24.27	12.13	2.42	3.28
15	椭圆孔	—	33.46	6.35	14.71	25.35	6.42	2.10
16	圆型孔	—	21.68	8.60	19.40	9.70	1.94	2.19
17	椭圆孔	—	26.96	5.48	12.26	19.33	5.08	1.30
18	圆型孔	—	17.87	7.34	16.00	8.00	1.60	1.32

所设计的孔型系统，其轧制工艺参数如表7-8所示，孔型构成参数如表7-9所示。与达涅利公司所设计的孔型系统进行比较，其结果是，孔型尺寸参数比较接近，仅圆角尺寸有些差别，工艺参数也比较一致，但我们采用了负公差轧制，更有利于提高生产效益。

表7-8 轧制工艺参数

轧制道次	孔型形状	轧件宽度/mm	轧件高度/mm	压下量/mm	延伸系数	宽展量/mm	轴比	充满度	轧件面积/mm²
1	箱型孔	176.43	114.88	46.12	1.34	16.43	1.68	0.94	18365.109
2	箱方孔	128.53	126.46	49.97	1.42	13.65	1.00	0.88	12951.044
3	平椭圆	147.31	82.59	45.97	1.40	20.85	1.74	0.86	9590.755
4	圆型孔	101.52	104.24	43.07	1.27	18.93	1.00	0.94	7233.705
5	椭圆孔	116.36	60.32	41.20	1.32	12.12	1.78	0.85	5746.984
6	圆型孔	76.00	76.00	30.36	1.23	15.68	1.00	0.96	4448.718
7	椭圆孔	94.58	43.58	32.42	1.38	18.58	2.17	0.87	3055.554
8	圆型孔	54.37	54.37	40.20	1.35	10.79	1.00	0.93	2267.738
9	椭圆孔	70.50	31.06	23.32	1.40	16.13	2.27	0.86	1623.523
10	圆型孔	40.45	40.45	30.05	1.29	9.40	1.00	0.93	1255.297
11	椭圆孔	53.08	23.70	16.76	1.35	12.62	2.24	0.88	932.443

轧制道次	孔型形状	轧件宽度/mm	轧件高度/mm	压下量/mm	延伸系数	宽展量/mm	轴比	充满度	轧件面积/mm²
12	圆型孔	31.30	31.30	21.78	1.24	7.60	1.00	0.97	751.468
13	椭圆孔	40.86	18.49	12.81	1.34	9.56	2.21	0.89	550.238
14	圆型孔	24.27	24.27	16.58	1.24	5.79	1.00	0.92	444.128
15	椭圆孔	31.79	14.72	9.56	1.30	7.52	2.16	0.89	340.824
16	圆型孔	19.41	19.41	12.38	1.21	4.69	1.00	0.93	283.939
17	椭圆孔	25.14	12.26	7.15	1.26	5.73	2.05	0.89	224.481
18	圆型孔	16.00	16.00	9.14	1.16	3.74	1.00	0.98	192.955

表 7 - 9 孔型构成参数

轧制道次	孔型形状	孔型槽底宽/mm	孔型槽口宽/mm	孔型槽深度/mm	孔型高度/mm	内圆弧半径/mm	外圆弧半径/mm	辊缝/mm
1	箱型孔	167.98	187.74	49.94	114.88	15.70	8.40	15.00
2	箱方孔	116.82	135.78	55.73	126.46	17.10	9.10	15.00
3	平椭圆	156.32	157.68	33.79	82.59	36.20	14.50	15.00
4	圆型孔	—	108.46	44.62	104.24	52.12	8.72	15.00
5	椭圆孔	—	130.58	25.15	60.30	94.78	18.24	10.00
6	圆型孔	—	81.13	33.00	76.00	38.00	6.84	10.00
7	椭圆孔	—	96.63	17.44	43.58	75.66	19.12	8.71
8	圆型孔	—	58.60	23.11	54.37	27.18	5.43	8.15
9	椭圆孔	—	72.93	12.42	31.04	58.27	14.25	6.21
10	圆型孔	—	43.60	17.20	40.45	20.22	4.44	6.06
11	椭圆孔	—	54.17	9.48	23.69	43.44	10.73	4.73
12	圆型孔	—	33.73	13.30	23.69	15.64	3.13	4.69
13	椭圆孔	—	42.38	7.68	18.48	33.11	8.26	3.14
14	圆型孔	—	27.12	10.50	24.27	12.13	2.42	3.28
15	椭圆孔	—	33.46	6.35	14.71	25.35	6.42	2.10
16	圆型孔	—	21.68	8.60	19.40	9.70	1.94	2.19
17	椭圆孔	—	26.96	5.48	12.26	19.33	5.08	1.30
18	圆型孔	—	17.87	7.34	16.00	8.00	1.60	1.32

7.4.2 实例2——轻轨生产孔型系统

为我国某钢厂的轻轨生产车间所设计的 11kg/m 轻轨生产孔型系统，做了以下改进，提高了产品质量：

（1）原成品孔孔型，头部总压下量过大，如操作不当、头部温降过快时，就导致头部尺寸不精确，该系统适当降低头部压下量，并给予 0.1mm 的侧压（图 7-8），得到满意的效果。

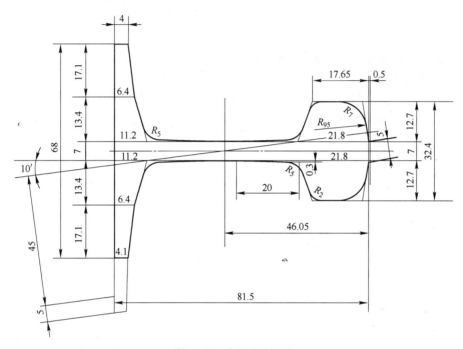

图 7-8 成品孔孔型图

（2）原帽形孔孔型采用正配方式，一旦侧压大了，轧件出孔时容易上翘，会发生事故，而且由帽形孔进入第一轨形孔时，需要翻钢，该设计采用倒配方式，不仅简化了出口装置，不用上卫板，而且可施以较大侧压，有利于轨底宽度增长，变形更加均匀，并可实现自动喂钢。

（3）由于只采用一个箱形孔，轧件出箱形孔后温度仍很高，故可给予较大的压下量，效果也更好。

由此可见，该 CAE 系统可在实际生产中应用，并已取得良好的效果。

7.5 简单小结

（1）由于型材轧制生产的模糊性和离散性，它是一个不确定系统，从而造成设计的困难。我们将其拓展为一个能够处理经验知识的知识基系统。

（2）鉴于面向对象技术的优越性，将面向对象技术引入到 CAE 系统的设计中。

（3）实际现场应用表明，该 CAE 系统是先进合理的。

8 模式识别——板形综合治理

板带，特别是冷轧板带作为国民经济许多部门的重要原材料，用户对其质量的要求越来越高。其中，一个重要的质量指标就是板形。板形一般用波高、波长等来界定，还可分为潜在板形和显在板形、初始板形和最终板形，工序前板形和工序后板形。各个机组对板形的影响及其控制措施，以及相应的理论和算法已有许多论述（如文献［15，81］），这里就不做过多的讨论了。

板形研究是当前轧钢生产中最令人注目的课题，这是因为继厚控技术完善以后，板形是影响产品质量的最重要的一个因素，故对产品板形的改进越来越迫切。

厚控理论方程是 1959 年推导的，从 1965 年实施厚控，到 1985 年可以说厚控问题已基本解决。从建立辊形曲线算起，板形研究已有 50 多年的历史，而且现在轧机上配有弯辊、抽辊、辊形控制、精细冷却等各种控制手段及检测装置，它已成为技术综合的典型，但其结果仍不尽如人意，显然，有必要做更深入的分析。

图 8-1 所示为各工序因板形而造成判次的统计数据，图 8-2 所示为生产过程对厚-长面内及厚-宽面内的平直度的影响[82,83]。由图可知，各个工序都可能影响板形，同时可以看出冷轧对平直度产生很大的不良作用（可能是轧线失调、辊径不匹配、辊面粗糙不合适等原因所致），而平整再次降低了平直度的质量，而剪边和涂层工序对平直度没有影响。

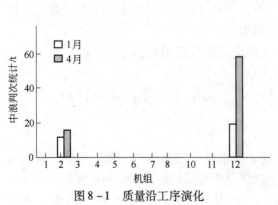

图 8-1 质量沿工序演化

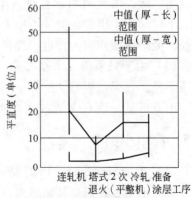

图 8-2 生产工艺对厚-长面及厚-宽面内的平直度（纵弯、横弯、扭曲）的影响

轧制工序获得的良好板形可能在后续工序中被破坏，而轧制不太理想的板形，经后续工序补救，可以获得良好的板形。为什么会产生这种情况呢？究其原因乃板形控制和厚度控制不同，它不具有保持性。如前所述，在外观上都是同样板形良好的板带，由于其残余应力的不同，有可能继续保持板形良好，也有可能不保持。这种因残余应力而显示的板形变化，是一种潜在的板形，目前还不能精确预知。为了研究方便，可称为潜在板形和显在板形。这种潜在板形可能转化为显在板形，显在板形又可能转化为潜在板形。正因为这样，虽然对轧机板形的理论、控制和检测做了大量的工作，有时仍不能达到预期的效果，如何解决这一问题，就提到日程上来。由于板形因素的复杂性和不确定性，我们提出进行综合治理的概念[84]。这一工作有以下困难：

（1）生产不确定的因素很多，使生产全过程的研究板形非常困难。

（2）轧制板形的研究及控制技术已日臻完善，但其他工序却缺乏控制手段，甚至检测手段也不具备，机理的研究更不充分。尽管如此，轧钢工作者正在着手致力于板形的综合治理。

8.1 板形综合治理策略

为达到板形综合治理，就必须确定综合治理板形的策略。从热轧原料到产品轧成，即使其原始状态相同，但在以后的生产中，由于生产的不确定性，也会出现多种可能性，它可以是良好的板形产品，也可以是不好的板形甚至报废。也就是说，研究板形时，必须注意这种生产过程不确定性造成的后果。因此，对板形要进行全面的综合治理，既要重视各机组的控制能力和范围，又要重视生产整体性及各工序的相互影响。

传统板形的研究方法是：

（1）重轧制工序及轧制时工件及工具两方面，而其他工序研究不足。

（2）重控制机构的单一效果及能力，而各控制机构的配置和综合优化研究尚不充分。

（3）重实际检测，而仿真技术采用较少，更多的一些理论研究成果局限于力学分析，难以直观地用于生产。

新的板形研究突出的特点就是综合治理，即：

（1）全工序的综合考虑。

（2）各控制机构的综合考虑及优化控制策略。

（3）潜在板形与显在板形的综合考虑。

（4）热轧来料与冷轧产品的综合考虑。

（5）机理和仿真研究与生产研究的综合考虑。

显然，它不仅能体现全面质量管理的思想，而且也更适合板形的治理。因为，板形即使开始于一个同一初始状态，但在以后的生产过程中，由于生产的不确定性，也会出现多种可能性。也就是说，从热轧来料到产品轧成，由于影响因素众多，而且经常变化，在某时期某一因素可能是影响板形的主要因素，而经过治理，又可能是其他因素成为主要因素。可能板形逐步地得以改善，也可能在某一工序板形恶化。必须注意这种生产不确定性造成的结果，如忽略这一点，将延缓板形研究和治理的进展。所以研究板形，首先要重视它的整体性，把它视为一个不确定系统，研究它的协调及相互关系。所以，板形综合治理将对改善板形更为有利，使实物质量达到一个新的水平。为实现综合治理，由于因素复杂及其不确定性，传统质量管理方法已不能满足要求，而必须与模糊数学、灰色系统、人工神经元网络、模式识别等方法相结合[85,86]，为科学质量管理开辟一条新的、广阔的途径。

我们采用模式识别的方法对板形进行综合治理。下面就对模式识别做一简单介绍。

8.2 模式识别

8.2.1 模式识别诊断

人们在生产、生活等活动中，总是需要不断地进行模式识别。例如，我们出行乘坐公交车就要确定车站及路线。医生看病，就需通过问诊、化验、检查等各种方法进行识别和判断。现在"诊断"这一术语已扩展用于各个学术及工业领域[87]。在生产领域中，需要推断产品质量的类属，确定影响该产品质量的关键环节，最后再针对这一缺陷提出解决办法及措施。这些都是模式识别。这里讨论的模式识别是借助计算机来实现人的模式识别能力，也就是实现人对各种事物或现象的分析、判断和识别。

在工程技术领域，需要推断产品的类属、影响产品质量的关键环节，并针对某种缺陷，给出治疗措施。所以，模式识别诊断的步骤为：

（1）质量判断——聚类；

（2）寻找病因——影响因素因果层次分析；

（3）开出处方——工艺参数优化。

自然，这些工作是由计算机来完成的。

8.2.2 模式识别原理

模式识别是由一组表示研究对象的特征变量（工艺参数）构筑模式空间，按"物以类聚"的观点，分析数据结构，划分出具有特定属性模式类别的空间聚集区域，并辨认每一个模式的类别，按模式识别原则（利用计算机）对大量信息进行处理，选择决定分类的特征变量，最后作出决策。

模式识别调优的原则是以工艺参数为特征变量构筑多维空间，将采取的样本按其性能赋予不同的类属，这些样本在多维空间中占据不同的子空间。模式识别调优主要基于映射原理，将多维空间的样本，依据不同的准则映射到二维平面，确定优化点或优化方向，最后通过还原技术再还原为具体的工艺参数，或按择优建模原理给出优化模型。

8.2.3 模式识别的映射方法

常用的映射方法有线性映射和非线性映射。线性映射按照不同的映射原理又可分为：

（1）不含目标值的映射：简单映射法；主成分映射法（PC）；非线性映射法；偏最小二乘映射法。

（2）含目标值的映射：最优判别矢量法；最优判别平面法（DDP）。

我们选用了主成分映射法（PCA）和最优判别平面法（DDP）。

8.3 板形综合治理

8.3.1 现有生产工艺及研究路线选取

我国某冷轧厂的工艺流程如图 8-3 所示。年产量为 210 万吨，产品有普板、深冲板、特深冲板、热镀锌板、电镀锌板、彩涂板、瓦楞板等。

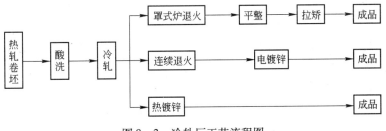

图 8-3 冷轧厂工艺流程图

经过罩式退火炉处理的产品有普板、深冲板、特深冲板，产量高达 160 万吨/年，故该生产线生产的板形质量直接关系到全厂的产品质量及效益。因此，就以该生产线作为研究对象。根据现场情况，平整后的成品拉矫量很小，故选择酸洗、冷轧、罩式炉退火、平整作为研究系统中的四大工序。

8.3.2 特征变量的筛选及确定

进行模式识别，对模式特征进行有效的选择是非常重要的。一般把原始数据组成的空间称为测量空间，把分类识别赖以进行的空间称为特征空间，根据被识别的对象产生出一组基本特征，称为原始特征。

特征变量的筛选就是充分利用专家经验和有关的工艺研究结果，选出其中最重要的特征变量，删除那些相对次要的特征变量，以有利于模式识别。我们选择了如表8-1所示的15个特征变量。

表8-1 选取的特征变量

变量	工艺参数	单位	变量	工艺参数	单位	变量	工艺参数	单位
X_1	原料宽度	mm	X_6	轧机CVC移动量	0.01%	X_{11}	平整机开卷张力	N
X_2	原料厚度	mm	X_7	轧机弯辊量	0.01%	X_{12}	平整机卷曲张力	N
X_3	原料板形		X_8	退火控制温度	℃	X_{13}	平整机轧制力	N
X_4	原料凸度		X_9	退火卷芯温度	℃	X_{14}	平整机弯辊力	N
X_5	轧制压力	N	X_{10}	退火时间	h	X_{15}	平整机伸长率	%

8.3.3 目标变量的确定

进行模式识别要求把目标变量划分若干类别，目前国内外对板形的评判标准为10I，换算成翘曲度为6.37%，故确定的目标变量如表8-2所示。

表8-2 目标变量的确定

浪高	$H \geq 45$	$25 \leq H < 45$	$10 \leq H < 25$	$H < 10$
级别	4	3	2	1

8.3.4 数据采集

原料板形由于没有在线测量装置，由人工判断，具体判断标准见表8-3。

原料宽度、原料厚度、原料凸度、连轧机轧制力、连轧机弯辊力、连轧机

表8-3 原料板形模糊判断

板形指标：翘曲度/%	类别	评价
>6.37	1	好
<6.37	2	坏

CVC移动量、罩式炉的控制温度（即钢卷卷心温度）、罩式炉退火曲线、罩式炉退火时间、平整机轧制力及弯辊力、平整机张力、平整伸长率等参数由自动记录的报表采集。

实验期间共采集700个钢卷的数据，表8-4列出所采集的数据样本（为减少篇幅，此处仅给出N1~N30的数据）。所采集数据的量纲是各自不同的，须进行无量纲化处理[88]，处理后的数据如表8-5所示。

8.3.5 聚类分析

模式识别聚类就是把数据按板形好坏两种模式进行聚类，其基本思路是把数据看作分布在一个多维空间中的点，然后经旋转使之映射在某个二维平面上以进行聚类。

表8-4 采集的数据样本（部分）

序号	带卷号	X_1	X_2	X_3	X_4	X_5	X_6	X_7	X_8	X_9	X_{10}	X_{11}	X_{12}	X_{13}	X_{14}	X_{15}	Y
1	18644300	1020	3.80	3	0.0287	982	6556	771	711	681	108.0	4.65	5.82	181	16.0	10.1	0.00
2	18644400	1220	3.80	2	0.0413	974	6577	770	712	654	65.6	4.64	5.56	180	-45.5	10.2	0.70
3	18644500	1220	3.10	4	0.0134	996	3913	491	732	696	78.9	3.28	4.71	197	30.5	9.2	0.00
4	18645200	1180	2.25	3	0.0294	875	4761	629	711	689	80.8	2.23	2.95	199	-10.5	7.2	0.70
5	18645500	1120	2.75	4	0.0254	491	2159	752	731	690	68.5	2.82	3.66	160	-19.0	3.3	0.70
6	18645600	1020	3.10	3	0.0165	803	6966	409	720	691	43.8	3.09	3.67	200	-11.5	9.1	0.60
7	18646100	1020	2.50	3	0.0328	750	5794	589	711	670	70.7	2.00	2.00	160	9.0	7.1	0.80
8	18647100	1020	2.75	3	0.0097	631	2162	913	711	654	65.6	2.57	3.86	200	21.5	8.1	0.60
9	18663100	1270	2.75	3	0.0116	836	2161	730	711	689	80.8	2.94	3.94	187	-15.5	8.3	0.30
10	18664200	1020	2.75	3	0.0306	718	6881	629	726	696	78.9	2.57	3.96	200	-4.0	8.2	0.10
11	18663600	1020	2.50	4	0.0252	770	6644	874	711	676	70.7	2.06	2.45	244	25.0	7.1	1.00
12	18664600	1020	2.75	3	0.0201	737	6881	631	762	696	78.9	2.97	3.96	200	8.5	8.1	0.40
13	18665500	1020	3.10	2	0.0311	814	3912	631	712	654	65.8	3.09	4.17	160	-16.0	9.1	0.00
14	18665900	1020	3.10	3	0.0429	822	3913	348	711	681	108.0	3.49	4.77	178	16.5	10.1	0.00
15	18666400	1020	3.10	3	0.0721	805	3917	671	711	695	97.1	3.39	4.67	172	33.5	9.0	1.20
16	18666510	1020	3.10	3	0.0212	800	3915	672	723	686	80.4	3.09	4.57	160	4.0	9.2	0.20
17	18666600	1020	3.10	2	0.0136	802	3915	672	723	686	80.4	3.09	4.67	160	19.5	9.2	0.00
18	18667400	1340	4.50	2	0.0760	1025	1348	384	711	680	100.6	5.42	7.10	193	-37.5	11.2	0.00
19	18667500	1340	4.50	1	0.0587	1063	1346	390	711	680	100.3	5.42	7.00	160	42.0	11.1	0.00
20	18667600	1340	4.50	4	0.0446	1049	1346	390	711	680	100.8	5.92	6.10	190	-41.0	11.3	0.00
21	18668400	1340	4.50	4	0.0124	1030	1348	548	711	656	95.2	5.42	7.20	103	44.5	11.0	0.00
22	18668500	1340	4.50	4	0.0172	1053	1346	549	711	656	95.2	5.42	7.30	214	-37.0	11.1	0.00
23	18668600	1340	4.50	1	0.0241	1038	1345	553	715	682	95.2	5.42	7.20	163	-35.0	11.1	0.00
24	18668700	1340	4.50	2	0.0179	1026	1345	551	712	661	75.5	5.42	7.20	172	-39.0	11.2	0.20
25	18669110	1270	4.50	3	0.0321	1001	4302	410	712	661	84.2	3.80	3.90	180	-17.0	8.1	0.30
26	18669120	1270	4.50	2	0.0399	1023	2724	391	712	661	84.2	5.15	7.65	235	-33.0	11.2	0.90
27	18669200	1270	4.50	2	0.0585	1003	4301	410	712	661	84.2	3.45	3.81	182	-23.0	9.1	0.50
28	18669310	1270	4.50	3	0.0394	1013	4308	447	711	680	50.8	6.41	7.81	160	10.5	11.2	0.50
29	18669320	1270	4.50	2	0.0563	732	4308	447	711	681	51.4	3.34	3.75	178	-22.5	10.0	0.60
30	18670000	1270	4.50	3	0.0127	1007	4301	329	717	651	73.1	3.65	4.07	175	-23.1	8.1	0.80

表8-5 处理后的数据

X'_1	X'_2	X'_3	X'_4	X'_5	X'_6	X'_7	X'_8	X'_9	X'_{10}	X'_{11}	X'_{12}	X'_{13}	X'_{14}	X'_{15}
-1.766	0.303	0.437	-0.282	0.328	0.979	0.976	-0.007	0.570	2.007	0.544	0.346	-0.381	0.885	0.402
-0.123	0.303	-0.764	0.379	0.250	0.990	0.971	0.038	-0.266	-0.871	0.534	0.146	-0.407	-1.031	0.468
-0.123	-0.572	1.637	-1.086	0.465	-0.417	-0.582	0.935	1.034	0.032	-0.758	-0.510	0.041	1.337	-0.193
-0.451	-1.634	0.437	-0.246	-0.710	0.031	0.188	-0.007	0.817	0.161	-1.755	-1.867	0.094	0.060	-1.516
-0.945	-1.009	1.637	-0.456	-2.512	-1.343	0.870	0.891	0.848	-0.674	-1.195	-1.319	-0.935	-0.205	-0.788
-1.766	-0.572	0.437	-0.398	-1.419	1.196	-1.039	0.397	0.879	-2.351	-0.938	-1.312	0.121	0.028	-0.259
-1.766	-1.322	0.437	-0.067	-1.936	0.577	-0.037	-0.007	0.415	-0.525	-1.917	-1.867	-0.777	0.667	-1.582
-1.766	-1.009	0.437	-1.280	-3.097	-1.341	1.766	-0.007	-0.266	-0.871	-1.432	-1.165	0.121	1.057	-0.921
0.288	-1.009	0.437	-1.180	-1.097	-1.342	0.748	-0.007	0.817	0.161	-1.081	-1.103	-0.222	-0.096	-0.788
-1.766	-1.322	1.637	-0.466	-1.682	1.026	1.549	-0.007	0.415	-0.525	-1.917	-2.252	1.282	1.166	-1.582
-1.766	-1.009	0.437	-0.183	-2.248	1.151	0.186	0.532	1.034	0.032	-1.432	-1.088	0.121	0.262	-0.854
-1.766	-1.047	0.437	-0.734	-2.063	1.151	0.197	0.935	1.134	0.032	-1.052	-1.088	0.121	0.651	-0.921
-1.766	-0.572	-0.764	-0.157	-1.311	-0.417	0.197	0.038	-0.266	-0.858	-0.938	-0.926	-0.935	-0.112	-0.259
-1.766	-0.572	0.437	0.463	-1.233	-0.417	-1.378	-0.007	0.570	2.007	-0.558	-0.463	-0.460	0.901	0.402
-1.766	-0.572	0.437	-0.676	-1.448	-0.415	0.425	0.532	0.725	0.134	-0.938	-0.618	-0.935	0.511	-0.193
-1.766	-0.572	-0.764	-1.075	-1.429	-0.415	0.425	0.532	0.725	0.134	-0.938	-0.541	-0.935	0.994	-0.193
0.864	1.178	-0.764	2.200	0.748	-1.771	-1.178	-0.007	0.539	1.505	1.275	1.333	-0.064	-0.782	1.129
0.864	1.178	-1.964	1.292	1.118	-1.772	-1.144	-0.007	0.539	1.505	1.275	1.256	-0.935	-0.922	1.063
0.864	1.178	1.637	0.552	0.982	-1.772	-1.144	-0.007	0.539	1.505	1.750	1.025	-0.143	-0.891	1.196
0.864	1.178	1.637	-1.138	0.796	-1.771	-0.265	-0.007	-0.204	1.138	1.275	1.410	-0.064	-1.000	1.129
0.864	1.178	1.637	-0.886	1.021	-1.772	-0.259	-0.007	-0.204	1.138	1.275	1.487	0.490	-0.766	1.063
0.864	1.178	-1.964	0.524	0.875	-1.773	-0.237	-0.007	-0.204	1.138	1.275	1.410	-0.064	-0.704	1.063
0.864	1.178	-0.764	-0.849	0.757	-1.773	-0.248	0.172	0.601	-0.199	1.275	1.410	-0.618	-0.828	1.129
0.288	1.178	0.437	-0.104	0.513	-0.211	-1.033	0.038	-0.049	0.392	-0.264	-1.134	-0.407	-0.143	-0.921
0.288	1.178	-0.764	0.305	0.728	-1.044	-1.139	0.038	-0.049	0.392	1.019	1.757	1.044	-0.642	1.129
0.288	1.178	-0.764	1.282	0.533	-0.212	-1.033	0.038	-0.049	0.392	-1.204	-0.596	-0.354	-0.330	-0.259
0.288	1.178	0.437	0.279	0.631	-0.208	-0.827	-0.007	0.539	-1.876	2.216	1.880	-0.935	0.714	1.129
0.288	1.178	-0.764	1.166	-2.112	-0.208	-0.827	-0.007	0.570	-1.835	-0.701	-1.250	-0.460	-0.314	-0.259
0.288	1.178	0.437	-1.122	0.572	-0.212	-1.484	0.262	-0.359	-0.362	-0.406	-1.003	-0.539	-0.333	-0.921

8.3.5.1　应用 PC 法

根据 PC 法原理及算法编程，把采集到的数据样本投影到二维平面上，程序流程图如图 8-4 所示。

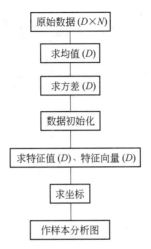

图 8-4　PC 法程序流程图

经 PC 映射后，可供选择的映射平面有以 15 个特征变量为坐标基矢的平面，即共有 $C_{15}^2 = 105$ 个映射平面。经观察可知，若决定映射平面的两个坐标基中有一个为平整延伸变量（即第 15 个特征变量）时，样本分区效果好（图 8-5），否则，分区效果不好（图 8-6）。这完全与实际一致，因为平整机伸长率参数变化与其他变量相比较小。

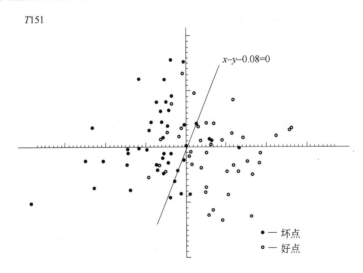

图 8-5　以轧制力和原始板形为坐标基的平面样本分区图

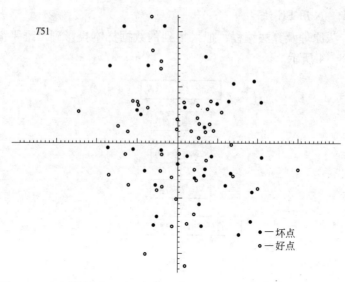

图 8-6 以原始板形和平整机伸长率矢量为坐标基的平面样本分区图

8.3.5.2 应用 DDP 法

DDP 法的程序流程图如图 8-7 所示。

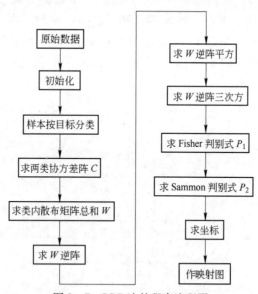

图 8-7 DDP 法的程序流程图

由于 DDP 法映射两坐标基矢是固定的，因此所得的映射图唯一，与 PC 法不同的是它不随特征变量选择的不同而变化，所得映射图如图 8-8 所示。

PC 法和 DDP 法这两种聚类方法都能使数据在二维平面上得到很好的聚类，聚类的好坏关系到以后关键工艺参数的分析及调优的精确性。因此，两种方法在潜在板形和显在板形相互转化的原则指导下，忽略工序前后板形的变化情况，只由成品板形来聚类，故它们是两种非常适用的聚类方法。

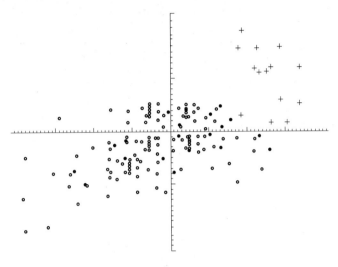

图8-8 DDP法映射图

8.4 板形的全生产过程综合一贯管理

8.4.1 板形质量预报及其验证

单工序或单因素的板形预报模型已有很多，而且具有相当水平，为提高板形质量做出了贡献。这里未考虑各工序前后的板形而对成品板形进行定性预报，它是板形质量控制和设计的基础和关键步骤。

为此，进行现场数据采集，表8-6列出所采集的数据（共70组，此处仅列出8组）。这里介绍用PC映射法作出映射图（图8-9~图8-12，此处仅列出第5组~第8组，共4组映射图）。图中待预报样本用特殊符号⊙显示，故其所在的分布区域可一目了然，若此预报点分布在"好区"，则生产产品的板形良好。由图可以看出，图8-9的第五个样本显示原分区良好的映射不再聚类，呈现不良板形，而其余的7组板形良好。

表8-6 8组采集的数据

序号	带卷号	X_1	X_2	X_3	X_4	X_5	X_6	X_7	X_8	X_9	X_{10}	X_{11}	X_{12}	X_{13}	X_{14}	X_{15}	Y
1	221839	1520	4.50	2	0.0741	1213	2300	4300	711	686	39	6.15	8.30	182	1.5	11	0.79
2	221846	1520	3.10	2	0.0726	1237	3690	600	715	663	31	5.08	5.47	181	28.0	9	1.03
3	221847	1520	3.10	3	0.0637	1222	3690	600	715	663	61	5.00	6.80	196	-13.0	9	0.68
4	221848	1520	3.10	2	0.0645	1211	3690	600	715	663	31	4.60	7.77	190	1.5	9	1.02

序号	带卷号	X_1	X_2	X_3	X_4	X_5	X_6	X_7	X_8	X_9	X_{10}	X_{11}	X_{12}	X_{13}	X_{14}	X_{15}	Y
5	221849	1520	3.10	3	0.0737	1246	3690	600	715	663	31	4.60	6.87	190	-4.0	9	0.85
6	221860	1520	3.10	3	0.0522	1255	6130	600	717	659	35	4.80	6.07	202	-30.0	9	1.04
7	221841	1520	3.80	1	0.0703	1206	3690	500	719	659	35	5.30	6.38	160	-10.0	10	0.68
8	221861	1520	3.80	2	0.0554	1163	5480	620	717	659	35	5.30	7.08	178	1.5	10	0.63

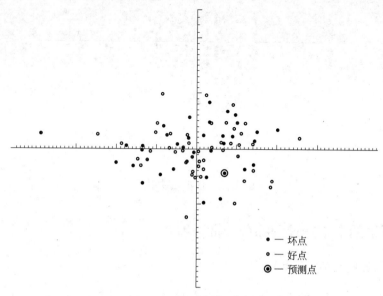

图 8 - 9 第五卷的最终板形类属预报

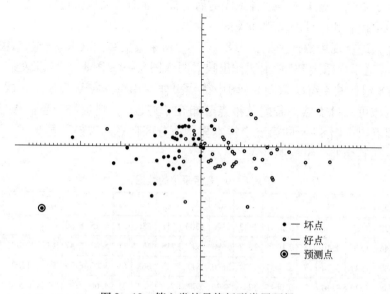

图 8 - 10 第六卷的最终板形类属预报

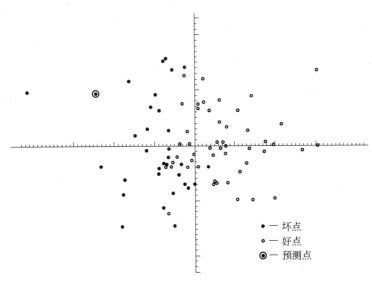

图 8 – 11   第七卷的最终板形类属预报

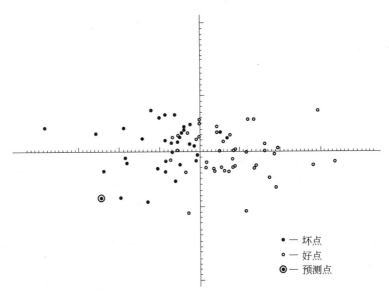

图 8 – 12   第八卷的最终板形类属预报

8.4.2　影响板形质量的工艺参数的因果层次分析

实际生产中，许多参数有很强的耦合性，几个变量共同决定某一质量指标。此处所选的工艺参数共有 15 个，但它们对板形的影响程度是不同的，如何寻找最关键因素，必然是调优首先遇到的问题。

模式识别的特征抽提具有这样的功能。下面对特征抽提的原理做一简单介绍。将样本映射到二维平面上，在此平面上找一直线作判别线，使两类样本大体处于判别线的两侧，各样本点离判别线的距离为：

$$D = a_0 + \sum_{i=1}^{k} a_i x_i \qquad (8-1)$$

式中，对应于 i 特征变量的系数 a_i 和两类样本平均值差 $x_i - x'_i$ 的乘积绝对值 P_i 为：

$$P_i = a_i(x_i - x'_i) \qquad (8-2)$$

P_i 的相对大小，反映了对分类的贡献，保留 m 个对应于较大 P_i 的特征变量，其余较小的舍去，则 k 维特征变量压缩为 m 维。降低维数后，将样本映射到二维平面上，作判别线，求出 P_i，所求出的 P_i 值如表 8-7 所示。

表 8-7 P_i 值

P_1	0.2898	P_2	0.0100	P_3	0.2797	P_4	0.0472	P_5	0.1933
P_6	0.0220	P_7	0.1182	P_8	0.0042	P_9	0.0475	P_{10}	0.0389
P_{11}	0.0159	P_{12}	0.0936	P_{13}	0.0328	P_{14}	0.0093	P_{15}	0.1874

由表 P_i 值可知，P_1、P_3、P_5、P_{15}、P_7、P_{12}、P_9、P_{13} 的值较大，说明其影响也较大，所对应的工艺参数为：

x_1——原始宽度；

x_3——原始板形；

x_5——轧制压力；

x_{15}——平整机伸长率；

x_7——轧机弯辊量；

x_{12}——平整机卷取张力；

x_9——退火卷芯温度；

x_{13}——平整机轧制压力。

由此可见，在罩式炉退火这条生产线上，上面 8 个因素是关键影响因素，对它们需进一步优化。热轧来料的状况，可以说是材料内部残余应力的外在表现，而残余应力的分布又是板形的决定性因素，故应着手改善来料的质量。退火过程是残余应力的释放过程，板宽方向的温度分布直接影响残余应力的释放状况，应予以注意。平整机是一关键环节，对其工艺参数需进一步优化。

8.4.3 工艺参数优化的工艺规程

板形工艺参数优化是板形综合治理的关键环节，也是综合治理成功与否的主要依据，将采用模式识别调优法进行工艺参数优化。

模式识别调优是将生产数据集作为样本，画在由多种因子为坐标构成的多维空间中，将板形好的样本记为○，板形差的样本记为●。用模式识别方法考察其空间分布，如能找到一个超平面或超曲面将两类点分开，即将该多维空间分为"好区"和"差区"，并调节生产使各指标始终停留在"好区"，就达到调优的目的，这些步骤的原理及方法在前面已经介绍。而后就是在映射平面确定优化目标区域，再根据其在映射平面中点的坐标复原到多维空间，以得到优化后点的空间分布，亦即优化后的工艺参数区间。

板形调优的总体步骤如图8-13所示。

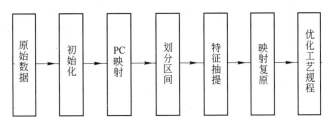

图8-13 板形调优步骤

由于现场原料规格为1270mm×4.5mm所占比例较大，故选其进行调优，所得到的板形为优的工艺区间如表8-8所示。

表8-8 推荐的工艺规程

工艺参数	调整范围	单 位	工艺参数	调整范围	单 位
轧机轧制力	916~959	t	平整机开卷张力	3.5~5.0	t
轧机CVC移动量	3650~5200	0.01%	平整机卷取张力	4.5~6.0	t
连轧机弯辊量	566~741	0.01%	平整机轧制力	145~207	t
退火控制温度	705~712	℃	平整机弯辊力	-51~32	t
退火卷芯温度	672~674	℃	平整机伸长率	9.00	‰
退火时间	5~72	h	产品尺寸	1270×4.50	mm×mm

所推荐的优化规程与原有规程相比，发现原有规程调整范围过大，成品板形指标达10I的仅为58%，不能有效控制板形，优化后的调整范围适当缩小，从而有效地改善了板形。

按推荐工艺规程生产，得出了板形好的产品，现场人员认为是合理可行的。

8.5 简单小结

（1）由于板形在生产中是一个显在板形与潜在板形交互作用的过程，而且是一个不确定的过程，板形质量管理不能只停留在单工序设备及工艺的研究上，应当将其视为不确定系统，进行综合治理。

（2）用模式识别方法进行聚类、优化，可得到优化的工艺规程。

9 未来虚拟实验室

将冷－热轧板带生产、管－型材生产、连铸－连轧生产、冶－铸－轧一体化生产等系统，以及生产管理系统、工艺控制等都视为一个模糊、不确定、离散、动态系统进行审视和分析研究，可使以往难以解决和无法解决的问题得到解决。例如，冶－铸－轧一体化生产的生产作业计划一直是动用大量的人力来进行人工编制和调整，而所开发的生产作业计划系统解决了这一难题，且程序运行时间仅为 8s（在大型计算机上运行需时更少），这不仅使在线应用成为可能，还可用于进行在线调整和动态变更，具有重大的现实意义。

面对复杂的现代化工厂，提出了一个新的课题。现代化的工厂已经成为一个复杂的系统工程，其复杂程度使已经缩小的实验室研究难以甚至不可能反映生产过程。一方面实验室的单因素研究难以反映全貌及各因素的相互关系及作用，而且广大的生产第一线人员难以参与，同时，现场人员在全自动化操作、全封闭的情况下又难以有意识地改变生产因素，取得实践经验。因此，对于一个现代的工业工程，如何让工程人员迅速了解生产过程实质，提高认识，并能有效地驾驭生产和改进生产，就成为当务之急。

解决这一问题的有效途径就是利用虚拟制造技术，建立未来实验室，在讨论该问题之前，对与此有关的模拟方法和信息发掘先做一些探讨。

9.1 模拟方法沿革

人们为了认识和变革事物，很早就使用了模拟方法，严格地说，语言就是一种直观的模拟，在计算机普遍应用的今天，模拟更得到广泛的应用。

模拟方法不仅是各式各样的，而且是不断发展的，图 9－1 所示为模拟时使用的各种模型[36]。实体模型可能是最早使用的一类模型。几何相似模型是依据几何原理，对原型的放大或缩小，如反映总体构成的沙盘就是一个几何相似模型，如图 9－2 所示的二维空间几何相似原理，古人就是利用它测量山高或房屋高度的。

物理相似模型不仅几何空间上相似，而且要求它们物理特征相似，实验轧机就属这类模型。一个典型的例子就是曾在人民日报宣扬过的 1.2 万吨水压机是怎样建成的，为了建设 1.2 万吨水压机，先建了一台 1200t 水压机，从中取得经验。但是这种方法的应用越来越受到限制，对于水压机这种单因素的模拟是可行的，但

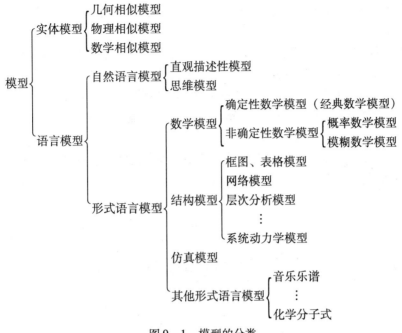

图 9-1　模型的分类

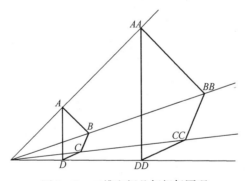

图 9-2　二维空间几何相似原理

对多因素的事件就不行了。对高速现代连轧机的模拟就是一个典型的例子,为了建设我国第一套现代大型连轧机,曾做了一套小型连轧机,根据相似原理,在多因素条件下,几何相似并不能满足所有的物理相似条件,现代大型连轧机的轧制速度相当高,而辊径只有 12cm 的轧机是无法达到这样速度的,在这样高速下,轧制振动将导致轧机的破坏,结果以失败而告终。

数学相似模型是基于物理本质不同的系统,在数学上却有相似性而构造的一类实体模型。模拟技术机就属这一类。

自然语言模型是指通过语言表达或在人脑中形成的模型,它是最普遍的一种模型。从广义上讲,几乎每人每天都在有意或无意地使用和构造这种模型,这种模型是最低级、最复杂、定量化程度最差的一种模型，但它是构造高级形式模型的前提和基础。

语言模型是通过对原型的抽象和概括，并通过语言或符号来表示的一种模型。最常用的数学模型就属这一类。结构模型更注重结构特征和因果关系，把变量间的数学关系放到次要地位，如图表模型、网络模型、层次分析模型即属此类。诸如用特殊符号表达的化学分子式、乐谱等就属于其他形式语言表述的模型。

关于模拟方法沿革就做以上简单的介绍，模型的演化及其之间的相互关系如图 9-3 所示。

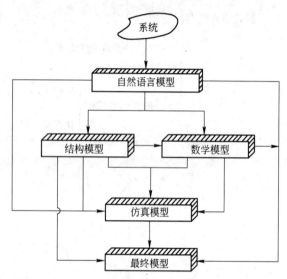

图 9-3　模型的演化及其之间的相互关系

9.2　信息发掘及利用

为了应对 21 世纪钢铁工业发展所面临的挑战，对发展策略曾进行过深入的分析，大家认识到，信息化是对传统工业改造的必然趋势[89,90]。信息已是轧制工程的重要组成部分，我们要像对待设备那样，要让它发挥更大的潜力，要像对待工艺那样，要让它处于最佳的状态。因此，如何发掘信息、利用信息就成为轧制研究的课题。我们先用一个例子来说明信息利用的重要性。

9.2.1　信息利用举例

众所周知，降低成本要采取许多措施，例如，降低能耗、增加设备利用率、减少劳动人员等，这方面已做了大量的工作，而且取得显著成效。直送热装、无头轧制技术就是为此而开发的。例如，直接轧制已经省去了加热，钢在开轧温度所保持的热量则是它的限值。无头轧制已可做到一班一停或者一个换辊周期一停，也很难再挖潜了。而年产 200 万吨的薄板坯 CC – CR 工厂所需人员已减少到 250 人左右，总之在人力、物力方面，基本上已接近限值了，因而再挖潜是十分困难的。但在生产中的新要素 – 信息方面，却远没有充分利用并给予足够的注意。举个例子来说，我国某厂生产线材一直成材率很低，长期不能解决，后来才发现是由碳当量波动过大（0.40 ~ 0.57）造成的[91]，如果精确冶炼操作把碳当量限制在 0.45 ~ 0.52 范围内，则产品就全部合格了。尽管冶炼成分和每批轧材性能都有记录，存储于计算机中，但由于大量的数据没有提取和分析，阻碍着对它的认识和及时解决。如果有一个数据信息采集和处理系统，就很容易解决。它的投资是很少的，但其产生的效益却是无法估量的。例如，该厂年产 30 万吨，原来成材率为 85%，而现在为 98%，那么由此达到的增产产值为 30 万吨 × 13% × 3000 元/t = 11700 万元，可见其效益巨大。化学成分及性能测量是每批钢都要做的，只是没充分利用这些信息罢了。所以，如何充分利用信息就提到日程上来，我们把它称作"信息发掘"（information excavating 或 information mining）[89]。这样的例子还可举出许多，这里就不再列举了。总之，在工艺设计、产品开发、生产优化各方面都可应用并取得巨大的经济效益。

如果该厂有一个（很简单的）数据信息采集和处理系统（实际上该厂数据已采集存储于计算机中，只是还缺乏数据处理软件和输出），在现场采集了实际生产中的成分和性能的数据（见表 9 – 1），对它们进行处理并作图（图 9 – 4），再加以数学处理（这里只是简单的回归分析），得出屈服点 σ_s 与碳、锰当量的关系：

$$\sigma_s = 18.152 + 25.399 \times C_e \qquad (9-1)$$

式中，C_e 为碳、锰当量，其定义为

$$C_e = C\% + 1/6Mn\% \qquad (9-2)$$

由此可知，当碳、锰当量增加 0.01% 时，σ_s 增加 0.25401kg/mm^2，据此就可确定满足要求的碳、锰当量范围，而它的运算在几秒之内就可以完成。由此可见，这种处理系统投资是很少的，但其产生的效益却是无法估量的。

表 9 – 1　屈服点与碳、锰含量（质量分数）的关系

$w(C)/\%$	$w(Mn)/\%$	屈服点 σ_s/10MPa	$w(C)/\%$	$w(Mn)/\%$	屈服点 σ_s/10MPa
16	39	24	17	46	24.5
18	38	24.5	18	44	24.5
19	39	24.5	18	45	24.5
17	39	24	20	48	25
20	38	25	21	48	25
16	48	24.5	16	55	25

续表 9 – 1

$w(C)/\%$	$w(Mn)/\%$	屈服点 $\sigma_s/10MPa$	$w(C)/\%$	$w(Mn)/\%$	屈服点 $\sigma_s/10MPa$
16	45	24	18	55	25
15	48	24	19	56	25.5
19	48	24.5	19	58	25.5
18	48	24.5	21	58	26.5
18	46	24.5	19	49	24.5
17	48	24.5	21	49	26

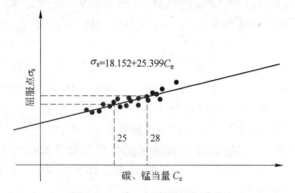

图 9 – 4 碳、锰当量回归曲线

应采取一定措施以充分利用信息，现代钢铁企业拥有联机事务处理系统（OLTP），担负着日常繁重的处理工作，但大多没有联机分析处理系统（OLAP），如何充分有效地利用数据，却没有好的解决方法。嵇晓等[92]为解决该厂存在的这一问题，采用了建立数据仓库的方法，因为数据仓库可以定时取出数据，并可按照要求组织所需的信息[93]。利用这一系统，提高了镀锡板质量[94]。

9.2.2 信息利用中应注意的问题

（1）现有 CAD、CAM、CIMS、MIS、VMT 等信息系统应用于生产，但常常由于数据采集不足，导致"信息源"缺少，使所建立的系统难以充分发挥作用，对此应特别注意。

（2）即使在信息化程度不高的企业，由于计算机的普及，也有许多计算机系统担负着日常业务处理工作。而这些原始的生产实绩信息是大量的，一般把它称作"信息爆炸"，通常都作为报表存储起来，经一段时间就把它删除或销毁了，形成了"信息浪费"。如何把这些信息充分利用起来就成为一个很迫切的课题。造成这种状况的原因，除"信息爆炸"外还由于目前所建立的系统常常自成体系，数据库也形形色色，形成了"信息孤岛"，因而难以做到"信息共享"。

另一原因是缺乏分析处理信息系统，即使信息化程度很高的企业也只是有"联机业务处理系统"，它仅可进行日常的生产运作的业务处理，而没有"联机分析处理系统"，面对着大量信息的浪费，而技术人员却不能利用它，反过来，技术人员所开发的软件，也难以与业务处理系统连接，发挥其应有的作用，因而造成信息发掘和利用的困难。因此，必须对此给以更多注意。

（3）利用信息，必须对信息以及各信息之间的关系有深入的了解，这就需要对生产过程实质有充分认识，建立有关的数学模型，并进行过程仿真来解决。钢铁工业的生产千差万别，特别在计划、控制、管理方面，故大多数为非定型产品，也影响推广和普及。

应该看到，与设备、人力和物力挖潜相比，信息发掘具有更大的潜力和经济效益，必须予以足够的注意；重视钢铁工业的信息化并及时解决信息化中存在的问题，以使信息得到更好的利用和发掘。

9.2.3 充分利用信息应采取的措施

要想做到数据充分利用并反馈解决实际问题，要特别注意数据信息采集和处理系统，它必须满足以下一些要求。

9.2.3.1 全面、开放的数据存取功能

应该可以从多种数据格式的数据库中取得数据，几乎可以支持所有的数据库类型，不必对数据所存的格式担忧。

9.2.3.2 可视的数据处理功能

应该可以生成二维、三维多种图形，如条形图、柱形图、折线图等，更容易对数据进行分析。一边是可视化的图形，一边是具体的数据，二者相映，所有问题一目了然，技术人员可轻松解决问题。

9.2.3.3 高效的数据曲线拟合和直方图功能

应该可以根据给定的数据绘制出拟合曲线，将数据走向表现得清清楚楚，使技术人员很容易地了解数据分布形式，看出问题之所在。

9.2.3.4 功能强大、使用方便的数据查询功能

应该可以从多个数据库中查询有关的数据，然后利用这些数据进行可视化处理，如绘制图形、曲线拟合等，使用方便。

9.2.3.5 要有"内部只读，外部编辑"功能

在读取数据时，不会对数据库产生任何影响，而且可以任意选取（如按班组取、按成分取、按性能取等）。并且在保证数据库完整性的同时，可以自由更改这些读出的数据，以便调整输出的曲线或图形，寻求问题答案。

9.2.3.6 对网络的全面支持

可以对各种网络支持，在网络上的用户只要有足够的权限，就可以存取网络

上的任何数据。

另外，还应当有图形的存储、拷贝和打印等功能。

现有许多系统不能很好地发挥作用，就是因为上述功能不完善。例如，如果没有与现场系统连接，而不能直接取出数据，并且不破坏和影响现场的系统，那么，再好的系统也难以应用，因为现场技术人员对现场以外的数据，由于繁忙不会有兴趣去分析的。如果不能对数据做出分析，由于现场繁忙，无暇亲自运算，技术人员应用也是有困难的。

必须指出的是，在巨系统情况下，要利用所有的数据，而不是靠少量采样的分析。只有注意到这些特点和发展趋势，才能更好地驾驭生产，促进技术进步。

9.3 如何控制生产和发展生产

最早的生产一般看成是一种技艺、手艺，人在生产劳动中逐步摸索、积累经验，并用"带徒弟"的方式代代相传。现在钢铁工业已高度一体化、自动化、高速化，技术含量高，因素多而复杂，并且是高度封闭的，其生产和技术的特点是：(1) 生产复杂，难以认知；(2) 信息爆炸，难以掌握；(3) 信息掩埋，难以清晰理解。而且，现场内大多是由计算机控制又难以直接参与，因此难以在现场实践中直接取得经验，来驾驭生产和发展生产。

另外，如前所述，现代化的工厂已经成为一个复杂的系统工程，现场工人及技术人员难以甚至不可能直接取得实践经验。因而提出了一个新的课题，对于一个现代的工业工程，如何让工程人员迅速了解生产过程实质，提高认识，并能有效地驾驭生产，就成为非常迫切的了。

解决这一问题的有效途径就是利用虚拟制造技术，建立未来实验室[95]。

9.3.1 虚拟制造技术开启未来

信息化、大数据时代开启了一次重大时代转型，正在改变我们理解世界的方式。我们认为，现在进入了一个新时代，这个时代的特点就是理论超前时代，在过去一般是在实践的基础上，逐步积累经验而后上升到理论，反过来再指导实践。在轧制科技中，在轧制弹塑曲线的基础上，建立厚度自动控制系统，可以说是轧制科技中理论超前的首例，而现在则完全是在理论指导下进行生产了，这并不与实践论的观点相矛盾，而现在只不过是在虚拟条件下进行实践了。

现代仿真技术已完全可以逼真地模拟任何生产运行系统，仿真可以完全与生产一样地进行实际操作，给出结果、判据，积累经验。同时，仿真可以扩大视野和研究范围，这是因为我们不仅可以进行实时仿真，而且可以进行超实时仿真和亚实时仿真。所谓超、亚实时仿真，是指仿真时间少于、多于实际时间，例如，用亚实时仿真来研究板形，改变、调整参数以显现板形的最佳情况，这在现场是无法实现的。仿真使技术人员既可置身于宏观世界，也可置身于微观世界，例如，我们可以把轧制时轧件的组织成分变化逼真地描述出来[96~98]。

尽管人类有丰富的智慧，但由于现代生产和事物甚为复杂，难以直观作出判断和决策，而仿真可以帮助我们。仿真技术不仅是发展和控制生产的主要工具，而且正在改变我们观察世界和理解事物的方式，成为新的发明、创造的工具和源泉。

因此，建立未来虚拟实验室已提到日程上来。该系统具有以下基本功能：

（1）全数据分析。由于数据量大，过去是采取采样分析，这是在不可收集和分析全部数据情况下的选择，它本身存在许多固有缺陷[99]。例如，它很难做到采样的绝对随机性，另外大量数据又弃之不用，造成数据浪费，而虚拟系统具有极强的采样（与生产系统连接）和分析功能，解决了这一问题。

（2）生产分析。将现实生产在模拟系统上复现，故可用于分析生产，也可用于操作培训。

（3）研究开发。对生产中的重点及国际上发展趋势的课题可进行预开发和虚拟研究。它也具备完善的教学功能，甚至设定异常工况，从而获得事故处理的能力，等等。

9.3.2 未来虚拟实验室、钢铁信息产业的建设

未来虚拟实验室建设的核心是建立生产、研究、培训仿真器。

9.3.2.1 生产、研究、培训仿真器[100~103]

在轧制生产已成为一个封闭的巨系统的情况下，出现了许多新问题。例如：工程、生产人员如何驾驭、改进生产，在过去通常有两个途径：一是生产人员在生产劳动中逐步摸索、积累经验，形成某种技艺；二是进行培训，培训有授课、试验等方式，为了更有效地进行生产，除授课讲解外，还可在实验室进行实验（物理模拟，后又进行数学模拟），把实践上升到理论，再运用于生产，这就是继续教育。到了今天，现代化的工厂已高度自动化、连续化、机电一体、技管结合，已经成为一个复杂的系统工程。其复杂程度使已经缩小的实验室研究难以甚至不可能反映生产过程，更无法以授课的方式用语言来阐述清楚。另外，在现场内大多由计算机控制又难以直接参与取得生产经验。最近在现代化工厂中的培训也证实了这一点。对于一个现代的工业工程，如何让工程人员迅速了解生产过程实质，提高认识，很好地驾驭生产并改进生产，就成为亟待解决的问题。

同时，生产集约化以及高科技的采用，对冶金职工队伍素质提出了新的更高的要求，人才素质在生产中愈来愈占有重要地位。面对迅速的知识更新，为保持工程人员的活力，需要不断提高素质和增强开拓能力。

尽管我国继续教育已纳入政府和企业管理，也有不小成效，但仍存在不少问

题。一方面，所采用的培训方法陈旧，现仍沿用边在课堂学习，边在类似工厂实习的方法。由于生产技术的高度复杂性，课堂学习难以对其透彻了解，工厂实习难以取得操作经验。而且工厂实习也遇到困难，如此复杂的操作系统，稍有不慎，就会造成巨大损失，因而现代工厂多不接受实习人员，但是，随着生产的高度集约化和复杂化，越是关键的技术岗位，越需要技术人员具有熟练的操作技巧和处理事故的能力。因此，这种方法不改变，将造成很大的时间和经济上的浪费。如何解决这一问题，其重要的途径就是把仿真技术应用到培训和研究中来，因为仿真技术已成为生产研究和培训的重要手段，正是在此背景下将建立仿真器提到日程上来。

最初的工业仿真器是借助军事上航空、航海仿真训练装置的经验，美国几家公司先后推出了以电模拟机为主机的石油、电力、冶金系统的仿真器，只能模拟中小规模的简单系统。随着工业控制机和小型计算机技术的发展，计算机仿真训练在火电站和核电站领域取得了突破性进展，已具备大规模现场仿真能力，并在这一领域全面普及。现在采用计算机仿真训练操作人员已相当普遍。以美国化学工业为例，已经有数百套仿真培训系统投入培训工作。我国化工行业已实行不经仿真培训不能上岗的生产管理制度。

仿真技术的应用，可以提高效率，使工程人员迅速掌握技术，掌握操作技巧，学会处理事故，增强应变能力，减少生产损失和降低培训费用，对新厂则可缩短投产时间。仿真技术还可以从宏观和微观上扩大视野和研究范围。如上所述，仿真可以把轧件在轧制时组织的变化逼真地描述出来，从而预测出产品的性能。在实际生产过程中，人们是无法直接看到晶粒内部的，而仿真则可以帮助技术人员，给他们以目击组织结构的眼力。

尽管人类有丰富的智慧，但由于现代化的生产甚为复杂，因素众多，数据量大，难以直观地做出判断和决策，而仿真技术可以帮助解决这一问题。例如制订和实时调整一个热装热送计划，单纯用人力几乎是不可能完成的，而有了仿真这一手段，就可很好地解决这一问题了。

由此可见，仿真有助于工程人员对生产的理解，开展研究，制定新的规程和提出新的操作方法。所以，是否具有培训及研究仿真手段已成为一个现代化工厂的技术水平的重要标志，应当认识它、重视它、普及它。正是由于这方面的原因，研究、培训仿真也就成为轧制工程学的重要内容了。

9.3.2.2 仿真器的构成、功能、类型[104,105]

A 培训、研究仿真器的构成

培训、研究仿真系统的结构组成通常被分成硬环境和软环境。硬环境包括仿真现场仪表操作控制室、控制台和教师指令台及通讯网。软环境是指系统调度管理程序，它对软件与软件、硬件与硬件、软件与硬件之间的数据交换进行统一管理。它是为使硬环境完成各项操作功能而编写的各种功能程序模块。它主要包括操作台管理程序、网络通讯程序、接口处理程序、菜单程序和标准化管理程序等。

培训、研究仿真培训系统按使用功能可分成学员操作台和教师指令台（图9-5）。教师指令台包括计算机、监视器和打印机等；学员操作台是指模拟控制柜，一般按现场规模由两个以上标准控制柜组成，可以做到与现场操作台完全一样的形式。教师指令台和学员操作台之间的联系是通过网络来实现的。教师指令台为上位机，学员操作台为下位机（图9-6）。仿真试验的一般工作过程如图9-7所示。

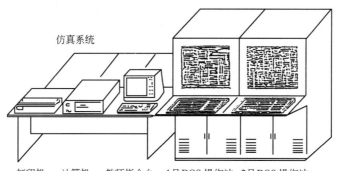

图9-5　培训仿真器的一般构成

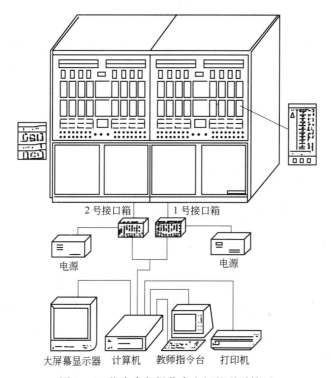

图9-6　指令台与操作台之间的联系简图

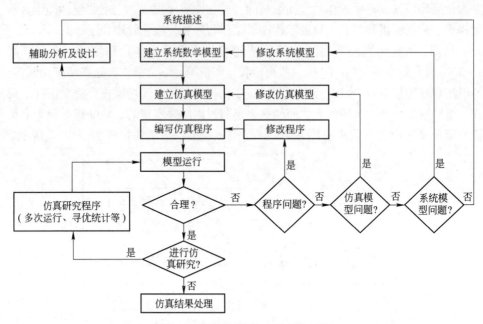

图 9-7 仿真试验的一般工作过程

描述系统的数学模型在上位机上不停地计算运行，并将计算信息和结果不断地在模拟控制柜上实时地进行动态显示。当培训人员在下位机有操作动作时，将引起某些状态参数的变化，如温度、压力、转速等，下位机经过处理将操作引起的现象立即显示，同时经过通讯网送到上位机数学模型计算处理，并将新的计算结果送出。这个过程不断地重复进行，故障现象将在下位机显示，教师可以监控记录，根据故障现象分析、采取排除措施的全过程，予以评定。现实系统、模型和程序的关系如图 9-8 所示。

仿真系统的结构框图如图 9-9 所示。

B 仿真器的功能

仿真器的一般功能有：

（1）正常生产过程的操作及培训。在线操作、培训及帮助。

（2）开车准备功能。能模拟正常和异常开车前的各种准备工作，如试水、试气、仪表校验等。

（3）冷态及热态开车功能。能模拟生产过程的冷态开车及热态开车过程。

（4）正常停车及紧急停车功能。用以模拟生产过程正常及紧急停车各种操作。

（5）故障设定功能。用以模拟内部的或人为的造成各种事故和外部扰动，以造成异常或危险状态，模拟常年难遇而又必须掌握的重大事故处理方法。

（6）操作过失判定及随机事故设定。

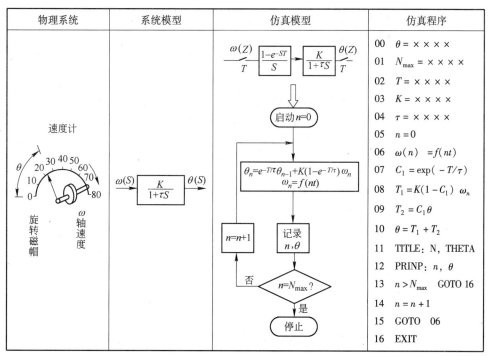

图 9-8 现实系统、模型和程序的关系

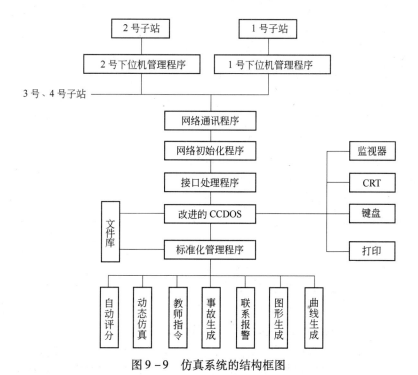

图 9-9 仿真系统的结构框图

（7）控制系统特性仿真。

（8）工艺过程规律研究。

（9）工况冻结功能。将全部模拟参数和开关状态突然进行冻结，以检查前面操作的正确性。

（10）时标设定功能。可以加快或减慢仿真培训的速度，例如实际上为1h的过程，仿真培训系统可以0.5h完成，也可以2h完成。

（11）追忆功能。用以记录学员操作过程中的一些中途状态，并在适当时复现这些场景。

（12）管理和修改过程参数功能。用以管理、修改过程的各种参数，以研究生产过程、历史趋势记录和显示。

（13）评定学员操作成绩功能。采用专家系统"人工智能"的方法，客观地评定学员操作成绩。

（14）综合报表的打印及实时趋势图的绘制功能。

（15）效果功能。配有模拟现场音响效果和标明参数的各工艺流程图像显示，可使模拟效果更加逼真、形象。一般情况下，完全可以逼真地模拟与现场一致，如模拟连轧板带操作时发生断带，配以声学系统，可以把断带时发生的声响也同时模拟出来。

按使用功能可分为：

（1）常规操作培训。仿真就是将现代的计算机技术与实际生产工艺相结合，将现实工艺流程模型化并在计算机上复现，模仿真实过程。因此，利用它可非常安全、经济地提供与现场完全一致的操作环境，用于人员培训、生产研究及分析，这也是一项最基本的功能。

常规操作中设定手动操作与自动操作规范，学员可自由选择，按照现场操作规程的要求，可任意进行实时、超实时、亚实时仿真，通过多次重复操作，获得运行操作经验，以做到保质保量地进行稳定生产。

（2）事故处理。利用仿真系统，可方便地进行人为制造特殊工况与异常工况，以强化学员训练处理紧急事故的应变能力，特别像连轧这种高速、多工序、连续生产过程，许多异常工况至关重要，而在实际装置上难以获得。有的重大事故，多年不遇，利用该仿真系统，学员可对多种事故任意设置，可以采取各种处理方案，从而获得各种事故的应变处理能力。

（3）研究开发。不断地在仿真系统上进行研究，旨在提高生产水平，因此研究仿真系统就要重点开发那些当前生产中的重点及国际上的科技发展趋势的课题。当前的质量及效益是最受关注的，故应作为研究开发的重点。

对一体化的连轧机组来说，改进操作、提高成品率、优化工艺是改善生产、提高效益的重要途径，而这些在在线生产中无法实现，而培训、研究仿真系统可以做到这一点。培训与研究开发的结合，较易向生产移植，取得实际成果。

（4）教学功能。仿真系统具备较强的教学功能：1）连轧工艺的变形机理、参数及过程分析；2）设备的结构、组合、操作；3）控制系统原理；4）工艺规程制定等。并且可以做出教案、题库，进行演示教学、评分、学习指导等。考虑到工程教育的多层次性，根据不同文化水平程度编制不同程度的教学内容及方案。

（5）决策支持。培训研究仿真系统，应能对学员进行操作指导，提供决策支持等。

C 仿真器的类型

综合世界各国开发的过程工业用训练仿真器，主要有以下几种类型。

a 微型便携式仿真训练仿真器

它是以微机配合彩色动态图形，学员通过键盘操作完成训练目标的小型系统，用于原理型或功能型简单控制回路、单元操作训练。适合操作人员的入门、技校教学示范和大专院校某些课程的原理实验及商业性技术推广。

b 仿集散型仪表训练仿真器

以一台微机或小型机为主机，设置两个终端，一个教师指令台，一个学员操纵台，采用大型 CRT 显示器，以显示工艺控制流程画面、参数值、变量趋势、调节参数、控制系统组态等图形，学员用专用键盘完成单元操作或工段级的开、停车或事故处理训练。教师通过指令台可以随机干预训练的进行，如设定故障、冻结工况、重现过去的场景、评定成绩等。

c 通用模拟表盘式仿真器

为使操作人员有身临其境的效果，模拟控制室表盘上的仪表等设备，完全仿照工业仪表的外形和功能，对不同的工艺流程，控制室仪表盘上只要更换仪表功能标签和软件就可实现一机多用，仿真各种大小不同的工艺流程。

d 控制室复制型训练仿真器

有一个非常完整的和实际工厂全等的控制室。仪表的外形、布局、尺寸、颜色和视听效果与真实现场实际相同，图 9-10 所示为一个生产车间的培训仿真器的操作台，它与生产车间的操作台完全一样。这类仿真器已完全逼真模拟现场，能满足操作人员所有训练任务。

按用途可分为以下三种：

（1）培训仿真系统。专用于操作、异常事件处理的上岗培训，故需具备较强的教学功能。

（2）生产分析及处理仿真系统，简称生产仿真系统。用于生产分析及处理并改进生产。

现代轧制生产高度一体化、高速化、自动化，无论组织生产、制订作业计划

图 9 - 10 运行中的培训、研究仿真系统

还是动态调整、计划变更，都需瞬时而精确的处理，故对生产的分析及处理以及计算技术都有极高的要求。

建立生产仿真系统的技术关键：一是与现场管理机的接口，它既不损害原系统，又能任意取读所需要的数据；二是很强的数据处理功能和图表显示功能，以解决信息利用的问题；三是在无目标值测量情况下，实施在线控制功能。

（3）生产过程研究仿真系统，简称研究仿真系统。用于对生产过程、生产要素的研究。

该系统的特点是多功能性，它既可用来研究生产管理的问题，也可研究生产技术问题（如开发新品种等），但不强调快速性，更多的是研究决策性问题，以及解决一些瓶颈问题。其技术关键为洞悉生产技术和建模问题，它既能处理连续性问题，也能处理离散性问题。

9.3.2.3 仿真器的效益

应用它可以带来巨大经济效益，例如：

（1）缩短投产期一半以上，并可缩短达产期。

（2）缩短培训时间、扩大培训人数、提高培训效果，降低培训费用 50%以上。

（3）为工人和工程技术人员创造现场实习环境，并提供现代化上岗培训和考核手段。

（4）为解决生产现场技术难题提供帮助，可减少操作失误并缩短各类事故处理时间。

（5）作为研究、开发轧制新工艺和新产品的主要基础设备，具有长久使用价值。

如果再考虑对提高人员素质，加大研究、开发深度和力度等，则无形的效益是难以估量的。

例如，据报道，利用仿真使轧机利用率增加 7% 。ASS 应用仿真使厚度偏差减少 40% ，宽度偏差减少 10% ，精轧温度波动减少 12% 。

在我国，电力、化工行业已普遍应用培训仿真[103,104]，国外资料较多（文献[106]），这里不再引述。德国的热带轧机的模拟器曾在中国展出过[107]。

总之，现代仿真技术已完全可以逼真地模拟任何生产运行系统，仿真可以完全与生产一样地进行实际操作，给出结果、判据，积累经验。同时，如前所述，仿真可以扩大视野和研究范围，这是因为不仅可以进行实时仿真，而且可以进行超实时仿真和亚实时仿真，既可使技术人员置身于宏观世界，也可置身于微观世界，做到在现场无法做到的一些操作。

由于现代生产和事物甚为复杂，难以直观作出判断和决策，而仿真可以帮助我们。仿真技术不仅是发展和控制生产的主要工具，而且正在改变我们观察世界和理解事物的方式，成为新的发明、创造的工具和源泉。

因此，建立未来虚拟实验室已提到日程上来。

9.3.3 面向对象设计培训仿真器

以冷连轧为例对培训研究仿真器[108]做一简要的介绍。

选择板带材生产来说明、开发培训研究仿真系统，有以下优点。

一般来说，板带材生产水平是一个国家钢铁工业现代化的标志，最具代表性，它的生产速度和自动化水平最高、过程也最复杂，因而也要求生产人员有更高的素质。该培训研究仿真系统建成后容易向其他轧制生产车间推广。

板带材培训研究仿真系统建成后，可迅速建立连铸等机组仿真系统。待各机组培训研究仿真系统建成（有些机组可不建）后，则可逐步建立整个企业的虚拟制造系统，这是一个非确定的系统。它将包括合同、发货、生产物流跟踪等系统，这一仿真系统不仅可以培训工程技术人员，而且可培训生产管理人员，掌握、熟悉技术管理与技术经济知识，并进行研究开发等各项工作。

培训仿真器的关键是数学模型及其软件的实现，轧制是一个快速响应的过程，故对模型及软件设计都有很高的要求。

9.3.3.1 对系统的主要要求

A 规范化

严格按照工业标准、设计规范实施。且具有通用性和可扩展性，开放性和可维护性。

B 实用性

满足技术培训的需要，内容包括轧前准备、冷连轧操作、轧后操作及其他辅助操作。仿真软件主要包括冷态开车、热态开车、正常工况、事故工况、正常停车、紧急停车等内容。既可用于开车方案的可行性分析及论证，投产后，也可为工艺优化操作提供试验及分析环境，用于改进生产。

C 实时性

整个系统的设计与开发，严格按照与现场1:1的全范围仿真，各个环节的动作时间、动作顺序等与现场完全一致。

D 逼真度

用3~6组投影仪在大屏幕上投影，形成从开卷、五机架连轧到带钢卷取这样一个现场运转环境，并在声、像操作控制等各方面，达到与现场一致的逼真度。

E 精度及可靠性

整个系统的仿真精度及可靠性能满足实际系统的需要。

9.3.3.2 培训研究仿真器几项关键技术

A 模型的精度与生产不确定性，以及模型的真实性及实用性

在生产控制中，对所采用的模型必须满足仿真的速度和精度的要求，而这两者又常常是矛盾的。一般来说，高精度模型的计算运行时间也长，但长时运算在实时控制中是不允许的。此外，模型对外扰的适应范围也是一项重要指标，应能在较宽范围内反映过程的趋势和具有所要求的精度，而严格的理论模型恰恰是实现这一点的基本保证。

在生产中有许多不确定因素，如每一炉钢的化学成分对于同一品种来说不可能是相同的，每一根轧材在规定的某一道次的轧制温度也不可能是一样的，结果导致变形抗力值也在变化。由于轧件表面、润滑条件、来料厚度不断变化，所以摩擦系数也不断在变化。不仅变形抗力、摩擦在变化，来料厚度等因素也不断在变化，其结果又导致压力、宽展等轧制参数的变化。由于轧辊的热胀及磨损，辊缝也在变化，因而弹跳方程所给出的值与实际数值也会出现差异。

但是，所建立的数学模型，带有平均性质，用这样的模型来预报某特定条件下某一轧件的变形抗力、压力等，必然要出现偏差。这种生产的不确定性是绝对的，是一种正常现象，这种"偏差"不能归咎为模型精度不高。

下面举一实测压力的例子来说明这一问题。图9-11为轧制力测量值与计算值绝对偏差（a）和相对偏差（b）的频率分布。这些图是从数千个实测数据中得到的。轧制力的绝对平均偏差是11kN，相对平均偏差是0.35%。由图看出，虽然实测值与计算值完全相等的频率仅4%~6%，但从频率分布看，它遵从一定的分布规律（一般是正态分布），平均偏差值也不大，应该说计算值是可信的，计算值真实地反映了实际情况。如果偏差的频率分布偏向一侧，则说明所建模型有问题。

这种方法对生产技术人员是非常有用的，在现场很容易得到这些数据，再用

回归方程予以分析，就很容易对模型精度做出评价了。这种方法具有普适性质，对其他模型精度（如功率等）的评估也适用。此外，这种方法不仅可以评价模型精度，而且可以评价操作水平（作直方图，进一步作回归图，一般为正态分布），指导生产。图9-12所示为同样生产条件下，不同班组或人员的操作水平，图9-12b为规定允许误差，图9-12a为一组人员的操作水平直方图。图9-12c为另一组人员的操作水平直方图。显然，前者操作水平较差，此时再进一步检查其原因，或温度控制不严，或成分波动太大等，找出原因就可把操作水平提高了。

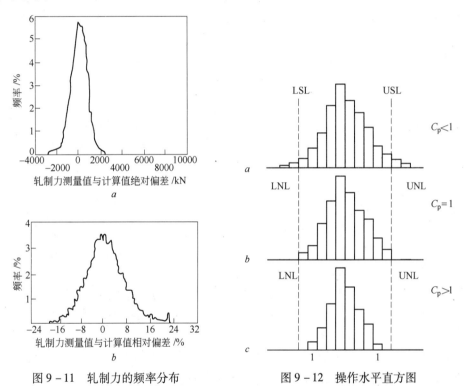

图9-11 轧制力的频率分布   图9-12 操作水平直方图

这种测量值与计算值的偏差，再加上参数检测所带来的测量误差，必然影响模型的预报精度，而这又不能靠提高模型自身精度来解决，加上生产不确定性是事物的普遍规律，故需建立一套方法来解决，这就是发展起来的自适应方法，采用自适应后模型精度获得显著提高。由此可见，在进行仿真时，没有必要担心模型的精度，现在的模型精度已可满足生产要求，只不过要较好地处理生产不确定性问题及一些生产问题而已。

模型的真实性，即要求模型必须客观真实地反映所描述对象的本质，反映其主要特征和规律，有明确的物理内容。而实用性则要求该模型便于在生产控制中应用，在一定的范围内符合实际情况。上述要求往往是彼此矛盾的。如要求真实性，则可能使模型过于复杂，建立模型采用理论方法，考虑了众多影响因素，但有时难以在线应用。当考虑实用性时，有时片面强调模型的简洁性，甚至使一些重要因素不能包含在模型内，而且由于带有更大经验性，也影响了模型的适用性。因此，建立满足上述两项要求的模型，并不是一件容易的事，应视具体情况而定。

B 关于仿真速度

冷连轧为一快速过程，故动态仿真的速度至关重要。一般过程工业仿真的速度要求为 $0.2 \sim 0.5s$ 一个周期，而冷连轧则需要一个周期的时间小于 $0.02s$，这意味着仿真速度需要提高 25 倍以上。显然，应通过硬件、模型、算法和语言等多种途径来全面提高性能，否则很难满足仿真系统对速度的要求。除采用快速计算机和提高通讯速度等措施外，还需要采用快速仿真技术。

仿真技术应用于培训仿真系统中，就需要仿真结果满足实时要求，以期仿真与现场达到一致，但解决实时问题时常遇到一些矛盾，例如：（1）系统复杂，需求解的方程数目多，而在一个计算步长时间内，要将整个系统每个方程都计算一遍；（2）如进行系统优化时，尚需反复多次进行计算；（3）在仿真实际系统时，往往遇到预测预报问题等。这就要求仿真时间标尺比实际时间标尺要小，提出了更高要求。为此需要快速仿真技术的支持，而如前所述，它是一个综合的技术。这里先介绍快速仿真的理论基础。

快速仿真的理论依据是相匹配原理。相匹配的含义是原系统的数学模型与仿真模型的动态和静态特性相一致。相匹配的定义如下：若被仿真系统的数学模型是稳定的，则其仿真模型也稳定，且动态与静态特性一致。即对于同一输入信号，其输出具有相一致的时域特性，或两者具有相一致的频率特性，则称此仿真模型与原系统模型相匹配。一般快速仿真提高了对速度的要求，合理地降低了对精度的要求。因此如果能够根据相匹配原理，直接将高阶系统的数学模型 $G(S)$ 转换成与之相匹配、每步计算量较小、允许采用较大步距且具有合理精度的仿真模型 $G(Z)$，那么就可利用 $G(Z)$ 进行快速仿真。

关于冷连轧仿真的快速算法，在数学模型求解与软件设计时所采用的有许多种，例如连续化技术、稳定域扩展技术、算法选择技术、加速收敛技术、数值消元技术、减少存储技术、误差控制技术、外推仿真技术、与物理意义有关的专用选代算法、双层法和跟踪逼近高级算法等。

值得指出的是，实际控制系统速度与控制系统仿真速度是有区别的。通常，后者具有更快的速度。因为，在做一个控制算法周期内，仿真不需要数据的采集，且不必做数值滤波处理。

由此可见，虽然冷连轧过程的速度要求很高，若综合采用先进技术，是完全可以达到要求的。

C　采样数值仿真与连续系统仿真的关系

如何将连续系统的数学模型转换成计算机可接受的等价仿真模型，并使其在计算机上运算。这就是连续系统数学仿真算法和仿真软件要解决的问题，对冷连轧动态过程来说，最常用的有直接计算法和影响系数法。

在实际工程中，采样数据系统是一种常见的控制系统，在这类控制系统中，既有连续变化的模拟信号，又有只在采样瞬时变化的离散数字信号。

培训研究仿真系统充分考虑上述情况和培训器的仿真特点，并做相应的数学处理。

D　关于不可控因素的仿真

一般来说，一个系统中的众多因素可分为可控因素和不可控因素，可控因素还可以分为控制因素和未控制因素。

严格来说，不可控因素是无法做到精确仿真的，而这类的不可控因素在生产中又是可能遇到的，必须予以考虑。在这种情况下，要根据具体情况做相应处理。除上述问题外还有优化等问题，这些都要充分考虑。

在计算机普及的情况下，仿真已得到广泛应用，但只有建立起以培训、研究仿真器为核心的虚拟实验室，并在线与离线联动，才能使信息得到充分利用。

E　类库设计

面向对象方法是一种"对象 + 消息"的程序设计范式，它模拟人的思维方法将一组数据和施加于这些数据上的一组操作封装在一类中，可称为对象。对象的结构特征是由其属性表示的，对象每个操作成为"方法"，对象间的相互作用是通过"消息传递"完成的，有了对象，程序设计就非常方便。因此，对象设计在面向对象方法中是十分关键的，故面向对象技术优势的发挥依赖于设计良好的对象库（类库）。培训轧制仿真器的类库如图 9 - 13 所示[109]。

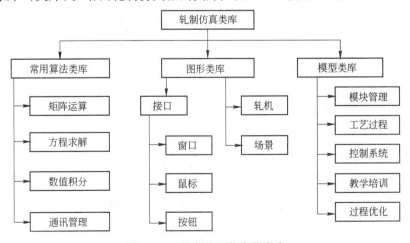

图 9 - 13　轧制培训仿真器类库

9.4 仿真器举例之——冷连轧培训研究仿真器

9.4.1 培训仿真构模

培训研究仿真器构成如上节所述,不再多加介绍。其软件框图如图 9 – 14 所示。仿真器的实时动态仿真软件结构由图 9 – 15 所示的模块构成。

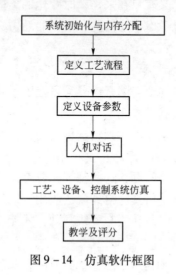

图 9 – 14　仿真软件框图

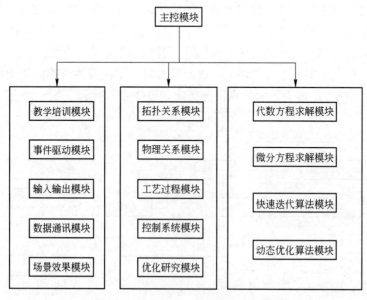

图 9 – 15　连轧实时动态仿真软件结构

对冷连轧系统仿真及建模,首先要从仿真角度看这一系统的属性。全连续冷连轧是一个多因素、多变量的动态、连续过程。

从上卷至卸卷，钢卷在生产线上是连续流动的，因此它是一个连续过程。而这一过程的实施由于设备及电气的非刚性以及来料的非确定性，常常导致稳态过程的破坏，而操作的稳定，则是在不断外扰的情况下，生产人员能在稳态被破坏情况（动态）下，使其迅速地达到新的稳态，在新的稳态下仍能生产合格的产品，因此动态过程模型是仿真质量及成功的保证。

动态变换规格的冷连轧机既有外扰产生的动态过程，又有规程变换所产生的动态过程。这一过程的数学模型不论是设备动作模型、设定模型，还是过程的动态模型，基本上都是确定性模型，即可以用确定性的数学方法来建立起模型，自然其中也有不少非确定性的问题（如事故发生）要进行处理与解决。

冷连轧仿真器包括以下模型：

（1）上卷，包括操作模型和控制模型；开卷，包括操作模型和控制模型；焊接，包括操作模型和控制模型；活套，包括操作模型和控制模型。

（2）轧制：

1）变形抗力模型，摩擦系数模型；

2）预设定模型，包括轧制力模型、前滑模型、轧制力矩模型及功率模型、压下分配模型、速度设定模型、张力模型、动态变换规格模型和板形调节模型（CVC 移动、弯辊力、轧辊倾斜、分段冷却等）；

3）控制模型，厚度、速度、张力、板形、轧制水平线调整、位置及行程的控制；

4）自适应模型，自学习模型。

（3）卷取，包括操作模型和控制模型；

（4）事故模型，包括生产事故类、控制故障类、设备故障类、综合类模型；

（5）质量控制模型，包括板形、厚差、表面质量等模型；

（6）设备刚度及运转特性模型；

（7）电气刚度及运转特性模型；

（8）教学模型，等等。

由此可见，冷连轧具有众多的模型，甚为复杂。但应指出，其中连轧动态过程模型及压下、位置、张力、板形四大控制系统的模型是它们的核心。

上述各模型实际是一个模型组，如压下控制系统又可分解为大约 50 个模型，虽然一般描述只用一个厚控方程来描述。而板形中又包括辊形及轧辊弹性变形曲线、弯辊力、CVC 曲线、辊温及精细冷却等模型组。

此外，每种模型又有多个可供选择，例如计算轧制压力的数学模型约有上百个之多，常用的也有十余个。

总之，精确实用数学模型的建立是建立培训仿真系统的前提。

9.4.2 硬件配置及硬件系统

9.4.2.1 硬件配置

冷连轧培训研究仿真系统是一个开放式的计算机系统，它以高速光纤网为基本载体，以小型机或微机为服务器，可以根据不同需要，接入各种必要的设备，如各种兼容机、条形码输入设备、打印机等。并配置多台多媒体仿真操作站。该系统在多任务网络操作系统下，还可以联入有关网络，组成更大规模的网络系统。下面介绍系统的具体硬件配置。

A 模型计算机

一般选用高性能的微机或小型机，主要是运行工艺过程数学模型，即完成冷连轧动态数学模型的建立及求解工作，以及控制系统控制算法的仿真计算。该计算机运算量大，实时性强，因此，应采用高档微机或小型机。

B 视景计算机

它主要用于控制投影仪，经过裁剪、选择，以产生与现场完全一致的视景效果。

C 多媒体计算机

它用于实现对冷连轧生产线的焊接操作室、机前操作室及总控室内工业电视的仿真。选用带 CDROM 的高档微机。

D 现场操作箱及触摸屏

它用于模拟冷连轧机机旁操作，1:1 的仿真机旁实际操作。

E 卷取操作台

仿真卷取机操作。

F 多 CPU 服务器

在仿真网络系统中，提供磁盘、文件及打印等服务，使网络系统中的各工作站能充分共享系统资源。

G 光纤网及摄像机、激光打印机等辅助设备

光纤网作为系统的通讯介质，具有通讯速度快、出错率低等一系列优点，其他辅助设备用于网络系统的输入、输出设备。

9.4.2.2 硬件系统

整个硬件系统的选择与设计，是基于与现场完全1:1的仿真原则，并考虑到仿真速度、精度、价格、可靠性及先进性等因素，同时保证系统与外界的扩充联网及综合利用功能。

A 网络的选择

像冷连轧这种快速过程的动态仿真，模型运算量大，实时性要求强，除在软件上采用快速算法手段外，还应大大减少用于通讯的时间。经初步估算，该仿真

系统采用 100M 位的光纤网才能使仿真的实时性得到充分保障。另外，光纤网通讯容量大、信号损耗小、受电磁场等环境干扰小，误码率低，故将是最佳选择。

必须指出，随着技术的不断进步，应与时俱进地做出最适合于当时硬件系统的最优选择。

B 经济性及可靠性

我们给出几种硬件配置的选择。高档配置方案，能达到国际先进水平，并且数年内能保持其先进性。其特点是网络选用高速光纤网，整个系统保留有进一步开发、扩充的能力，图形功能强，可与上级网（如 CIMS）相连接。

C 多用性

一般不倾向于将它仅仅建成一种单一功能的仿真系统，它的组成可以在其他方面重复发挥多种功能，如加一些通用的信息管理系统等。

这样，该系统除在培训及研究方面发挥重要作用外，还可以发挥信息共享及其管理功能。

该方案中也考虑了远程网络扩展，可以延伸到各工作室以及工作人员家中，还可以通过多媒体微机学习操作规程及传递各种信息，还可以与国际网络互联。这样能充分发挥信息优势，可以迅速得到世界上最先进的软件资源。

9.4.3 培训、研究仿真系统的软件系统

在国内过程系统工业领域内，实时动态仿真技术的发展极为迅速，计算机软、硬件技术的发展突飞猛进，过程系统模拟与优化的理论研究更加深入，计算技术高速发展，同时积累了大量工业实践的成功经验。

在此形势下，将计算机技术、通用流程模拟技术、实时动态仿真技术有机结合，新一代过程动态实时仿真技术便应运而生。其技术特点是选用先进软件开发工具、充分利用硬件功能和资源、引进过程模拟领域内的最新计算技术、采用严格机理工艺模型，以期达到效率高、规模大、扩展性好、可用于工艺过程规律研究的目的。

9.4.3.1 系统构成

仿真软件的总体结构与系统的整体性能密切相关。该系统的总体设计具有坚实的理论和实践基础，是近年来过程系统模拟与优化技术的全面总结和应用，在工艺过程模型建立与求解、软件开发方式与风格、硬件环境与配置等方面均采用最适合于钢铁工业的技术方法。动态仿真软件的流程组织方式借鉴了通用流程模拟系统的结构方式，因而具有效率高、移植性强、可靠性好、易于扩展、使用维护方便等优点。

A 系统的支撑环境及开发平台

冷连轧培训研究仿真系统是一个由多台设备组成的复杂网络系统。为使开

发、调试、维护等各项工作顺利进行，将采用功能强、开放性好的支撑环境和开发平台，它是冷连轧培训研究仿真系统成功开发的关键技术之一。选用具有多任务、多窗口处理能力的操作系统，可以利用其内部丰富的资源，模块性强，移植性好，并支持网络功能。目前，国内外均没有针对冷连轧培训仿真系统的开发工具。至于通用的仿真语言，不论连续系统还是离散系统，目前已有许多比较成熟的商用产品。近年来，我国也陆续引进和改造过不少优秀系统。即使是这样，也很难满足像冷连轧这种快速动态仿真的需要。然而其他系统开发的经验可供借鉴。因为不同对象仿真开发工具的结构基本相似，并且有些单元（如液压、电机等）模型及模型的求解方法，不同仿真对象都是相同的。

B 仿真软件功能

冷连轧动态仿真软件具有以下功能：

（1）冷连轧正常生产过程的操作培训；

（2）正常和异常开停车操作过程培训；

（3）操作过失判定；

（4）随机事故设定；

（5）在线操作培训帮助；

（6）快门设定和场景再现；

（7）历史趋势记录和显示；

（8）操作水平和效果评分；

（9）修改设备参数或过程参数；

（10）控制系统特性仿真；

（11）工艺过程规律研究。

9.4.3.2 仿真模型与仿真软件

工艺过程的原始数学模型与仿真软件所用数学模型是有区别的。这有两方面的原因：其一，由于建模的目的或出发点不同，其二，由于数值算法的缘故。上述区别常表现在以下几方面：

（1）独立变量不同；

（2）独立方程不同；

（3）方程的性质不同；

（4）输入量、输出量的逻辑关系不同。

因为外部模型变换到内部模型不是唯一的，它可以写成许多不同的形式，即一个系统可以有很多种仿真实现方法，那么必有一种是最小维数的，在控制理论中，称为系统的最小实现。即要求系统的状态矩阵是完全可控、可观的，特别是对于冷连轧这种多输入、多输出系统利用最小实现来构造仿真模型更有重要的意义，它对仿真速度及计算量有重要影响。

总之，将原始模型变换为仿真模型，需要利用工艺知识、算法知识与控制理论知识。这种变换也是新一代实时动态仿真系统的重要开发技术之一。运用得当，可收到事半功倍之效。仿真软件框图如图 9-14 所示。

9.4.3.3 仿真速度与精度

A 仿真速度

数学模型求解与软件设计所采用的关键技术有：

(1) 连续化技术；

(2) 稳定域扩展技术；

(3) 算法选择技术；

(4) 加速收敛技术；

(5) 数值消元技术；

(6) 减少存储技术；

(7) 误差控制技术；

(8) 外推仿真技术；

(9) 与物理意义有关的专用迭代算法；

(10) 双层法和跟踪逼近高级算法。

关于冷连轧实时动态仿真，由于冷连轧是一快速过程，要求小于 0.02s，故动态仿真的速度至为重要，应通过硬件、模型、算法和语言等多种途径来全面提高性能，否则很难满足仿真系统对速度的要求。一般过程工业仿真可用 33M 主频的 PC486 实现，其速度大约为 27MIPS，若计算机采用计算速度为 200MIPS 的小型机，加上小型机浮点性能的增强，速度可提高 8 倍以上。若从物理模型到运算模型在满足同解的条件下进行适当变换，所需运算量一般可减半，相当于提高一倍的速度。在算法上采用双层法和跟踪逼近等高级计算技术，速度一般可提高 2~4 倍。且模型越复杂，此技术越有效，对极度复杂的模型，常常可以达到提高计算速度两个数量级的效果。在上述情况下，已经能够提高 50 倍左右的计算速度，若还需进一步提高速度，则可以在关键部位采用部分汇编语言编程的办法来补救；除计算速度外，还需提高通讯速度，才能达到整体系统速度和性能的提高，这可采用 100M/S 位的光纤通讯网络技术，它与通常采用同轴电缆的 Novell 网的 10M/S 位的通信速度相比，速度能够提高 10 倍。根据对五机架冷连轧数学模型的初步分析，采用上述的关键技术，完全可以达到现场的仿真速度要求。在快速仿真算法与高性能硬件之间，我们将优先选用前者，以降低系统成本。

应当指出的是，实际控制系统速度与控制系统仿真速度是有区别的。通常，后者具有更快的速度。因为，在做一个控制算法周期内，仿真不需要数据的采集，且不必做数值滤波处理。由此可见，虽然冷连轧过程的速度要求很高，若综合采用先进技术，是完全可以达到要求的。

B 仿真精度

由于采用机理模型，故仿真模型的精确度与原工艺过程模型相当。另外，系统的可靠性要求仿真模型必须具有更宽的定义域。对于操作已达稳态时，可保证平均误差不超过 2%，而动态过渡过程的平均误差不超过 5%～10%。此外，模型对外扰的适应范围也是一项重要指标，应能在较宽范围内反映实际过程的趋势和具有要求的精度，而严格的机理模型恰恰是实现这一点的基本保证。

9.4.3.4 可靠性、通用性、可扩展性

整体系统采用系统工程的方法进行结构设计，硬件、软件、支持系统、通讯网络、控制模块、工艺模块等各自成为独立的子系统，便于相互间以各种方式进行连接和独立进行调节测试，同时也便于进行系统扩展。物理模型、数学模型和控制模型等均采用真实的严格机理模型进行描述，大大提高了系统的可靠性。软件设计在专用的支撑平台上采用自顶向下的模块化设计，使得通用性和扩展移植的性能大大提高。

9.4.3.5 用户界面

用户界面友好，采用通用键盘、鼠标、专用键盘、触摸屏和 1:1 的操作台等多种输入方式，配以图形和菜单驱动的输入界面，再加上多级帮助，使操作人员很容易适应操作环境，输出则配以多媒体技术，具有极其逼真的视觉和声音效果。总之，应与实际操作一一对应。

9.4.3.6 软件维护

由于采用通用仿真系统的软件结构，并且在软件开发、功能测试、隐患诊断等方面采取一整套先进的系统化方法，故整个系统运行稳定，隐患近于零，便于使用和维护。

9.4.4 设计要求及验收标准

9.4.4.1 设计要求

A 规范化

为保证冷连轧培训研究仿真系统的开发研究工作顺利进行，并且易于扩充，整个软件与硬件系统的设计将严格按照工业标准，开发过程也按设计规范，分期分批，逐步实施。

整个系统硬件设备的选择包括各种计算机及操作台盘，要充分考虑其通用性、兼容性及可扩展性，网络系统及各种硬件接口符合相应的国际标准。

应用软件的开发工作量大，关系错综复杂，除了各种通讯软件外，还有对象模型软件、控制系统软件、图形界面软件等，研究仿真系统还包括各种分析算法及优化软件。因此，要保证软件的可靠性及可维护性，必须采用软件工程方法，按国家标准，做好软件文档工作，编写出详细的软件说明与使用手册。

目前关于仿真系统研究开发过程还没有统一的规范，但在长期的开发实践中，已形成一套切实可行的实施步骤，并参考其他系统的设计标准与规范，如管理信息系统的设计开发规范，厘定具体实施准则，以确保仿真系统的开发进度与质量。

B 实用性

该仿真培训系统满足首次试车前工艺操作工人技术培训的需要，内容包括轧前准备、连轧、轧后操作及其他辅助操作。仿真软件主要包括冷态开车、热态开车、正常工况、事故工况、正常停车、紧急停车等内容，能使技术人员和操作工人在试车、开车前得到良好的逼真的技术训练。

该系统可以用于开车方案的可行性分析及论证。

对已投入运行的工厂，除满足二次技术培训外，可以全天候地为实际生产现场提供试验及分析环境，作为改进工艺、优化生产的主要工具。

还可用于自控人员学会以及改进组态方案，改进控制系统，提高控制效果。

C 先进性

该项目提供的软、硬件设计是专为大型装置及配套装置服务的，我们充分考虑到它的先进性，主要体现在：

（1）采用高速、大容量的计算机，确保使用高精度数学模型及高效计算方法；

（2）提供控制室及现场双重操作环境，具有实时化同步显示现场三维彩色高分辨率动画图形接口及开发余地；

（3）具备自动指导、启发式教学及误操作诊断的"专家"系统开发接口余地。

总的设计原则是以合理的价格，提供全套具有国际先进水平的仿真培训系统，并且使该系统在10年内保持其先进地位。

D 实时性

整个系统的设计与开发，是严格按照与现场1:1的全范围仿真，各个环节的动作时间、动作顺序及联动，与现场完全一致。考虑到冷连轧过程是个快速的动态时变系统，系统的采样周期仅为20ms，将采用快速仿真算法及相应的硬件系统设计，确保仿真系统的实时性。

E 逼真度

用3~6组投影仪在大屏幕上投影，形成从开卷、五机架连轧到带钢卷取这样一个现场运转环境，采用一台小型计算机专门控制投影仪以保证其实时性。在投影仪所形成的现场环境的相应位置，设立上卷操作室、焊接操作室、五机架机旁操作箱、卷机操作台、主控室等。各控制室内，有操作控制台及多媒体工业电视。在声（听）、像（视）、操作控制等方面，能达到与现场一致的逼真度。

F 精度及可靠性

冷连轧培训研究仿真系统的精度主要取决于仿真模型的精确度及其求解算法。因此，在建立系统数学模型时，尽量采用真实的严格机理模型，算法上采用独特的快速仿真算法，并且确保模型整个系统的仿真精度及可靠性能满足实际系统的需要。具体的精度及可靠性指标如下。

a 稳态指标

稳定运行状态下，要满足各种可轧限制条件，有关参数的计算值与实际系统的稳态误差小于2%。

b 过渡过程指标

暂态过程也应满足各种极限限制条件，有关参数动态误差小于10%。

c 仿真系统可靠性指标

仿真机平均无故障时间（MTBF）大于100天。

G 系统的开放性及可维护性

为保证系统开发、调试、扩充、修改的方便，在系统的软、硬件设计时均要充分考虑系统的开放性与可维护性。选择网络拓扑结构与速度时，将留有扩充的余地，并且硬件设备与各种接口采用通用标准。

应用软件的开发，严格按照软件工程设计标准，采用面向对象分析、面向对象设计、面向对象的实现理论，以最自然的方式表示客观世界对象模型。并且扩充容易，维护方便。

研究仿真系统留有大量接口，为设计研究人员的研究开发提供极大灵活性。如修改模型参数，对参数或轧制规程进行优化，甚至改变控制模型，对控制策略进行优化等。

9.4.4.2 验收标准

A 硬件部分

a 冷连轧培训研究仿真系统硬件验收范围

（1）计算机网络及各种接口；

（2）小型机、多媒体计算机等的不同用途、不同型号的计算机；

（3）视景系统：投影仪及其辅助设备；

（4）机旁操作箱、卷机操作台等各种台盘设备；

（5）条码设备、磁带机等其他辅助设备。

b 冷连轧培训研究仿真系统硬件性能测试

（1）硬件系统的速度；

（2）硬件系统的精度；

（3）硬件系统的可靠性；

（4）硬件系统对环境的适应性及抗干扰能力；

（5）硬件系统的综合性能价格比。

B 软件部分

a 软件验收范围

（1）支撑环境及开发平台；

（2）仿真模型软件；

（3）模型求解软件；

（4）研究仿真系统优化软件；

（5）课件制作及学员评分。

b 软件性能测试

（1）软件速度；

（2）软件可靠性；

（3）软件可重用性；

（4）软件可扩充性。

c 仿真系统

软件与硬件一起构成培训研究仿真系统，完成相应的培训、研究仿真任务。验收功能应包括：

（1）正常工况；

（2）故障工况；

（3）超限报警；

（4）正常工况的轧制规程优化；

（5）轧制状态的微观分析；

（6）课件制作及学员评分。

9.4.4.3 技术资料

A 硬件部分

（1）仿真机硬件系统原理图；

（2）硬件参数手册；

（3）硬件系统安装与维修；

（4）硬件使用手册。

B 软件部分

（1）软件功能说明；

（2）程序流程图；

（3）软件使用手册。

9.4.5 预期经济效益分析

培训研究仿真器在实际使用过程中所带来的经济效益来自诸多方面，如由于操作人员技能提高而带来的生产效率提高等。这种经济效益有些是可以直接估算的，而更多的则是间接的或难以估算的。但是，可以肯定地说，由于培训仿真器的成功应用所带来的经济效益和社会效益将是十分巨大的。这种效益与所采用的培训研究仿真器的仿真规模和服务范围大小成正比。这里仅根据有关资料介绍的情况，做一简单的分析。

9.4.5.1 生产线投产前的工程评估

（1）使生产线的规划设计或技术改造工程更快完成、更节约所带来的经济效益；

（2）通过剔除生产线上局部过剩的生产能力，可以节省设备总量和建设成本所带来的经济效益；

（3）在生产线正式投产前，通过改进设计，降低了操作成本。

9.4.5.2 生产线投产前的技术培训

（1）投产前，各类人员培训成本降低所带来的经济效益；

（2）投产前，各类人员培训周期缩短所带来的经济效益；

（3）由于培训质量提高，使生产线投产进程加快所带来的经济效益。例如，现在轧钢机投产期一般为一年左右，采用培训研究仿真器约可缩短投产期50%，并可缩短达产期。

9.4.5.3 操作人员培训

（1）因节省操作人员培训成本和培训时间所带来的经济效益，大约可降低培训费用50%以上；

（2）管理人员、工程技术人员通过仿真器培训的训练，可大大加深对生产线动态特性、事故隐患等的了解程度，从而大大减少恶性和重大事故的发生，由此所带来的经济效益；

（3）由于操作人员处理各种故障和意外事故的熟练程度提高，可大大地减轻所造成的损失，由此所带来的经济效益；

（4）由于操作人员与生产线协调性的增加，对生产过程进行最优化控制的能力增强，所带来的经济效益；

（5）由于操作熟练程度增加，使能源消耗和产品成本降低所带来的经济效益；

（6）工程技术人员使用仿真器，进一步制订生产线改造方案所带来的经济效益；

（7）减少了对新手的操作培训，提高生产效率所带来的经济效益；

（8）由于有效地控制操作，使劳动生产率提高所带来的经济效益。

9.4.5.4 其他

例如，由于生产效率提高，企业的流动资金周转加快，所带来的经济效益等。

9.4.5.5 个别经济效益的计算示例

鉴于目前尚缺乏对各种经济效益进行估算的基础数据，这里仅就个别情况进行简单探讨。

首先，对因操作人员技能提高所带来的经济效益进行分析。假设目前冷轧机的平均换辊时间为13min，经培训后，平均换辊时间缩短为11.5min，若每天换辊4次，则平均每天可以节约生产时间6min；因生产准备时间缩短、轧制速度增大、轧制过程优化等，以每天节约生产时间3min、按每年实际作业时间320天计算，则每年可增加轧机作业时间2880min。按产量380t/h计算，则每年可增加产量 380 × 2880/60 = 18240t，如按 4000 元/t 计算，则有 18240 × 4000 = 72960000 元。

其次，假设操作人员经培训后处理各种故障和意外事故的熟练程度增强，所用时间缩短5%，按年平均故障时间400h计算，则每年可节约故障处理时间为20h；又假设按目前每年因培训新操作人员和各类实习人员减少实际作业时间40h计算，则每年又可增加产量380×60 = 22800t。仅此两项便可获年经济效益：

$$(18240 + 22800)\ t \times 0.4\ 万元/t = 16416\ 万元$$

再次，从节省操作人员培训费用的角度来看，根据国内各主要冶金生产企业的经验，一般一套冷连轧机投产前的人员培训人数为 300 人，费时两年，耗资5000 万元左右。若采用培训研究仿真器进行培训，仅培训费一项就可节约 3000 万元以上。

根据上述仅对个别经济效益来源的分析，即可以证明培训仿真系统的经济效益是十分巨大的，其投资也可在很短时间内收回。

9.4.6 实施方案

（1）总体方案设计。

（2）技术资料准备（结合一个现场进行），所需主要资料包括：

1）控制点及其工艺参数有关技术图纸，要求加入全部（包括冷态和热态）开停车、事故处理所必需的手控操作点及有关的工艺程序；

2）工艺设计计算书及关键数据；

3）所有需要仿真的自控回路系统设计图及原理说明；

4）操作台专用键盘的盘面符号、颜色、详细尺寸及动作原理；

5）终端操作站所有要仿真的操作画面及操作原理说明；

6）操作台系统组态说明书；

7）轧制工艺规程及操作工技术手册；

8）各工艺环节的开车方案及有关技术资料；

9）主辅机的历史数据及曲线记录；

10）主辅机的事故记录及分析资料；

11）机组的开、停车技术资料等。

（3）数学及仿真模型开发。根据现场资料和培训仿真组目前已掌握资料的具体情况，结合在已完成的冷连轧动态仿真过程研究和其他仿真培训系统开发工作中所积累的经验，由培训仿真推广组的软件开发人员完成仿真数学模型的研究。其基本步骤如下：

1）分析研究轧制工艺和自控系统的技术资料，用多种计算方法在计算机上设法推算和辨识不完全的信息，排除不准确的信息；

2）开发研究人员（特别是程序技术人员）要熟练掌握现场的工艺原理、流程和控制方法；

3）按操作培训的要求进行全流程工艺过程的稳定计算；

4）分段推导和试验动态数学模型；

5）全流程动态模型联合仿真；

6）开发自控系统模型并与工艺模型联调；

7）调试正常工况的仿真模型；

8）调试开车的仿真模型；

9）调试停车的仿真模型；

10）调试各种事故状态的仿真模型；

11）开发成绩自动评定程序；

12）全系统总调试及修改。

（4）总体监控软件开发。采用所开发的标准化仿真监控软件，来控制管理整个仿真系统的运行。该仿真监控软件具有使用方式统一、数据结构精巧、操作反映快速、使用方便、容易掌握等优点。在此基础上，针对仿真培训系统的特点，改进现有的总体监控软件。

（5）系统支持软件开发。为保证这样一个多机网络系统能可靠且协调地工作，系统支持软件的作用和质量十分重要。开发的内容包括：

1）计算机操作系统的改进和功能扩展；

2）视景系统及多媒体功能软件的开发；

3）网络与仿真程序的接口软件；

4）通讯软件；

5）各操作台及专用控制键盘的操作模式、管理系统软件的开发；

6）工艺过程仿真软件开发平台等。

（6）调试运行。仿真软件装入硬件系统，并且调试完成后，由有关的工艺技术人员试运行，提出修改意见，根据要求修改，直至满意为止。

9.5 仿真器举例之二——钢材性能预报及控制

产品组织性能设计量化和精确化以及产品性能预报一直是金属材料加工技术人员的追求目标，乃至在计算机尚未普及时，有的学者就试图用诺模图来确定金属材料加工时的一些金属学参量，这早在 1975 年举行的国际微合金化会议上就提出来了。在大家的关注和计算机普及的情况下，研究工作已取得很大进展。其中引人注目的工作，一是英国 C. M. 塞拉斯（Sellars）教授为首的科研小组所做的大量研究工作，它为产品性能预报提供了完整系统比较实用的模型[110]，二是加拿大哥伦比亚大学（UBC）J. K. 布拉姆考比（Brimacombe）和 I. V. 萨玛拉塞卡拉（Samarasekera）教授为首的科研小组[111]，对性能预报做了大量工作。北京科技大学压加系第一教研组也较早地进行了研究开发，现已成功地用于生产中[112,113]。下面仅做一简单介绍。

9.5.1 性能预报的流程及模型

钢材性能预报的流程如图 9 – 16 所示。

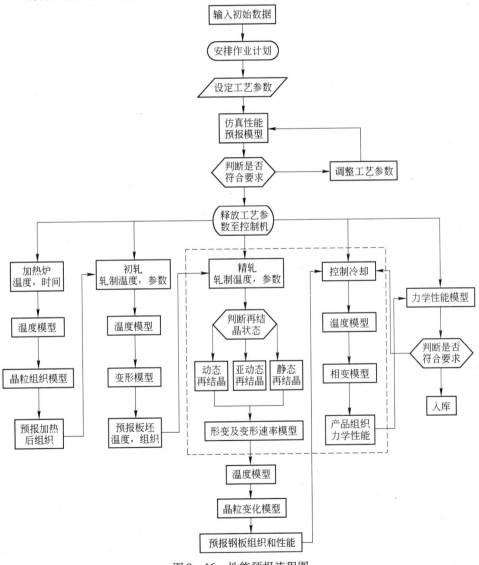

图 9 – 16　性能预报流程图

钢材性能预报所用模型（以热连轧生产为例）如表9-2所示。

表9-2 热连轧机钢材性能预报所用模型

粗轧机模型	精轧机模型	输出辊道模型	变形模型	控冷模型	卷取机模型
变形模型； 热历史； 轧制压力方程； 氧化铁皮生长； 奥氏体晶粒尺寸	热历史； 变形模型； 轧制压力方程； 再结晶析出模型； 残余应变	热历史； 相变； 析出强化； 铁素体晶粒尺寸及其生长； 力学性能	热历史； 应变和应变速率； 应力和轧制力； 应力应变关系	热历史； 层流冷却和水幕冷却； 相变； 析出强化； 铁素体晶粒尺寸及其生长	热历史； 氧化铁皮生长； 再结晶； 奥氏体晶粒长大； 析出模型

9.5.2 性能预报及控制系统在线应用举例

现以用于高线的性能预报系统为例来说明如何在现场应用。

该线材生产线采用步进梁式加热炉，全线28架无扭轧机，精轧机组采用顶交45°布置等多项较先进的工艺技术。轧制速度为80m/s，产品规格主要为$\phi55mm \sim \phi16mm$的光面盘条，主要设计生产的钢种有碳素结构钢、优质碳素结构钢、低合金钢、焊条钢和铆螺钢等。

冷却设备构成如图9-17所示。

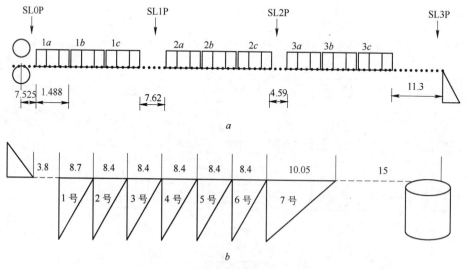

图9-17 冷却设备构成简图
a—水冷段冷却设备；b—风冷段冷却设备

在水冷段，有三组水箱，每组水箱各有三个阀门分别控制三段喷头，并布置四个测温仪。在风冷段，有 7 台风机，布置 3 台测温仪。

该系统的总体功能：根据高线的精轧机出口的高线温度的检测值、速度、线径等数据和其他工艺设备参数，经过运算（包括预设定计算、修正设定计算、自学习计算），求得达到目标力学性能的水冷段的水冷喷嘴的开启组态，风冷段风机的开启组态。水冷段的控制目标为控制吐丝温度，风冷段的控制目标为冷却速度及相变区间，确保相变在风机的控制范围内。建立针对各钢种不同规格及速度下的控冷自动闭环调整系统，使盘条组织尽量索氏体化，从而提高产品的综合性能，提高产品的市场占有率。

性能预报系统的结构与生产线的连接如图 9 - 18 所示。系统在线运行良好且取得实效，例如，该厂的技术人员通过该系统优化 70 号钢的生产工艺，使该钢的索氏体比例从不到 85% 提高到 90% 以上，产品质量得到显著提高。

图 9 - 18　性能预报系统的结构与生产线的连接

图 9 - 19 所示为生产 $\phi 8\mathrm{mm}$ 的 70 号钢线材在前三台风机全开的情况下，线材表面温度预测值与实测值的对比。可以看出，温度的预测值与实测值近似。同时还可计算出，相变在第二台风机附近发生，模型预测相变持续 6.3s，相变开始温度为 617℃，相变热使冷却速度产生显著的变化。第一台风机段由于无相变热，该段的平均冷速为 14.7m/s，而第二台风机，由于有相变热的作用，该段的平均冷速为 4.8m/s。如果发现预报值与实测值有较大差异时，可提出调整风速、水冷速度的具体意见。不仅如此，该预报系统还可将轧件的金相图示、晶粒的大小、组织成分等一一显示出来。

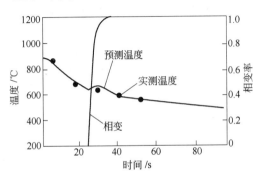

图 9 - 19　表面温度预测值与实测值的对比

9.6 未来虚拟实验室的建设

上面对生产、研究、培训仿真器进行了讨论，并以具体实例对其功能、构成等做了介绍，而未来虚拟实验室则是众多仿真器（前面几章所介绍的各系统实质上都是仿真器）的组合。在一个生产运作管理系统中，从经营计划到生产计划、作业计划，从研究开发到工艺计划，从采购到销售，以及质量管理和生产管理，都可建立相应的仿真系统，而且互相连接，构成一个完整的体系。这个体系（图9-20）完全与生产的计算机系统相对应，并与其连接，从而形成和建立起未来虚拟实验室。

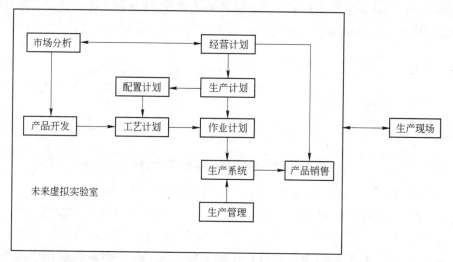

图9-20 未来虚拟实验室的构成及其与生产计算机系统的连接

9.7 简单小结

随着生产一体化，轧制生产成为一个巨系统，从而具有大数据系统的特征，这必然引起轧制科技巨大的、本质的变化和发展，因而如何控制生产、研究生产和发展生产就成为一个亟待解决的课题。为此，提出建设未来虚拟实验室的建议，并以具体实例做了详尽的说明和探讨。该虚拟系统完全与生产的计算机系统相对应，并与其连接，从而在控制生产过程中发挥巨大的作用。

参 考 文 献

［1］贺毓辛．塑性加工理论若干问题之深化［M］．长沙：中南矿冶学院（内部教材），1982.

［2］余志豪，等．流体力学［M］．北京：气象出版社，1994.

［3］冯广占，等．弹性与塑性力学基础教程［M］．成都：成都科技大学出版社，1990.

［4］李尚健．金属塑性成形过程模拟［M］．北京：机械工业出版社，1999.

［5］Karman Th V. Zeitschrift fur Angewandte Mathmatik und Mechanik［J］. 1925，No. 2.

［6］Johnson W. Engineering plasticity［M］. Pergamon Press，1981.

［7］王桂兰．平面应力特征线法及其应用［J］．北京科技大学学报，1992，No. 2.

［8］贺毓辛．平面变形条件下考虑外区影响的轧制压力计算方法，连轧理论基础3. 北京钢院（内部资料），1978.

［9］Avitzer B. Metal forming. Marcel Dekker Inc. ，1980.

［10］王凤德，贺毓辛．用变分法计算轧制参数［C］//轧钢学会．轧制理论文集. 1985.

［11］贺毓辛．轧制工程学［M］．北京：化学工业出版社，2010.

［12］T. 习西格弗利德．科学新闻（美，双周刊），2013. 11. 26.

［13］K. 丘吉尔．外交（美，双月周刊），2013. 5 ~ 6.

［14］贺毓辛．轧制力学及运动学之综合研究［M］．中国科技情报所，1963.

［15］贺毓辛．塑性加工科学与技术展望［M］．北京科技大学（内部教材），1988.

［16］何栋中．连铸 – 连轧物流系统动态仿真［D］．北京：北京钢铁学院，1992.

［17］Fishman G S. Concept and method in discrete event digital simulation，Wiley & Sons，Inc. ，New York，1973.

［18］A. M. 穆德，等．史定华译．统计学导论［M］．北京：科学出版社，1974.

［19］黎志成．管理系统仿真［M］．北京：物资出版社，1985.

［20］贺城红，等．钢铁［J］．1995，No. 9.

［21］贺城红，等．北京科技大学学报［J］．1996，No. 4.

［22］贺城红．CC – CR 生产计划仿真［D］．北京：北京科技大学，1995.

［23］张彩霞．应用离散事件仿真理论进行生产计划制订［D］．北京：北京科技大学，1997.

［24］郑大钟，等．自动化学报［J］．1992，No. 2.

［25］Petri C. Dissertation，Germany：Univ. of Boen，1962.

［26］Cohen G. IEEE Trans. on Automatic Control. 1985，No. 3.

［27］邓子琼．柔性制造系统建模及仿真［M］．北京：国防工业出版社，1993.

［28］Perterson J. Petri net theory and the modeling of systems. Prentic – Hall Inc. ，1981.

［29］赵正义，等．自动化学报［J］．1995，No. 6.

［30］曾宪强，等．自动化学报［J］．1995，No. 2.

［31］何新贵．计算机学报［J］．1994，No. 2.

［32］Lin J T，et al. Simulation. 1993，No. 6.

［33］Pritsker A A B. Introduction to Simulation and SLAM. John Wiley Sons，1979，20 ~ 31.

［34］ Wilson J R. SLAM Tutorial, Proc. of 1981 Winter Simulation Conf., 1981.

［35］ He D Z, et al. Proc. of International Conf. on Technology of Plasticity, China：CSM, International Academic Publishers, 1989.

［36］ 何栋中. 小铜管制造系统的构模与仿真［D］. 北京：北京科技大学, 1992.

［37］ Pritsker A A B, et al. Introduction to simulation and SLAM, New York：John Wiley Sons Inc., 1979, 40~50.

［38］ Alan A, et al. Introduction to simulation and SLAM II［J］. USA：John Wiley Sons Inc., 1984.

［39］ Mellichamp J M, et al. Simulation. 1987, No. 5.

［40］ Oreilly J J. SLAM II, Proc. of the 1985 Winter Simulation Conf., San Francico：WSC Committee, 1985.

［41］ Liu J, He Y X. Proc. of the 4ICTP, China：CSM, International Academic Publishers, 1989.

［42］ 贺毓辛, 等. 钢铁工业生产、技术、理论的进步［J］. 轧钢（专刊）, 1996.

［43］ 石亦平. 用启发式搜索法进行连铸－连轧的生产计划编制［D］. 北京：北京科技大学, 1996.

［44］ 谢合明. 生产过程管理［M］. 重庆：重庆大学出版社, 2004.

［45］ 马士华, 等. 生产运作管理［M］. 北京：科学出版社, 2005.

［46］ 贺毓辛. 轧钢［J］. 2001, No. 2.

［47］ 潘家韬. 现代生产管理学［M］. 北京：清华大学出版社, 1994.

［48］ 王丽亚, 等. 生产计划与控制［M］. 北京：清华大学出版社, 2007.

［49］ 贺毓辛. 轧制技术进展（讲学提纲汇编 1997－1998）. 北京科技大学（内部资料）, 1998.

［50］ 张景进, 等. 热连轧带钢生产［M］. 北京：冶金工业出版社, 2005.

［51］ Muller H. Inter. J. prodres. 1987, 25（11）.

［52］ 何华灿. 人工智能［M］. 西安：西北工业大学出版社, 1988.

［53］ 陆汝钤. 人工智能［M］. 北京：科学出版社, 1989.

［54］ 田盛丰. 人工智能原理与应用［M］. 北京：北京理工大学出版社, 1993.

［55］ 贺毓辛. 轧制工程学［M］. 北京科技大学（内部资料）, 2013.

［56］ J. M. 朱兰. 质量计划与分析［M］. 北京：石油工业出版社, 1985.

［57］ 卢于逑, 等. 北京钢铁学院学报［J］. 1953, No. 1.

［58］ 张才安, 等. 四川冶金［J］. 1987, No. 1.

［59］ 王北明. 热轧钢管质量［M］. 北京：冶金工业出版社, 1987.

［60］ 梁胤卿. 通钢科技［J］. 1993, No. 3.

［61］ 蒋承纺, 等. 钢管［J］. 1989, No. 1.

［62］ 凌仲秋, 等. 钢管［J］. 1993, No. 3.

［63］ 三原丰, 等. 国外钢管［J］. 1986, No. 9.

［64］ 刘树娟, 等. 钢管［J］. 1995, No. 2.

［65］ 吴峰. 钢铁［J］. 1987, No. 4.

［66］ A. A. 舍甫琴科. 热轧钢管质量［M］. 北京：冶金工业出版社, 1987.

［67］吕庆功．无缝钢管质量的分析与控制［D］．北京：北京科技大学，1998.

［68］吕庆功，等．钢管［J］．1997，No. 6.

［69］汪应洛．系统工程理论方法与应用［M］．北京：高等教育出版社，1992.

［70］王雨田．控制论、信息论、系统科学与哲学［M］．北京：中国人民大学出版社，1988.

［71］潘渔洲．现代企业质量管理［M］．北京：经济管理出版社，1997.

［72］严圣武．质量控制［M］．北京：北京工业学院出版社，1986.

［73］王彩华，等．模糊学方法论［M］．北京：建筑工业出版社，1988.

［74］潘风文．基于知识的型钢 CAE 系统［D］．北京：北京科技大学，1997.

［75］戚昌滋．工程设计智能论方法学［M］．北京：建筑工业出版社，1987.

［76］宛延恺．C++语言和面向对象程序设计［M］．北京：清华大学出版社，1994.

［77］Thomas D. What is an object, Byte, May, 1989.

［78］夏国平．专家系统开发工具［M］．北京：清华大学出版社，1991.

［79］В. А. Шилов. Изв. Вуз. Черн. Мет.，No. 8，1976.

［80］顾卓，等．北京科技大学学报［J］．1992，No. 6.

［81］北科大压加系、宝钢冷轧厂．宝钢宽带钢冷轧生产工艺［M］．哈尔滨：黑龙江科技出
　　　版社，1998.

［82］王荣欣，贺毓辛．板形研究方法探索［J］．轧钢（专刊），1994.

［83］宝钢，北京科技大学．板形攻关总结报告．北京科技大学（内部资料），1995.

［84］贺毓辛，等．板形研究方法探索［C］//轧钢学会．全国轧钢理论会议文集，1994.

［85］张跃，等．模糊数学方法及其应用［M］．北京：煤炭工业出版社，1992.

［86］袁嘉祖．灰色系统理论及其应用［M］．北京：科学出版社，1991.

［87］虞和济．故障诊断的基本原理［M］．北京：冶金工业出版社，1989.

［88］王荣欣．用映射法进行板形综合治理［D］．北京：北京科技大学，1994.

［89］贺毓辛．轧钢［J］．1999，No. 5.

［90］李世俊．我国钢铁工业的现状及对策［J］．轧钢，1999.

［91］郑怀瑜．轧钢［J］．1996，No. 5.

［92］嵇晓，等．轧钢［J］．1999，112～116.

［93］Inmon W H. Building the data warehouse, John Wiley & Sons Inc.，1993.

［94］邓冰，等．轧钢［J］．1999，141～144.

［95］贺毓辛，等．中国冶金［J］．1995，No. 3.

［96］北京科技大学压加系第一教研组．钢材组织性能预报论文集［C］．北京科技大学压力
　　　加工系（内部资料），1997～1999.

［97］刘桂华．板带钢轧后冷却组织性能变化控制与模拟［D］．北京：北京科技大学，2000.

［98］余万华，等．轧钢［J］．2006，No. 5.

［99］V. 迈尔．舍恩伯格．大数据时代［M］．杭州：浙江人民出版社，2013.

［100］贺毓辛，等．提高人才素质，发展培训仿真［C］．培训仿真研讨会文集．轧钢学
　　　会，1994.

［101］贺毓辛，等．轧制过程数学模型与培训仿真［C］．培训仿真研讨会文集．轧钢学
　　　会，1994.

[102] Barta B Z, et al. Training: From CAD to CIE, Elsevier Science Publishers B. V. , 1991.

[103] 华能仿真技术公司. 全仿真模拟培训系统（样本）. 2001.

[104] 魏杰，等. 培训仿真研讨会文集［C］. 中国金属学会轧钢学会，1994.

[105] 侯贵海. 培训仿真研讨会文集［C］. 中国金属学会轧钢学会，1994.

[106] Clymer A B, et al. Simulators III, The Society for Computer Simulation, 1986.

[107] Schulze – Ksinzyk J. 热带轧机的模拟器（中文样本）. 2000.

[108] 贺毓辛，等. 冷连轧培训研究仿真器. 北科大培训仿真器协作组，2006.

[109] 蒋日东. 面向对象技术在塑性加工中的应用（北科大博士后研究工作报告）. 北京科技大学（内部资料），1996.

[110] Sellars C M. The physical metallurgy of hot working, UK: Metal Society, 1980.

[111] Samarasekera I V, Brimacombe J K. Proc. of the 5th International Conf. on Technology of Plasticity, AISI, 1996, 171 ~ 182.

[112] 余万华，等. 钢铁研究学报［J］. 2006，（11）：63 ~ 65.

[113] 余万华，等. 材料热处理学报［J］. 2007，28（2）：132 ~ 135.